インフラストラクチャー概論

歴史と最新事例に学ぶ
これからの事業の進め方

中村 英夫 編著
長澤 光太郎、平石 和昭、長谷川 専 著

日経BP社

まえがき

　インフラストラクチャーという言葉は現代では一般に広く使われているし、そのインフラストラクチャーに私たちの生活は100％依存している。にもかかわらず、インフラストラクチャー全般について記された書物は国内外を通して私は目にしたことはない。そのためインフラストラクチャーについて、その概要を一度書物として記してみたいとかねて考えていた。

　私は永年、大学で主として土木工学や都市工学を学ぶ学生を対象に測量学に加え、「土木計画」あるいは「国土計画」と呼ばれた課目を講義してきた。そこで講じたのは道路、鉄道をはじめとする交通インフラストラクチャーの計画に際しての需要の予測や、その経済的な効果の評価方法に関するものが主であった。しかし、当時私が教えた学生諸君の多くがその後社会で歩んだ途（みち）を見ると、彼ら彼女らがその仕事の中で必要とした知識は決してそのようなものだけではないことに気付いた。彼らが必要としたのはインフラストラクチャーに深く関わるものではあるが、もっと広範な分野にわたる知識であった。すなわち、それは事業に当たる組織の形態や機能であり、影響を受ける地域や人々の特性、用地の取得、環境保全や文化財保護であり、さらに財務分析、資金確保や契約方式、そして事業の運営や関連分野への展開、海外事業への参画などに関する実に多様なものであった。

　しかし、当時の私にはこれらについて十分な知識はなく、教育する能力はなかった。

　インフラストラクチャー整備もようやく成熟期に達した我が国では、これまで以上にインフラストラクチャーの管理や運営が重要となっている。従来は主に公共機関でのみなされてきた事業に、民間の参入も多くなりつつあるし、海外事業への参入も一層活発化しつつある。このような問題に関してはこれまで大学で教えられることは少なかったし、インフラストラクチャーに係る事業に携わる人々の持つ知識も限られていた。そのため、このような問題についても自分の能力の許す限り記述しておきたいと思うようになった。

　3年ほど前、大学を辞めてようやく時間の余裕を得た私は、現在の社会でインフラストラクチャーに関わる者が学んでおくべきこうした事項を何とか系統的にまとめるべきと考え、その構想を練りはじめた。何度か目次の構成をつくり変え、執筆に取り掛かった。しかし、文献の調査やヒアリングの能力、あるいは執筆に集中する能力は年齢とともに劣えたようであり、筆は遅々として進まなかった。

　このような時、かつて東大で私の研究室に在籍し、今では三菱総合研究所の中核にいる長澤光太郎君と平石和昭君に会い、話のついでにそのような状況を話した。すると、彼らはよかったらその仕事を手伝いますと申し出てくれた。私は喜んで彼らの助けを

借りることにした。さらに同じく東大の研究室に在籍し、今では三菱総研の若手のリーダー格である長谷川専君もこれに加わってくれることになった。

　強力な協力者を得て、再び目次構成を練り直した。より系統的で分かりやすい筋書きとするため、長澤君とともに検討した結果、全体をインフラストラクチャーの一生とでも言える時間的な発展の形で捉えることにした。こうして執筆を再開したが、その進捗は著しく良くなった。そして何よりも、実務で新しい事業展開のための調査に当たり、また様々な企業などの相談に乗っている3人の知識や経験により、内容ははるかに充実し、深くなった。4人がそれぞれ分担した部分の原案を執筆すると、それに対して他が数多くの遠慮のない意見を出し、修正や追加を求めた（執筆などの分担は巻末の略歴とともに示す）。何度も集まり、長い時間をかけて一文ずつ練り上げた。従って全ての章は4人の共同執筆であるといってよい。そして、読者がなるべく興味深く読みかつ理解を深められるように、可能な限り実例を加えて記述した。

　このようにしてようやくできたのが本書である。そして、本書の作成に実に多くの先輩や同僚、友人が協力して下さった。古い資料を見つけて貸して下さったり写真や統計資料を提供して頂いた。その方々の名前を挙げるべきであるとは思うが、余りにも多くの方々であるので、ここではあえて全ての方々の名前を記さないでおくことにしたが、これをお許し願いたい。

　本書では、インフラストラクチャーに関与する者が学ぶべき知識を示すとともに、それに携わる者の担うべき意識、すなわち使命感も何とか記したいと考え、そのために先人たちの行った様々な優れた事業を可能な限り伝えることも試みたかった。しかし、それは膨大な事実のほんの一部しか描くことしかできず、インフラストラクチャーづくりに懸けた先人の情熱や意志を十分に伝えられるものではなかった。先人たちの優れた業績については多くの書が出版されているので、是非それらも一読してほしいと願っている。

　本書にはまだ多くの間違いや不十分な記述も残っていることは想像に難くない。今後読者のご指摘等を踏まえ、次の版以降で徐々に訂正していきたいと思っている。

　本書の執筆においては、（一社）建設コンサルタンツ協会から提供を受けている研究室とその情報端末が大いに役立った。ここに同協会の厚意に感謝したい。そして、本書の編集作業においては酒井芳一氏（インフラストラクチャー研究所）に多大な協力を得たが、それも記して謝意を表したい。

　　　　　　　2017年3月　　東京・千鳥ケ淵を望む研究室にて　　　　中村　英夫

インフラストラクチャー概論　目次

まえがき…2

序章
インフラストラクチャーとは…7
- 第1節　インフラストラクチャーという語…8
- 第2節　インフラストラクチャーの特徴…9
- 第3節　インフラストラクチャーの種類…11
- 第4節　社会基盤施設…13
- 第5節　インフラストラクチャー事業のライフ…14

第1章
種々のインフラストラクチャーとその発展…17
- 第1節　古代文明とインフラストラクチャー…18
- 第2節　中世・近世の国づくりとインフラストラクチャー…26
- 第3節　近代のインフラストラクチャー…38
- 第4節　現代の生活を支えるインフラストラクチャー…55
- 第5節　インフラストラクチャーに対する需要の移り変わり…68

第2章
インフラストラクチャー事業の構想…79
- 第1節　インフラストラクチャー事業の発意…80
- 第2節　構想の動機…92
- 第3節　構想の推進…108
- 第4節　構想実現の促進…117
- 第5節　構想の挫折…128

第3章
インフラストラクチャーの事業化と事業主体…143
- 第1節　インフラストラクチャーの事業主体…144
- 第2節　純粋公共型…151
- 第3節　官民混合型…161
- 第4節　民間事業型…189
- 第5節　インフラストラクチャー事業の資金調達…206

第4章
インフラストラクチャーの計画と意思決定…217

第1節　インフラストラクチャーの投資計画…218
第2節　投資計画の内容…221
第3節　財務評価と経済評価…231
第4節　総合評価…258
第5節　地域の合意形成…266
第6節　事業投資の意思決定…269

第5章
インフラストラクチャーの建設…277

第1節　インフラストラクチャーの設計…278
第2節　環境アセスメント…282
第3節　用地取得…286
第4節　工事契約…291
第5節　施工…303

第6章
インフラストラクチャーの管理運営と活用…307

第1節　インフラストラクチャー施設の維持管理…308
第2節　維持更新投資…322
第3節　インフラストラクチャー事業の運営管理…326
第4節　インフラストラクチャー事業の展開…341
第5節　防災と災害復旧…347
第6節　更新と除却…356

第7章
インフラストラクチャー事業の海外展開…371

第1節　途上国への開発援助…372
第2節　海外インフラストラクチャービジネス…393

索引…422

序章

インフラストラクチャーとは

「万象に天意を覚える者は幸いなり、人類の為、国の為」
青山 士(あきら)

荒川放水路や信濃川分水路の建設を指導した土木技師。この言葉は信濃川分水路建設の碑文

第1節
インフラストラクチャーという語

　「インフラストラクチャー」という語が世間一般に広く使われるようになって久しい。時にはこれを縮めてインフラと呼ばれることもある。しかし、インフラストラクチャーとは何であるかを聞いてもなかなか明確な言葉は返ってこない。道路や橋などのことであると具体的な施設を挙げるか、あるいは土木施設のことであると漠然としたものになる。これらはどれも間違っているわけではないが、十分な答えとは言えない。

　インフラストラクチャー (Infrastructure) という語を初めて使ったのは、1950年代に入ってのNATO (北大西洋条約機構) の空軍であったと聞いたことがある。空軍が機能するには航空機のほかに滑走路をはじめとする地上施設が必要である。これらの施設・設備を、航空機と対比して下部 (Infra) 構造 (Structure) と呼んだとのことである。その後、この呼び方が空軍施設だけでなく、社会活動を支える施設の総称として世界的に広く用いられようになったのであろう。

　日本語で下部構造と直訳したのでは、建物の地下部分や橋の橋脚部を指すように聞こえて誤解される恐れがあるので、その本源的な特質を考えて「社会基盤施設」と訳されている。最近ではさらにこの2つの語をつなげて「社会インフラ」などと呼ばれることもある。

第2節
インフラストラクチャーの特徴

　インフラストラクチャーは施設すなわち土地に定着した工作物であり、その意味では住宅や商店、事務所、工場のような他の固定資産と変わらない。これらの施設が財(モノ)やサービスを消費者に供給するのと同様、インフラストラクチャーもサービスや財を利用者に供給する。道路であれば交通というサービスであり、水道であれば水という財の供給である。以下では、インフラストラクチャーのもたらすこの財およびサービスを一括して、インフラストラクチャーのサービスと呼ぶことにする。

　インフラストラクチャーとそのサービスには、他の固定資産とは異なる特徴がある。すなわち、

①インフラストラクチャーのサービスは一般に必要性が高く、他では代替することが困難である。例えば水道の供給する水は人々に必需である。[高い必需性]

②インフラストラクチャーを個々が所有し運営するには経済的負担が大きく、技術的にも困難である。それ故、社会全体で共有し、共同で利用するしかない。例えば水源施設や水道本管は共同利用しかあり得ない。[共同利用]

③インフラストラクチャーのサービスは、一般の財やサービスのように1人がそれを得れば他は得ることができないというものではなく、混雑が生じない限り、互いに競合せずに何人でも同時に利用することができる。[非競合性]

④一般道路のようなインフラストラクチャーでは、サービスの利用者すなわち通行者からのみ利用料を徴収しようとしても技術的に困難であり、もし徴収するとしてもそれに要する直接、間接の費用は大きく、社会全体の損失が大きくなる。このような場合、個々の利用者から料金を徴収することはできず、無料の利用者(フリーライダー)を排除することはできない。[非排除性]

⑤インフラストラクチャーの建設には一般に巨額の費用を要し、資金調達は私企業だけでは困難なのが一般的である。[巨額の投資]

⑥インフラストラクチャーのサービスにおいては、建設費などの固定費用が、サービス利用者の多寡によって変わる変動費用よりもはるかに大きい。従って、利用者1人当たりの全費用(固定費+変動費)は利用者が増えるとともに逓減する。[平

均費用逓減]
⑦投資費用も運営費用も巨大であり、地域社会で共同で利用するため、インフラストラクチャーのサービスは地域で独占的となることが一般的である。しかも、そのサービスは利用者にとっては必需である。それ故、独占の弊害が生じないように何らかの公的な規制が必要となる。［地域独占］
⑧その施設からサービスを直接受ける者だけでなく、場合によってはそれよりはるかに多くの人が広範囲に、また長期間にわたって間接的な影響を受ける。例えば鉄道の新線が開通すると、その利用者だけでなく交通が便利になった地域全体が利益を受けて発展する。［外部効果］

インフラストラクチャーは、ここに挙げたような特徴のいくつかを持っている。そのため自由経済体制とはいえ、個人や企業など民間の自由な裁量によって投資がなされたり、利用料が決められたりすると、必要なサービスが不足したり、独占によって不公平な弊害が生じたりして、社会全体にとって大きな不利益が生じる。そのため、これらの事業を進める際には様々な形で公共が関与することが必要になる。

第3節
インフラストラクチャーの種類

　本書で対象とするインフラストラクチャーには実に様々なものがある。これらをその機能別に分けて示しておこう。

○**生活施設**
- 上水道‥‥水源地、浄水場、配水場、水道管など
- 下水道‥‥下水管きょ、処理場など
- 廃棄物処理施設‥‥焼却場、火葬場など
- 公衆便所

○**交通施設**
- 道路‥‥交通安全施設、交通情報施設を含む
- 鉄道
- 港湾‥‥航行安全施設(航路、灯台など)を含む
- 空港‥‥航空保安施設を含む

○**防災施設**
- 河川施設‥‥堤防、水制工、堰堤、貯水池など
- 海岸施設‥‥海岸堤防、消波堤、避難塔など
- 消防施設‥‥消火栓など

○**産業施設**
- 農業施設‥‥灌漑(かんがい)施設、農道
- 林業施設‥‥林道、索道、貯木場
- 漁業施設‥‥漁港
- 工業施設‥‥工業団地、工業用水

○**エネルギー施設**
- 電力施設‥‥発電所、変電所、送配電線
- ガス‥‥ガスタンク、ガス管路
- 石油備蓄施設

○**通信施設**
- 送信施設、通信線

○**都市施設**
- 地下街
- 余暇施設‥‥公園、競技場など

○**公共建築物**
- 庁舎
- 文化施設‥‥博物館、音楽ホールなど
- 社会安全施設‥‥交番、刑務所など

○**国防施設**

○**測地・気象観測施設**
- 基準点
- 気象観測所

第4節
社会基盤施設

　前節に示した様々なインフラストラクチャーは、多かれ少なかれ第2節に記したようなインフラストラクチャーとしての特徴を持ち、公共的な性格を有している。だからと言って、これらはすべて政府や公共機関が所有し、運営しているのではない。その機能から考えると明らかに公共的な役割を担う施設であるが、経営の効率性などを考えて民間会社が所有・運営しているものも少なくない。しかし、そうした場合でも経営に全くの自由裁量が許されているわけではなく、例えば利用料についての認可など、公的な規制がなされるのが一般的である。そして、どのような特質を持つかによって、第3章で述べるように公共機関と民間会社の中間的な様々な経営形態が取られる。

　政府のまとめる経済統計の国民所得統計では、政府や公的機関の行う投資は政府固定資本形成としてまとめられているが、公共性の高いインフラストラクチャーでも鉄道会社のような民間企業の行う投資はその中には含まれず、民間の固定資本形成に分類されている。そして、これらの民間企業が有するインフラストラクチャーは、他の資産とともにその企業の持つ固定資産として計上されている。このように経済統計上では公的な資産ではないが、機能的に見ると明らかに公共性のある施設は、本書ではインフラストラクチャーと見なして議論を進めることとする。

　一方、例えば公営住宅などへの投資は政府固定資本形成として扱われるが、民間の所有する施設と機能的には何ら変わらない。このような施設は、本書では前述のようにインフラストラクチャーの範疇には加えない。さらに、先に示したインフラストラクチャーの種類の中には、庁舎や文化施設のように通常は公共建築物と呼ばれる施設も含まれているが、これらは民間の同種の施設と何ら変わらないので、本書で取り扱う範疇から外すことにする。

　このように見てくるとき、インフラストラクチャーとは何かをあえて定義すると、社会全体の活動を支える社会共用の施設（固定資産）であると言うことができ、その意味で社会基盤施設という語で表現するのが最も適切なようである。

第5節
インフラストラクチャー事業のライフ

　インフラストラクチャーのライフ（寿命）と一般に呼ばれているのは、インフラストラクチャー供用期間すなわちそのサービスが提供されている年月であって、橋梁なら開通から不要になるなり老朽化して閉鎖されるまでの年月である。しかし、本書での関心は、その必要性が認識されて建設が構想されてから、それが供用されて最後は除却されるまでの事業全般である。

　地域社会が漠とした形で望んでいたインフラストラクチャーは篤志家や事業家など個人、あるいは民間団体や公共機関によって、誰かのイニシアティブで構想としてまとめられ、世に出される。構想の段階で多くの批判を浴び、その後消滅していった例も数多いし、事業が実施されるにしても1730年（享保15年）に本間屋数右衛門に初めて構想された信濃川の分水路のように、着工までに140年近くを要した例もある。社会的に多数の賛同を得た構想では、その事業の中心となる主体を立ち上げ、事業化の可能性や財源の確保、技術上の課題などの検証を進めて計画案に具体化していく。どのようなインフラストラクチャーも、その公共性の高さのため社会の受容と政府機関の認可を数多く必要とし、それを終えて次の段階に進む。

　事業の認可の後、建設へ向けての詳細な調査、設計、用地取得、工事契約を経て建設工事に着手する。必要に応じて設計変更や新技術の導入を行い、決められた工程管理の下に工事が実行され、竣工に至る。

　建設工事の完成によって、ようやくインフラストラクチャーのサービス供給が始まる。安定して安全なサービスの提供、利用の促進と財務の健全性の確保、周辺環境の保全、維持補修さらには更新事業と、長年にわたるインフラストラクチャーサービスの業務が続けられる。

　インフラストラクチャー事業の寿命は一般に長く、数百年の歳月となるものさえある。我が国の近代インフラストラクチャーでも、例えば鉄道の東海道線などは既に150年に達しようとしているし、安積疏水や琵琶湖疏水なども、竣工後130年余りを経た現在もその役割を果たしている。インフラストラクチャーがサービスを終えるのは施設の老朽化による例もあるが、技術革新や社会的環境の変化によってその使命

が終わるのが一般的である。また、本来の役割としては生命を終えたとしても、例えば中国の万里の長城のように、その後は観光施設として存続・維持される例も少なくない。施設が不要となって除却されても、ほかの目的のため、その一部または全部が生かされて新たなインフラストラクチャーとなる例も多い。例えば、横浜港の古い埠頭部分は、みなとみらい地区という都市施設へと変貌したのである。

　このように、構想から計画立案、事業化、建設工事、供用と維持管理、除却に至るインフラストラクチャー事業の長くて広範にわたる内容を、本書では事業の時間的な展開に従って捉え、以下に述べていくことにする。

第1章

種々のインフラストラクチャーとその発展

「鉄道は距離を縮め文化を広める」
Carl Ritter von Ghega
19世紀末のオーストリアの土木技師、アルプスを越え
ウィーンとアドリア海を結ぶゼンメリング鉄道を建設

第1節
古代文明とインフラストラクチャー

(1) メソポタミアの灌漑、四川盆地の都江堰

　古代文明は、主に定住農耕とともに始まった。それを支えたのは、河川導水など灌漑のためのインフラストラクチャー整備であった。定住は都市国家を生み、都市国家は城壁などの防御目的のインフラストラクチャーにより守られて発展した。以下にメソポタミアの例を記す。

　「メソポタミア」とは「川に挟まれた地域」という意味であり、現在のイラク南部に当たる地域を流れるチグリス川とユーフラテス川に挟まれた地域の呼称である。ここに世界最古の文明の1つが生まれた。

　メソポタミア文明初期(紀元前9000年頃〜)には雨水のみによる、いわゆる天水農耕が行われていた。この乾燥地域ではその後、河川から用水路を引いて畑に水を供給する初歩的な灌漑農業が始まった。紀元前4000年頃に北メソポタミアから南下して定住したシュメール人は、大河の洪水を利用して下流部で灌漑農業を大規模に展開した。灌漑地域には堤防、運河、水路、堰などのインフラストラクチャーが整備された。水量の調節には羽根つるべ[1]などが用いられ、多くの井戸とともに遺跡として残っている。紀元前3000年頃には、季節ごとに畑の水分量を調節する技術が普及して収穫量は格段に増え、人口増加と都市の発展を促した。

　灌漑農業で生産されたのは、主に大麦や小麦などの穀物であり、これらは南メソポタミアの重要な輸出資源となった。並行して野菜類(たまねぎ、にらなど)も栽培され、これらも交易品として輸出されていた。農業の生産性向上と食糧供給の安定は、交易の拡大をもたらすとともに、多くの都市国家を生み出した。代表的な都市であるウルクは城壁に囲まれ、公共建築物を有し、居住地面積は約230haに及んだ。灌漑・排水システムの保全と運営は、都市国家の強力な政治権力を背景に行われた。

　その後、紀元前1700年頃から、メソポタミアの麦の収穫率は急速に低下した。原因は灌漑農法に起因する塩害とする説が有力である。川から引き込んだ水は農耕

1　井戸から地下水をくみ上げる装置。竿の一端にくみ桶、他端に重りをつけて梃子(てこ)の原理を利用する。

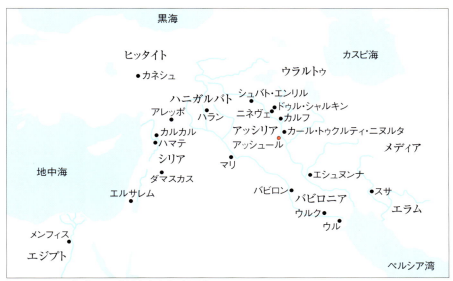

図1-1　メソポタミアの地域と主な都市国家

地を潤すが、それらが蒸発する際には毛細管現象（狭い隙間空間に液体が重力などと無関係に浸透する現象）によって土中の塩分が地表に吸い上げられる。このため灌漑農業を継続すると地表の塩分濃度が上昇し、塩に弱い小麦の収穫が減少する。これは乾燥地帯で頻繁に起こる現象であり、それを防ぐには適切な排水システムが常に機能している必要があり、多くの労働力が必要となる。メソポタミア文明を支えた灌漑農業は、何らかの理由でこの排水システムが機能不十分となり、崩壊を迎えた。かくしてシュメール人は不毛となった下流部から、上流部へと移動していった。

　一方、中国では紀元前3世紀初頭の秦の時代に、自然の流れを巧みに生かし広大な四川盆地を潤す堰が建設された。これは四川の山岳地帯から四川盆地へ流れる岷江の水を、ダムのように水流を止めることなく、堰によって適切に2つの河川へと配分し、灌漑用水と飲料水を盆地全域で確保できるようにしたものである。この都江堰によってもたらされた水の恵みにより、四川盆地は豊かな国として栄えた。都江堰は巨大都市成都をはじめとする都市用水と大穀倉地四川盆地の農業用水を豊かに供給し、この地の繁栄を今も支えている。

写真1-1　古代より四川盆地の発展を支えた水利施設「都江堰」(中国)
写真:中国四川省都江堰管理局

(2) 中国の万里の長城と大運河

　ユーラシア大陸に発展した国家は、常に外敵に脅かされ、国の安全を維持する防衛目的のインフラストラクチャーが必要とされた。安全を確保する一方、領土拡大のための軍事輸送インフラストラクチャーの整備も行われた。その典型例が古代中国である。

　紀元前3世紀に中国を統一した秦の始皇帝は、国家の安定と交易の拡大を目指して数々の大胆な改革を行った。代表的なものに、文字の統一、貨幣の統一、車輪の幅の統一、馳道（ちどう）（道幅約五十歩＝約69mに標準化された軍事輸送用大規模幹線道路。「歩」は中国の長さの単位で、当時の「1歩」は左右1歩ずつを合わせた長さでおよそ1.35m）の建設、度量衡の統一、郡県制（地方長官を中央政府が任命）の導入などがある。

　しかし、秦の北部国境外部では匈奴、東胡、月氏など異民族が勢力を強めつつあった。このため、防御策として整備されたのが万里の長城という防衛用のインフラストラクチャーであった。秦は、戦国時代に地方の諸公が隣国との境界に築いた多くの長城(燕の長城、趙の長城など)をつなぎ合わせ、補強し、増築した。その結果、東は遼東半島から西はオルドス盆地(中国西部)に至る全長二千数百キロの巨大建造物となった。

　秦の時代の長城は、馬が飛び越えられない程度の高さの連続した土塁で、版築（はんちく）

(板で囲んで粘土や砂利を入れて上から押し固める工法)や泥れんがで造られていた。また明の長城よりも北に設置されており、数キロ間隔で墩台（兵隊の駐屯所）や烽火台が設けられ、これらは北方民族の侵入を防ぐために大きな役割を果たしていたと考えられる。なお、現在の石造りの万里の長城は、明代(1368～1644年)にモンゴル人の侵入を防ぐために大修築されたものである。

　万里の長城の建設によって秦には南進の余裕が生じた。始皇帝は南進の軍事輸送用インフラストラクチャーとして運河「霊渠」を建設した。霊渠は揚子江の支流・湘江と、珠江に注ぐ漓江とをつなぐ全長約33km、幅8～14m、深さ0.6～1.5mの水路で、紀元前214年に完成した。36カ所の水門で水位を調節するという高度な技術が用い

写真1-2　万里の長城(中国)

写真1-3　現在の霊渠、水位を保つ越流堤(中国)
写真:万 小鵬

られている。この運河によって揚子江（長江）から珠江を経て南シナ海まで水運がつながる基になり、秦はこの運河も活用し、南越（現在のベトナム北部）まで征服した。

中国大陸におけるさらに大規模な運河は、隋の時代の610年に完成した京杭大運河である。この大運河は全てがこの時代に開削されたわけではなく、既存の小運河をつないだ区間も多いが、結果として総延長約2500kmにわたる大運河となった。華

写真1-4　京杭大運河
（杭州・拱宸橋付近）
写真：巌 嗣林

図1-2　霊渠と京杭大運河の位置

北と江南を結ぶため、中国の南北統一に常に大きな役割を果たした。現在においても維持・整備され、中国の南北の動脈として機能するとともに、世界遺産にも登録されている。

(3) ローマ帝国の道路、港湾、水道

　古代国家の領土的な拡大は、広域的な交通網整備を伴った。また都市の発展は、都市生活を支える各種のインフラストラクチャーを生み出した。例えば古代ローマの優れた事例は、その後の都市づくり、都市基盤整備の原型ともなるものであった。

　イタリア半島の中南部に紀元前5世紀に興った都市国家ローマは、その後領土を続々と広げ、最盛期の3世紀には現代の欧州南部から英国の大半、そして近東から北アフリカと地中海を囲んだ大帝国を支配するようになる。この古代ローマ人は土木技術に優れ、大規模な道路網、水道、港湾、大競技場、大劇場や神殿などインフラストラクチャーを各地に数多く建設した。これらのインフラストラクチャーが大帝国の領土拡大と維持、そして豊かな生活と文化の発展を可能にしたと言われている。

　重要な道路は幅員4mに標準化され、両側には路側帯を持ち、大きさの異なる石を重ねて舗装されていた。それらの一部は、紀元前312年に開通したローマからイタリア半島南端部のブリンディシに至るアッピア街道をはじめ各地に遺跡として残っているし、今に至るもその道が改修されて使われているものが欧州各地に存在する。この道路では必要に応じて石造アーチなどの頑丈な橋梁が架けられ、短いながらトンネルが通されている所もあった。最盛期の4世紀にはこのような幹線道路だけで全長約8万kmに達していたと言われ、これが広大な帝国の領土を軍事的に維持するにも、各地からの物資を輸送するにも大いに役立ち、長い年月にわたるローマの平和（パックスロマーナ）と、豊かな国民生活を支えたと言われている。

　ローマ帝国の人々は衛生面や軍事面で利点のある高台に居住し、都市を形成するのが常であった。そのため、水を供給するのに高度な水道施設が必要となり、長距離を走る水道橋や暗きょを建設して都市に新鮮な水を供給した。石造のアーチを用いた長く高い水道橋は、約2000年たった今も各地に残り、現代に生きる我々をも驚嘆させる。最長の水道は現在の北アフリカのチュニジアに当たるカルタゴにあり、130kmを超えるものであった。こうして都市に送られた水は、これもインフラスト

クチャーと言えるローマの公衆浴場での使用などローマの都市住民に潤沢に使われ、彼らは現在の我々に勝る量の水を使用していたと言われる。それを可能にしたのは、この長い距離を流下させる巨大な水道網というインフラストラクチャーがあってのこと

図1-3　ローマ帝国の道路網
図:OH237

写真1-5　アッピア街道
　　　　（イタリア）
写真:初芝 成應

第1章　種々のインフラストラクチャーとその発展

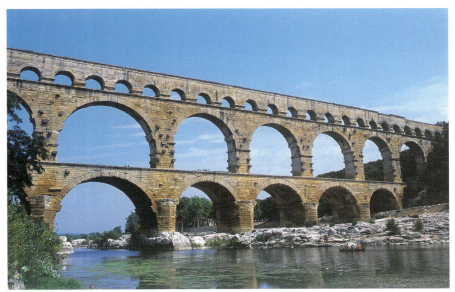

写真1-6　水道橋ポン・デュガール（フランス）
写真：初芝 成應

であった。

　ローマ人はこのほか、都市内のインフラストラクチャーを数多くつくり上げた。舗装された街路網、上水道、雨水を流す下水道、大神殿などで、これらは79年にヴェスビオス火山の大噴火によって埋もれ、約200年前に発見されて現在も発掘が続けられている都市ポンペイの遺跡に今も見ることができる。

　広大なローマ世界の中で物資の輸送をするため、地中海沿岸には数多くの港が設けられていた。例えばローマから約25kmテベレ川を下ったオスティアには、ローマの外港として大きな掘り込み港湾までつくられた。これは石造の護岸で囲まれた六角形の大きな水面を持つ港湾で、北アフリカなどの生産地から送られた穀類などの物資はこの港で積み換えられ、テベレ川を通って大消費地ローマに送られた。

　ローマ人は彼らの発明したセメントを使い、石材の間隙を埋めて組み上げ、強固なアーチ構造を多用して数多くのインフラストラクチャーを帝国各地につくり、その長年にわたる繁栄を支えた。これがその後、中世を経て近代の欧州に伝わり、現代のインフラストラクチャーの形態や技術に影響を及ぼしていく。

第2節
中世・近世の国づくりとインフラストラクチャー

(1) 欧州の都市城壁

　中世においても、ユーラシアにおける多くの都市は、常に異民族の侵略に脅かされていた。そのため防衛のインフラストラクチャーが必要とされ、都市の外周に城壁を築いて外敵を防ぐ、いわゆる「城郭都市」が各地で発達した。欧州では、10〜12世紀にその事例が多い。

　欧州の都市には、ローマ帝国の軍隊の宿営地を起源として発達したものが多くある。しかし、5世紀末の西ローマ帝国滅亡から10世紀頃までの期間、異民族の侵入が頻繁に起こり、外敵の攻撃を受けやすい都市から農村への人口流出が続いた。地方部では人口増を背景に、荘園を基盤とした貴族たちによる封建制が発達した。

　10世紀以降、農業の生産性向上、異民族侵入の減少、そして商業の発展により、再び都市人口が増加する。都市への富の集中は加速し、防衛目的で安全のためのインフラストラクチャーである都市城壁が盛んに建設されるようになった。

　城壁が建設された都市では、出入りは城門に限られた。堀が穿たれ、跳ね橋が設けられた例も多い。城壁には一定間隔で望楼が設置され、壁に開けられた銃眼に

写真1-7　城壁都市カルカソンヌ(フランス)

第1章　種々のインフラストラクチャーとその発展

写真1-8　バレンシアの都市城門（スペイン）、城壁は取り壊され城門のみ現存
写真:中村 裕一

よって敵を射撃した。現存する最大の城郭都市遺跡と言われる南フランスのカルカソンヌの例では、丘の上の市街（シテ）を高さ15m、全長3kmの二重の城壁が囲み、索敵のために53基の塔が設けられている。パリの城壁は市域拡大に併せて放射状に拡張された。2度のオスマントルコによる包囲に耐えたウィーンは深い堀と総延長4kmの城壁に加えて塔と堡塁を備えていた。クロアチアのドブロブニクは、北方を山に、その他三方を海に囲まれた要害の地にある市街地の周囲およそ2kmを、厚さ3〜6m、高さ23〜25mの城壁で囲んでいる。

　都市城壁の建設と維持には巨額の費用がかかったため、堅固な城壁を築くことができた都市は限られた。ドイツを対象とした研究によれば、記録の残る1083都市のうち、市壁を建設したものは576（53%）であった。人口3000人以上の都市は全て市壁を持っていたが、1000人未満の都市では43%にとどまっていた。また特許状[2]を持つ都市では57%、持たない都市では41%であった。

　地理的には、都市化が進んでいる西部の地域（フランドル、ラインラント、ヘッセン、

2　特許状は、国王や領主が都市住民に自治権（商業活動の自由など）を移譲することを表す文書。国王や封建領主が都市に自治権（課税権）を与えることで、城郭建設も都市の自己負担となった。

【コラム：インフラストラクチャーとしての寺社、教会】

　都市や地域の構成要素として世界中で見られるのは宗教施設で、日本で言えばお寺や神社、キリスト教圏では町の教会である。

　日本人の生活は、地域の神社仏閣と密接に関わっている。新年の初詣から始まって節分、お彼岸やお盆など季節の節目、七五三や婚礼、葬儀など、人生の節目に人々は神社仏閣を訪れる。江戸時代には、寺請制度に基づき事実上の戸籍管理を寺社が行っていた。また、寺社は墓地を整備・管理し、住民と先祖とのつながりを維持している。

　欧州などのキリスト教圏の教会は多くの場合、都市あるいは地域の地理的中心に位置し、定期または不定期の礼拝などを通じて地域の連帯感醸成に寄与しており、冠婚葬祭で主たる役割を担う点は日本の寺社と同じである。教会には担当地域が設定され（教区）、貧困救済など地域活動で重要な役割を果たす。罪を犯した者が告解し、許しを求める場も教会である。

　このように住民が共有する宗教施設は、精神的安寧に寄与するインフラストラクチャーであると言える。そのため、現在でも多くの国で教会は国家や公共団体によって所有あるいは管理されている。

写真1-9　シャルトル大聖堂
（フランス）
写真：City of Chartres – Guillermo Osorio

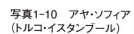

写真1-10　アヤ・ソフィア
（トルコ・イスタンブール）

ザクセン)や争奪の的になった辺境(低地地方)に、強固に要塞化された都市が集中した。都市城壁が後世にもたらした影響として、欧州における都市の概念を明確に形づくったことや、都市住民に「市民意識」を芽生えさせた効果が挙げられている。

近世における大砲の発達や近代における航空機の出現は、都市城壁の戦術的重要性を低下させ、都市人口の増加も相まって欧州の都市城壁は20世紀中に次々と取り壊されていった。残された城壁は壁が撤去され、鉄道線路や高速道路として利用されているものもある。パリやウィーンの環状道路はその代表例である。

(2) 日本の近世での河川事業
　　(利根川東遷、木曽三川分流、大和川付け替え)

日本では、戦国時代が終わって江戸時代に入り、政治的な安定が続くと、幕府や諸大名は領地の安全確保と藩の経済力拡大のため、河川整備を積極的に行った。当時の大規模河川改修は、現代に至る三大都市圏の発展基盤をも形成した。

関東平野では、徳川幕府が江戸開府に当たり、伊奈一族に命じて当時江戸湾に流れ込んでいた利根川を銚子方面に瀬替えし(利根川東遷)、杁(取水口)を設置し

図1-4　利根川の変遷
図:国土交通省の資料を基に作成

て葛西用水を整備、水路網は幕府直轄とした。利根川の氾濫には左岸、つまり江戸城の反対側に遊水地を設けて対処した。これらはいずれも16世紀末から17世紀半ばにかけてのことである。

　濃尾平野では、17世紀初頭、尾張の城下町を水害から守るため、徳川家が伊奈備前守忠次に命じて、木曽川の左岸(名古屋城側)に北部の犬山から河口に至る50kmもの連続堤を築かせた(御囲堤)。また左岸には杁を設置して用水網を整備し(宮田用水)、濃尾平野の農業振興を図った。用水は従来の慣習を破り、農民自治ではなく尾張藩直轄とした。右岸の堤防は左岸より低く設定し、洪水発生時には右岸、すなわち城下町の対岸地域に氾濫させた。右岸には洪水防御のための輪中が発達した。

　上記のような関東平野、濃尾平野で行われた河川改修の技法は関東流または伊奈流と呼ばれ、河川の蛇行を許容し、自然の地形を生かしながら越流堤、霞堤(不連続堤)、流作場(堤外の耕作地)、遊水地などを活用して、ある程度の溢水を前提に洪水を分散処理する点に特徴がある。その源流は甲州流(代表例は信玄堤)にあると言われる。

1897年頃

1905年頃

図1-5　濃尾平野の三川分流
図:多賀歴史研究所

これに対して、少し後に行われた大阪平野の淀川改修は、河道を直線化し、両岸の堤防を強化して洪水を速やかに放出させるもので、紀州流と呼ばれる。幕府の命を受けて淀川改修を担当した河村瑞賢（かわむらずいけん）は17世紀末、淀川の中州（九条島）を開削し、河道3kmを直線化して新たな河川、安治川を建設して下流部の災害に対処した。その後、当時淀川に合流していた大和川を切り離し、総延長14.5km、川幅180mの放水路を整備して大阪湾に直接放流する瀬替えが行われた。曲流部にあった旧河床や氾濫原は、新田開発の対象となった。近畿地方は当時、関東や中部と比較して都市化が進んでいたことも、こうした手法が採択された背景にあったと考えられる。

　その後は関東流から紀州流への転換が進んでいった。関東流の治水は河川の自然な氾濫を前提とし、広大な面積を要するため、流域の開発用地需要が高まると適用に限界が生じる。18世紀初頭、幕府は利根川改修に紀州流を採用し、越流堤や霞堤の除去、蛇行していた河道の直線化と強固な連続堤の建設を推進した。また、ため池を廃止し、用水と排水を分離、見沼代用水と葛西用水を連結し、中流の遊水地帯や下流のデルタ地帯の干陸化と新田開発を進めた。

　18世紀半ばの濃尾平野では、幕府が薩摩藩に命じて木曽三川（木曽川、長良川、揖斐川）の分流を目的とした治水工事（宝暦治水）を行わせ、1年余りで完成させている。工事費用も薩摩藩の負担であった。この計画は紀州流の井沢弥惣兵衛（いざわやそべえ）の案に基づいたものと言われる。

　明治以降、日本が近代化を進める過程でその中心を担った首都圏や関西圏、中京圏での広くかつ水害に見舞われることの少ない土地の創出には、これらの17～18世紀における大規模な河川改修が大きく貢献している。

(3) オランダの干拓

　インフラストラクチャー整備の技術的進展は、国土の高度利用だけではなく、国土そのものを生み出すためにも用いられた。最もよく知られた例が、オランダの干拓である。

　オランダの別名「ネーデルラント」は「低地の国」を意味する。国土総面積4万km^{2}強（九州とほぼ同じ）のおよそ30％は標高が海面下にある。最も低い地点はロッテルダム近郊にあり、−6.7mである。

古代のオランダは、厚い軟弱な泥炭層に覆われた、海水面より1～2mほど標高が高い湿地帯であった。オランダ人は長期にわたって、膨大なインフラストラクチャー整備でここに国土を創出していった。まず湿原を堤防で囲い、自然排水により農地造成と利用が進められた。最古の堤防はローマ帝国時代、初期の干拓は10世紀頃とされる。

　干拓地はポルダー（polder）と呼ばれるが、12世紀頃から水委員会（Waterschap（蘭）；Waterboard（米））がポルダーの造成と管理を始めた。水委員会は民営だが、堤防維持のための水に関する徴税権を持つ強力な自治組織であり、現代のオランダでも地域の安全管理に枢要な役割を果たしている。

　干拓が進むと地盤の圧密沈下が生じてポルダーの多くが海水面下の標高となり、自然排水が困難となった。揚水動力として15世紀の初めに風車が導入された。16世紀末に風車上部が水平回転して羽根を風上に向ける技術革新が起こり、干拓の大規模化が進んだ。17世紀初頭に行われたベームスター干拓（Beemster、7174ha）で、「風車による堤外環状水路への排水」という技術体系が確立したとされる。これによって干拓事業の収益性が高まったことから、商業資本による投資が活発化し、干拓はさらに進んだ。

　19世紀以降、蒸気ポンプさらには電気ポンプが導入され、より大きな土木工事が可能となって干拓面積は飛躍的に拡大した。記録によれば13世紀以降1900年までの700年間で4625km^{2}が干拓され、現在までの干拓総面積は8000km^{2}以上（琵琶湖の面積669km^{2}の約12倍）と言われる。

図1-6　オランダのゼロメートル地帯（濃い緑色の部分）

　ポルダーは地下水位が高く、低湿で

第1章　種々のインフラストラクチャーとその発展

写真1-11　アイセル湖（オランダ）
写真:初芝 成應

酪農に適する。また一部の排水良好地では、畑作や花卉・野菜の園芸農業が営まれてきた。1970年代以降は、住宅・工業用地、森林・レクリエーション用地など農業以外の比重が高まっている。

　干拓地の農地利用には、干陸化してから通常10年以上をかける。ある政府事業の例では、まず雨水によって干陸化した土壌を脱塩する。葦を生育させて土壌水分を蒸発させた後、葦を焼いて排水路を掘削する。アブラナを生育させて土中の通気性を向上させ、さらに鋤き込んで土壌を酸化させる。その後、ようやく冬小麦などを作付けして農家に引き渡した。

　過去最大の干拓事業は、アムステルダム北方の内湾ゾイデル海（5000km^2）の外洋（北海）からの切り離しである。高さ8m、幅90m、延長32kmの巨大な締め切り堤防は1927年に着工し、1932年に竣工した。かつての湾は淡水湖化され、現在の名前はアイセル湖という。

　この湖中には、その後4カ所の巨大ポルダーが造成され。開発面積は1650km^{2}に及ぶ。それぞれの干拓地の排水は1968年までに全て完了しているが、開発に時間をかけるオランダらしく、多くの未利用地が残っている。

　ゾイデル海開発では当初、アイセル湖に5カ所のポルダーを建設する計画であった。

【コラム：ゲーテ「ファウスト」と干拓事業】

「時よ止まれ、お前は美しい」。そう呟(つぶや)いたファウスト博士は倒れ込み、死霊たちが抱きとめて地面に横たえる。

ドイツの文豪ゲーテが死の直前までおよそ60年を費やして完成させた戯曲「ファウスト」の、よく知られたシーンである。主人公ファウスト博士は、哲学、法学、医学、神学を極めたが満足はなく、人間の有限性に失望する。そんな彼に、黒犬に姿を変えた悪魔のメフィストフェレス（以下、メフィスト）がやってきて、言葉巧みに契約を結ぶ。

悪魔メフィスト　「私はあなたの家来となって願いを叶(かな)えるから、あの世では逆にあなたが仕えてほしい」

ファウスト博士　「お前が私を満足させ、私が『時よ止まれ』と言った時、私はこの世の最期を迎えて構わない」

メフィストはファウストを若返らせ、素朴で敬虔(けいけん)な少女（グレートヒェン）との恋愛、酒を浴びての乱痴気騒ぎ、皇帝の寵愛を受けての権力行使など様々な快楽を経験させる。しかしファウストはそのどれにも満足しない。国政に参画したファウストは、干拓事業に取り組む。悪魔の仕業で盲目になった彼は、メフィストが手下にファウストの墓を掘らせる音を聞き、干拓事業の進展と勘違いして冒頭の科白(せりふ)を口にし、息絶える。

この世の快楽を味わい尽くし、全く満足しなかったファウスト博士が最高の瞬間と感じたのは、百万の民が平和に楽しく暮らす土地をつくる干拓事業の槌音(つちおと)を聞いたときであった。息絶えたファウスト博士の魂は最愛の女性の祈りによって救済される。

インフラストラクチャー整備は、ゲーテの考える「最も気高い」営みなのかもしれない。

図1-7　ドラクロワ「ファウストの前に現れたメフィストフェレス」
図:NMWA / DNPartcom

第1章　種々のインフラストラクチャーとその発展

しかし5番目のマルカーワールト・ポルダーは、囲堤は建設されたものの、環境問題への配慮から政府が1991年に排水計画を白紙化した。アイセル湖の湖内湖となったマルカーワールト湖は、野鳥と淡水魚類の宝庫になったという。囲堤は地域連絡道路として利用されている。

こうして時間をかけて国土をつくってきたオランダは現在、世界でトップクラスの1人当たりGDP[3]を誇る先進国となっている。

(4) フランスの地図と基準点

欧州人の海外進出や、それを支えた大運河などのインフラストラクチャーの大規模化で、正確な地図の必要性が高まった。そこで生み出されたのが三角測量に基づく科学的な地図である。この技術はまずフランスで実践され、その後、世界に普及した。

大航海時代を経た欧州では、科学的測量の重要性が認識され始めた。ルイ14世の財政総監コルベール（Jean-Baptiste Colbert、1619～1683年）も、フランス国内で地中海と大西洋を直結するミディ運河など大土木工事に関連して、正確な地図の必要性を認識していた。1668年、彼は創設間もない科学アカデミー（Academie des Sciences）にその役割を課し、天文学者ジャン・ピカール神父（Jean Picard、1620～1682年）がその任に当たった。

当時の最新技術である三角測量の基本原理は16世紀にオランダで提唱されたが、精度に課題があり、実用化は遅れていた。ピカールはちょうどその頃、望遠鏡とバーニア目盛り付きの測角機（経緯儀：Transit）を開発し、高精度の測量を実現していた。彼は、まずフランス全土を三角点網で覆い尽くし、主要な三角点（基準点）の経緯度を天文学的に確定して地図の外枠をつくり、次に地形や構造物を実測とスケッチによって枠の中に描いていくことを構想した。

コルベールはピカールの協力者として、イタリアの天文学者カッシニ（Jean Dominique Cassini、1625～1712年）を招聘した。彼は木星の衛星の掩蔽（occultation：天体Aが観測者と天体Bの間を通過する際に天体Bを完全に覆い隠す現象）観測から経度を特

3　2014年12位（5万1000ドル）、同年の日本は27位（3万6000ドル）。

定するというガリレオ考案の技術を実用化しており、基準点の正確な経緯度が測定できた。

彼らが1683年に開始した基準点測量は、まずフランス南北を縦断する三角鎖の設置、次に東西横断の三角鎖、そしてフランス全土を覆う三角鎖の測量へと進み、62年目の1744年に完了した。三角鎖の総数は800であった。初代カッシニは事業半ばで他界し、その仕事は2代目と3代目が継承した。

その後、3代目カッシニは地形測量を開始したが、英国との7年戦争の影響で1756年に国家の財政援助が打ち切られた。3代目は出資者を募り、測量会社を設立して事業を継続し、フランス革命(1789年)の大混乱の中でも細部測量を継続した。彼らが8万6400分の1の大縮尺地形図182面を完成させたのは、初代カッシニの測量着手から実に110年後の1793年で、4代目カッシニの時代であった。

カッシニ家4代の功績をたたえて「カッシニ図」とよばれるこの地図は、科学的測量に基づく世界最初の地形図で、道路や運河、建物からブドウ畑まであらゆる地物が網羅されており、数多くの地図の基礎になった。

少し下った時代の日本では、1821年に伊能忠敬の「大日本沿海輿地全図(だいにほんえんかいよちぜんず)」が完成して幕府に提出されているが、本格的な三角測量が日本に導入されたのは明治維新後

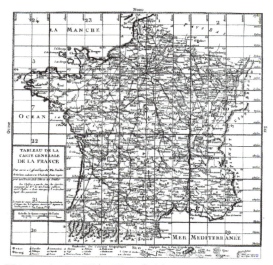

図1-8　カッシニ図(フランス全土)

写真1-12　日本の電子基準点
写真:国土地理院

のことである。三角測量は国土管理の基盤技術として19世紀以降、全世界に普及した。全国の高さの基準となる水準原点も、東京湾の海面の潮位観測を基に東京・三宅坂に設けられ、これと結ばれた水準点が全国におよそ1万7000カ所設置されている。全ての構築物の建設の基本情報となるこれらの基準点は、まさにインフラの中のインフラと言うことができる。日本では国土地理院が基準点を設置・管理している。

今日、大規模な測位網は全地球測位システム（GPS：Global Positioning System）に置き換えられている。日本では1300カ所余りの電子基準点が設置され、GPSとつながり、測量の効率化を図るとともに、地殻変動を監視し、地震や噴火などに対する防災・減災の基礎的情報源としても機能している。

第3節
近代のインフラストラクチャー

(1) 鉄道の発明と普及

　産業革命とりわけ蒸気機関の発明は、インフラストラクチャーの革新を促した。交通の分野では動力化、大型化、長距離化が進み、世界貿易の発展と各国の近代化を促進した。

　端緒を開いた1つの契機は英国の鉄道整備で、それまでの馬の代わりにトレヴィシック(Richard Trevithick、1771～1833年)の発明した蒸気機関車が砂利舗装の道路に代わったレールの上を走るものであった。1825年、ストックトン&ダーリントン鉄道(Stockton & Darlington Railway：S&DR)がイングランド北東部で世界初の蒸気機関車による鉄道営業(総延長40km)を開始した。内陸部の炭鉱ストックトンとダーリントン港湾とを結ぶことが主目的だった。1830年にはイングランド北西部でリバプール&マンチェスター鉄道(Liverpool & Manchester Railway：L&MR、56km)が

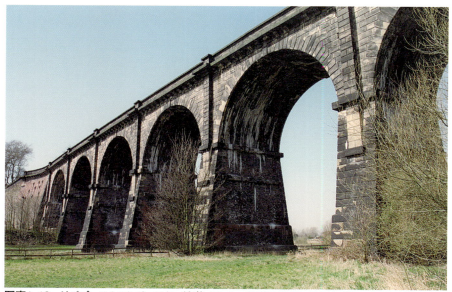

写真1-13　リバプール&マンチェスター鉄道・サンキー鉄道高架橋、1830年竣工で現在も供用中
写真：馬場 俊介

営業開始した。主目的は、リバプール港に荷揚げされた織物原料をマンチェスターと周辺の工場地帯へ高速大量輸送することだったが、馬車などと比較して料金が安価なため、旅客輸送も急増した。英国の鉄道建設は1840年代に大きく発展し、主要都市を結ぶネットワークがほぼ完成した。鉄道旅客輸送数は、1844年の2776万人から1870年の2億8863万人へと増加した。

　初期の鉄道では、蒸気機関車が急勾配を走行するのが困難だったこともあり、平たんで小さい曲線の少ない路線を通ろうとしたため、いきおいトンネルや橋梁が数多く建設されることとなった。これが路線の選定や設計、そして橋梁やトンネルの建設技術の向上をもたらすことになる。

　鉄道は瞬く間に周辺諸国などに伝播した。ドイツでは1835年のニュルンベルク—フュルト間8kmの開通を皮切りに、1855年までの20年間で約8000kmのネットワークを整備した。フランスでは、1832年にサン・テチェンヌ—リヨン間58kmが開業。1860年代までにパリを中心とした7放射線ネットワークが概成され、1870年の総延長は2万3300kmに達した。

　米国では1830年代から東部各地で鉄道の整備が始まり、1852年にはニューヨーク—シカゴ間、1869年にはロッキー山脈を越えてシカゴ—サンフランシスコ間が建設され、ここに大陸横断鉄道が開通した。1890年の総延長は25万kmでほぼ全国を網羅し、1914年には40万kmに達した。民間鉄道会社が経営したこれらの鉄道は沿線の開拓を促し、西部にも数多くの都市を興すことになった。

　日本では1872年に新橋—横浜間29kmが開通、1889年には東海道線が全通している。英国は植民地で鉄道ネットワーク整備を進め、インドでは1850年代から鉄道整備が始まり、1902年には総延長4万km、旅客輸送2億人弱、貨物輸送4600万tに達していた。

　その後、鉄道は大都市圏の旅客輸送にも使われるようになる。街路を走る市内電車は1865年のベルリンで、都市内高架鉄道は1871年のニューヨークで始まるし、蒸気機関車が引く客車が走る地下鉄も1863年にロンドンで始まり、後に電化される。

　このようにして、19世紀は各国で鉄道が最も主要な交通機関の座を占め、車両などの技術はもちろん、各種構造物や路線などインフラストラクチャーの技術発展も大いに進む。大都市の駅舎はその都市の繁栄と権威の象徴として、壮大な建築物が建

てられた。

　その後、20世紀の中期以降、鉄道は自動車交通の普及に押され、道路整備の進展に比べて遅れがちとなるが、20世紀後半の中頃になると効率性や安全性が再評価され、公営・民営の都市間高速鉄道や都市内鉄道が再び世界各地で発展する。

(2) 近代的輸送網の整備：スエズ運河とパナマ運河

　舟運は陸上の輸送に比べるとはるかに効率的で、重量貨物の運搬も容易である。そのため低平地が広がる欧州など大陸諸国では、中世以降多くの水路が内陸に開削され、河川や海をつないで水上輸送が広く行われた。

【コラム：鉄道黎明期と絵画】

　英国の鉄道は1840年代に路線を大きく伸ばすが、グレート・ウェスタン鉄道はその1つの立役者であった。ロンドンから西方のウェールズ地方へ伸びたグレート・ウェスタン鉄道はブルネル(Isambard Kingdom Brunel、1806〜1859年。鉄道、建築、造船で多大の技術的発明を生み出した英国史上屈指の技術者、テームズ河底に初めてシールド工法でトンネルを開通させた)を主任技師として広軌(軌間2140mm。日本の新幹線は標準軌で1435mm、在来線は狭軌で1067mm)の鉄道を延ばし、高速化を目指した。画家ターナー(Joseph Mallord William Turner、1775〜1851年)は1844年に、このグレート・ウェスタン鉄道の疾走する情景を「雨、蒸気、スピード―グレート・ウェスタン鉄道」と題する名画として描く。これは事物の形態よりも大気や光といった自然の生む情景を描き出したものであり、モネなどフランスの印象派の絵画を30年余りも先取りしたものであった。

　なお、グレート・ウェスタン鉄道は広軌路線を延ばしたが、英国の他の鉄道会社の採用した1435mmの軌間の普及に敗れ、その後、広軌をこの標準軌に改軌することになった。

　1837年にパリから北のノルマンディー地方に向って鉄道が開通する。多くの画家達がこの新しい交通によって近くなった海岸地方へ移り住み、なかでもクロー

1694年には地中海と大西洋をつなぐミディ運河がフランスで建設される。これはスペインの支配するイベリア半島を遠く回ることなく、フランスの地中海岸と大西洋岸を結ぶ全長240kmの運河で、途中起伏の多い地形を克服するために100以上の閘門が設けられた。

19世紀中期に入ると、フランスの外交官レセップス(Ferdinand Marie Vicomte de Lesseps、1805～1894年)はアフリカ大陸の南端を回ることなく欧州とインド、アジアを航路で結ぼうとして、エジプトのスエズ地峡の砂漠に延長164kmの水路を建設する。膨大な土砂を掘削するこの野心的なプロジェクトは紆余曲折があったが成功し、1869年に開通する。以降、何度かの拡張工事の末、現在では延長193km、幅員

ド・モネ(Claude Monet、1840～1926年)はル・アーブル港の日の出を「印象・日の出」と名付けた絵画に描く。この絵は印象派という画風の名前の由来ともなっている。また、この路線のパリのターミナル駅「サン・ラザール駅」はモネにとっては恰好の題材で、駅の内外で連作を描いている。

当時、各地に急激に広まった鉄道は近代技術を象徴するもので、画家にとって興味ある題材ともなったようで、モネは「サン・ラザール駅」のほか「アルジャントウイユの鉄道橋」などをも描いている。

図1-9 ジョゼフ・マロード・ウィリアム・ターナー「雨、蒸気、スピード—グレート・ウェスタン鉄道」

図1-10 クロード・モネ「サン・ラザール駅」

写真1-14　スエズ運河を航行する船舶
写真:外務省

写真1-15　パナマ運河のガトゥン閘門
写真:パナマ運河庁

205m、水深24mの大運河となり、欧州で使う石油の7割近くがこの運河を経由する船で輸送されている。

　20世紀に入ると、スエズ運河よりも一層困難で大規模な工事を必要とするパナマ運河の建設が始まった。これは太平洋と大西洋という2つの大洋を航路で結ぼうとするものであった。険しい地形・地質と疫病の流行に悩まされる難工事は、フランスのレセップスから米国の国家的事業に引き継がれ、1914年に開通する。

　パナマ運河は全長約90kmで、大西洋の海面から中間部の最高点ガトン湖(海抜26m)へ3段階に水位を上げ、次いで太平洋側の海面まで3段階に水位を下げている。このため6つの閘門が設けられ"水の階段"で船が山を越えるようになっている。

　これまでは閘門のサイズによって全長294m、全幅32.3m、喫水12mのいわゆるパナマックスサイズ(Panamax Size)までの大きさの船に通航が制限されていたが、交通量の増大と船舶の大型化に対応するため、その後、拡張工事が鋭意進められ、2016年に工事は完了した。そのため、ネオ(新)パナマックスサイズでは全長が366m、全幅49m、喫水が15mへと拡大され、より大型な船の航行が可能となった。

　パナマ運河の開通は、欧州と米国西海岸の間の航行距離を約40%、米国東海岸とアジア大陸東岸との間を約30%短縮することになり、世界の海上貨物輸送に劇的な効果を及ぼした。

(3) パリの街路と日本の都市整備

　欧州の都市は19世紀に入っても中世の複雑な街路形態のままであり、衛生的にも劣悪で、フランスの首都パリといえども例外ではなかった。第三帝政に入り、ナポレオン3世よりセーヌ県知事に任じられたオースマン(Georges-Eugène Haussmann、1809 ～ 1891年)は、1853年にこの都市の街路網を整然たるものにし、公園と広場を設け、沿道の建物を整え、統一された都市景観をつくろうとする。

　凱旋門を中心に置いたエトワール広場から、幅員70mのシャンゼリゼ通りなど周囲に街路樹の茂る12本の街路を放射状に配置し、これらを中軸街路として整備し、中世以来の複雑な細街路を整理した。街路に面する建物は道路幅員に応じて高さが決められ、屋根の形態、連続する軒高、外壁に石材使用などと規制され、ファサードはルネサンス風として統一感のある重厚で美しい大都市の景観をつくり上げた。

写真1-16　パリ、凱旋門を中心とした放射状街路
写真:Getty Images

写真1-17　札幌大通公園

また、市民の憩う場としての大規模なブローニュやヴァンサンヌの森のほか、中小規模の公園も市内にいくつか設けられた。

　街路の整備に当たっては、土地の強制収用を行うほか、沿道地区の資産価値上昇を見越しての減歩も適用された。オースマンらのこのような強引ともいえる都市改造事業は住民の反感をも呼ぶが、こうしてつくられた美しい都市街区は現在に至っても「花の都パリ」として世界の人々を集めている。この大事業への投資財源は多岐に及んだが、フランス大革命による貴族や教会から没収資産の売却益や国債発行なども充てられたと言われている。ウィーンのリングシュトラーセやバルセロナの市街地区画整理など、その後の世界の都市整備に与えた影響は大きい。

　日本の都市は2、3を除けば広い区域にわたっての計画的な街路整備がなされてこず、わずかに関東大震災後の東京の下町地区の区画整理事業があったぐらいである。第二次世界大戦後の戦災復興事業は、こうした日本の多くの都市で街路網や公園の整備を計画的に行う大きな機会であった。財政上の制約もあり、それが大々的に実行された都市は多くはなかったが、仙台、名古屋、広島などでは広幅員の街路建設をはじめとする都市整備事業が実行された。このほかにも豊橋、富山、福井、堺、姫路、鹿児島などでも広幅員の並木道や都心の公園などが実現し、現在でも市民はその恩恵に浴している。

　広幅員の街路と言えば、札幌の大通を挙げておくべきであろう。明治初期に米国人顧問を中心につくられた計画による碁盤目状の区画を形成する街路網は、市の東西を創成川が分け、南北は幅員105mの大通が分けていた。大通は1911年には公園として整備され、その後の戦中・戦後は畑やゴミ捨て場ともなるなど混乱もあったが、1950年から道路の真ん中の空間は公園として整備され、都心の貴重な潤いの場となっている。なお、東西を分かつ創成川は、近年その側道が地下で立体交差化され、河川部分は水辺公園として整備され、これも大都市の貴重な安らぎ空間となっている。

(4) 日本の近代化を先導したインフラストラクチャー、琵琶湖疏水

　明治時代(1868～1912年)の日本は近代化に向け積極的なインフラストラクチャー整備を行った。その過程で、西欧諸国から導入した技術に独自の創造を加え、驚く

写真1-18 京都蹴上の琵琶湖疏水・インクライン下船泊まり
写真:土木学会図書館

写真1-19 南禅寺境内の琵琶湖疏水水道橋・水路閣

べき先進的な事例を生み出している。その代表例が琵琶湖疏水である。

　琵琶湖疏水は、第1疏水(8.7km、流量8.35m³／秒、1890年竣工)とこれに並行する第2疏水(7.4km、15.35m³／秒、1912年竣工)から成り、ともに大津市で琵琶湖(標高約84m)から取水して、京都市山科から蹴上を経て鴨川(標高約41m)に至る。ほかに、蹴上で北に分離し南禅寺から下鴨を経て、鴨川支流の小川に合流する分線(8.4km、1890年竣工)がある。

　第1疏水の区間内にはトンネル6カ所があり、なかでも取水地近くの第1隧道は延長2436mと、当時の我が国では未経験の長さであった。これに対しては両側からの掘削のほか、日本で初めてたて坑工法(隧道直上に地上からたて穴を掘り、ここから上下流の両方向に向けて掘削していく方法)を採用し、工期を短縮した。蹴上船泊まりと南禅寺前の船泊まりの間は高低差が大きく水路で船を通せないので、斜面に線路を敷き、台車に船を載せて移送するインクライン方式(延長640m、敷地幅22m、勾配15分の1)を採用した。動力源は後述のように、疎水を利用した日本で初

めての水力発電であった。

　京都は1869年に政府機能が東京に移転した後、衰退傾向が著しく、1881年の人口は江戸時代末期から半減して23.6万人となった。同年に京都府知事となった北垣国造(1836〜1916年)は、地域再生の手段として琵琶湖からの導水による舟運や灌漑に着目した。また、水車動力を製造業に利用する案も検討された。

　先行する安積疏水の視察などに基づく京都府案の作成(1883年)、内務省による現地調査(デレーケが担当)と計画修正指示、設計変更、取水を嫌う滋賀県と排水の増加を懸念する大阪府との間の補償調整などを経て、ようやく着工に至ったのは北垣知事着任4年後の1885年6月だった。工事の主任技師には工部大学校(後の東京大学工学部)卒業3年目の田辺朔郎(1861〜1944年)が指名された。田辺は工部大学校の卒業研究で琵琶湖疏水の構想を示していたのだった。第1疏水の工事では動員された作業員は延べ400万人、使用したれんがは1400万個、木材は300万m^{3}と言われる。

　疏水計画は何度も変更されたが、最も大きな変更は水車動力利用から水力発電への転換であった。着工後の1888年、米国コロラド州アスペンにて世界最初の水力発電が成功と伝えられた。田辺は直ちに渡米調査を行い、水車動力と比較分析して水力発電への変更を決定した。水力発電設備は1890年に着工、1891年5月に竣工し、我が国初(世界でも2番目)の営業水力発電となった。この電力を利用し、京都では紡績、伸銅、機械、煙草などの産業が振興され、また1895年には京都―伏見間の7kmで我が国初の電車の営業が始められた。

　事業の総工費は当時の市の年間予算の十数倍に相当する125万円(現在価格で1兆円とも言われる)に達した。その財源は産業基立金(明治政府の下付)、国・府の補助金、市公債のほか、全市民に課せられた目的税からの収入が充当された。琵琶湖疏水は運河事業、水力事業、電気事業から収入を得ており、電気事業は全体収入の8割を賄い、事業は竣工8年後の1898年から黒字化したと言われる。

　琵琶湖疏水は、①大阪湾から淀川を通り京都経由で琵琶湖までの通船、②京都盆地の灌漑、③京都における精米の足踏みから水車利用への転換、④京都市内への防火用水の供給、⑤京都への飲料水の供給、⑥市内の小河川への流水供給による衛生面の向上、⑦水力発電による産業振興と市内電車の開通――といった多目的

の事業となった。京都市民は現在に至るもこの疏水を通る琵琶湖からの豊富な水道水を得ている。さらに、蹴上で分派した用水路沿いの小道は「哲学の道」と称され、現在も憩いの空間を提供している。

(5) 近代の上水道システムと東京

　都市が大きくなって人口が増加すると、生活用水の確保が大きな課題となった。地下水では量的に不足するし、河川の下流での取水では衛生上の問題が多かった。そのため河川の上流部や泉で取水し、都市に送水することが必要であった。

　江戸は、17世紀初めに43km離れた多摩川の羽村から上水を市中へ送る玉川上水を建設した。羽村と江戸の四ツ谷の間の標高差は100mしかなかったが、この間を流下する水路を開削し、市中へは木樋を通して清潔な飲用水を供給しようとした。江戸の人口はその後100万人に達したと言われるが、これを可能にしたのも玉川上水の存在であった。

　同じ頃、ロンドンも良質な水源を北方約30kmのハートフォードシャーの泉水に求めた。ロンドン郊外の高台に位置し、その地名が示すニューリバーヘッドまでのわずか5mの標高差を自然流下する新川をつくり、そこから約30km離れた市中へ木製管路で配水した。

　19世紀に入ると、砂を通して水をろ過することが始まった。当初は単に濁りを除くために行われたろ過であったが、その後、これによって消化器系伝染病が著しく減ることが認められ、19世紀中期以降、ろ過による浄水が広く行われるようになった。

写真1-20　ロンドン郊外、ニューリバーヘッドに設けられた円形貯水池
写真:London Metropolitan Archives, City of London / British History Online

さらに、ポンプで水圧を高め、広く配水する方法が取り入れられ、ここに近代水道の基本的システムが始まることになる。

　日本の近代水道は、1887年に横浜でろ過と有圧配水を行ったのが始まりであるが、その後、函館や長崎など開港場に引き続き全国の大きな都市から広く敷設されるようになる。

　東京の近代水道は、1898年に玉川上水から送水した水を淀橋の浄水場で沈殿・ろ過し、さらに加圧して、地下に敷設した管路を通して市内に配水したのが始まりである。

　その後、人口の爆発的増加に伴い、20世紀前半には村山と境の貯水池、中期には小河内ダムを持つ貯水池や東村山浄水場が建設されて給水量が増やされる。しかし、その後の需要増は多摩川水系などからの水量だけでは賄いきれず、東京五輪の開催された1964年には東の利根川水系から遠距離を導水する。そして、金町や三郷など数多くの浄水場が設置される。ここで凝集、沈殿、ろ過、殺菌という急速ろ過処理が施された後、さらに適切な水圧に加圧されて管路網を通して生活用、産業用、公共用の多様な需要者に供給されている。東京の水道は利根川水系のいくつかのダム湖をも利用し、現在では約700万m³／日の上水処理能力を持つ世界1、2の規模を誇る水道システムとなっている。

(6) 近代下水道と我が国の都市での発展

　フランスの首都パリでは、19世紀に入っても街路の真ん中の雨水を流す溝を汚水が流れ、街角にはいくつもの汚物の山ができているありさまであった。1845年には北東郊外のラ・ヴィレットに蓋の付いた広大な糞尿処理場が建設され、家庭からの汚水は馬車でここへ運ばれていた。この頃に人の立って歩ける幅の大口径の大下水道管も建設され、その延長も市内でかなりの距離に達していた。小説「レ・ミゼラブル」で主人公ジャン・バルジャンが逃げる下水道はこれであると言われている。

　1848年にナポレオン3世の第二帝政が始まり、その後オースマン知事の有名なパリ大改造事業が始まる。オースマンは古代ローマに匹敵する大きな下水道管網の布設を目指す。これを任された技師ベルグラン(Eugene Belgrand、1810～1878年)はパリの下水道網建設に没頭し、市中の下水を下流20kmの地点でセーヌ川に自然流

第1章　種々のインフラストラクチャーとその発展

写真1-21　19世紀の下水道を活用したパリの下水道博物館
写真:Getty Images

写真1-22　盛岡市の下水処理を行う都南浄化センター
写真:(公財)岩手県下水道公社

下で放流するようにする。しかし、この汚水が処理されてもっと下流で放流されるようになるのは、20世紀に入って英国と米国で研究開発された活性汚泥法がロンドンで1914年に実用化された後のことである。

　我が国では古来より糞尿は農作物の肥料として用いられていたので、都市の汚水も農地で自然処理され、欧米の都市のようにそれを捨てるための大掛かりな施設を必要とするには至らなかった。しかし、明治に入って都市化が進み、また近代都市としての体裁上もあり、さらにコレラの流行もあって、東京でも1885年に下水道管路が建設される。1922年には三河島処理場が運転を開始し、米国で広く行なわれていた散水ろ床法(砕石などを1.5〜2.0mの厚さに充填したろ材の表面に下水を散水し、ろ材に付着している微生物などの浄化作用により汚水を処理する方法)で汚水は処理されるようになる。次いで1930年には活性汚泥法によって処理する下水道が名古屋

【コラム：インフラストラクチャーとしての公衆トイレ】

　都市社会において公衆便所は誰もが必要とする施設であるが、にもかかわらず私的な動機に委ねておいては設営されることはない。そのため、公的な主体が関与して整備、管理されなければならず、小型とはいえインフラストラクチャーの典型的な施設の1つであるといえる。

　公衆便所は、2000年近くも昔に古代ローマ帝国のローマ市中には既に設置されていたと言われている。皇帝ヴェスパシアヌス（在位69〜79年）はコロッセウム（円形闘技場）やカタコンベ（地下共同墓地）の建設といった公共事業に力を注いだが、有料の公衆便所も74年にローマ市内に初めて設置したと言われている。そのため現在のイタリア語でも、市中の公衆便所はヴェスパシアーノと呼ばれている。

　近代に入って、欧米の諸都市でも公園内をはじめとして鉄道駅内など都市内各所にこの施設は設けられた。しかし、今ではその設置が密なことにおいても、清潔に良く管理されていることにおいても、我が国は抜きんでているように思われる。しかも、欧米ではしばしば有料であるのに対し、我が国では地方自治体など公共団体の管理であれ、鉄道や道路会社などによる管理であれ、無料であるのが一般的である。

写真1-23　ローマの公衆トイレ遺跡
写真:Yoshiaki Shirasaki / JTB Photo

写真1-24　日本の公衆トイレ（東京都）
写真:中村 裕一

で開始される。

　近代の下水道は、大きく分けて2つの施設によって成り立っている。1つは、集めた汚水を処理場まで送る管路施設であり、自然流下が不可能な場所ではポンプ場を設けて圧送する。もう1つは処理施設で、沈殿などによって有機物を分離・除去する沈殿処理と、微生物による酸化分解によって汚物を浄化するという生物処理を行うもので、空気を混入して分解を促進する活性汚泥法が主に用いられる。さらに、必要に応じて化学的な処理も行っている。

　雨水と汚水が同じ管きょを流れる合流式が主ではあったが、東京をはじめとする大きな都市でその後、下水道が逐次建設される。しかし、戦争による中断もあり、普及率は1960年代に入ってもまだ極めて低く、東京などでは汚水の海洋投棄なども行われる始末であった。ようやく1963年から「下水道整備五箇年計画」が始まり、下水道整備に当たる地方自治体に政府も様々な財政援助を行って、事業の進捗を図るようになる。

　例えば、地方中枢拠点都市の盛岡(現在の人口約30万人)の例を見ると、1958年に計画人口3万人として合流式下水道の建設に着手するが、60年代後半から終末処理場の建設と処理地域の拡大を進め、さらに市内だけでなく周辺町村を加えた流域下水道事業として整備の地域を広げた。現在では計画人口を26万人余りと増加させ、普及率は人口の85％を超える。また、環境保全上問題の多い初期に建設された合流式下水道を、雨水と汚水を別々の管きょで流す分流式に改良する事業も進め、処理された水のみを北上川水系に放流している。

(7) 長大な鋼橋の建設

　道路や鉄道によって人や物をより速くより多く輸送しようとすると、谷や川、さらには海峡に大型の橋を架けることが必要になる。支間が短い場合では木材を用いた桁橋や石材を積み上げたアーチ、あるいは綱を用いた吊り橋などでも橋としての役割は果たせたが、支間の長い橋の実現には大量の鉄という材料、そして構造工学や架設方法など、新しい学問や技術の発達が必要であった。

　最初の鉄の橋は、コークスを用いて鉄を大量に生産することが可能になった産業革命期の1779年に、英国の鉄の生産地コールブルックデールに架けられたアイアンブリ

写真1-25 明石海峡大橋
写真:本州四国連絡高速道路

写真1-26 ミヨー高架橋(フランス)
写真:初芝 成應

ッジ(Iron Bridge)であった。この橋はそれまでのアーチ橋の石材を鋳鉄に置き換えたもので、支間はわずか31mにすぎなかったが、この新しい材料の導入は新しい構造形式の発明を次々と生み出し、近年の長大橋へと発展していく。

鉄製の桁橋は初期には英国のブリタニヤ橋(Britannia Bridge、支間142m、1850年)など、箱桁形式のものが架けられたが、良質の鉄鋼を得ることが困難だったドイツなどの大陸ヨーロッパでは、トラス形式の橋梁が特に鉄道橋では多く架けられた。トラス形式は鋼材の使用量が少なく軽量だからである。その後、構造力学と架設技術の発展とともに、トラス形式の橋梁はスコットランドのフォース橋(Forth Bridge、支間521m、1890年)のような長大なものまで可能になっていった。

アーチ形式だが構成部材はトラス構造であるトラス式アーチも、グスタフ・エッフェル(Alexandre Gustave Eiffel、1832〜1923年)による南フランスのガラビ橋(Garabit Bridge、支間175m、1884年)をはじめ、欧州、米国の各地に建設された。

英国のウェールズにあるメナイ海峡橋(Menai Suspension Bridge、支間176m、1826年)は鉄製の鎖による吊り橋であり、英国土木学会の初代会長トーマス・テルフォード(Thomas Telford、1757〜1834年)の設計によるものである。

ブタペストのドナウ川に架かる初代エリザベート橋(Elizabeth Bridge、支間290m、903年)は最も長く美しい鎖の吊り橋であったが、1945年に爆破された。その跡にはケーブルによる吊り橋のエリザベート橋が1964年に建設されたが、その北側には1849年に建設された鎖の吊り橋が現存し、くさり橋(セーチェーニ鎖橋)と呼ばれている。

鋼製のワイヤが製造されるようになると、これを用いた吊り橋が1834年にスイスのゲーネ渓谷に支間を271mと延ばして架けられた。このワイヤを用いる吊り橋はさらに米国で発達し、ブルックリン橋(Brooklyn Bridge、支間486m、1883年)、ジョージ・ワシントン橋(George Washington Bridge、支間1067m、1931年)、ゴールデンゲート橋(Golden Gate Bridge、支間1280m、1937年)と、荷重による吊り橋のたわみが橋全体の剛性を高めるという理論にも支えられて長大化に成功していった。1940年には、米国ワシントン州のタコマ橋が強風による振動のため落橋するという事故があったが、これが吊り橋の空力学と動力学上の研究を促し、その成果も現れている。近年ではこれらの理論上の発展にも助けられ、1979年には英国のハンバー

橋(Humber Bridge、支間1410m)が、1998年にはデンマークでグレートベルト東橋(Great Belt East Bridge、支間1624m)、さらに日本の明石海峡大橋(支間1991m)と、架橋地での気象条件など自然特性に応じて必要な対策を取りながら、各国で超長大な橋梁が建設されていった。

　1955年にはスウェーデンでストロームズンド橋(Stromsund Bridge)が完成した。これは主塔からワイヤで橋桁を吊るすという新しい形式のものであった。さらにドイツのケルンでライン川に架けられた同じ形式のセヴェリン橋(Severin Bridge、支間260m)は、大聖堂の塔との対照性を考慮して、ライン川の右岸に近い川の中に立つ主塔からワイヤを斜めに張り出して橋桁を吊るす特異な形の橋として1961年に完成した。この形式の橋は斜張橋と呼ばれ、その優れた造形的特徴や構造的な合理性が評価されて、その後ドイツ各地をはじめ世界で広く建設されるようになった。さらに、フランスのセーヌ川河口に架かるノルマンディー橋(Normandy Bridge、支間856m、1995年)、日本の瀬戸内海に架かる多々羅大橋(支間890m、1999年)のように長大な斜張橋もつくられた。南フランスに2004年に完成したミヨーの高架橋(Millau Bridge)は、パリのエッフェル塔とほぼ同じ高さの橋脚の上に立つ7連の斜張橋が全長2460mに連なるものであり、美しい構造美をつくり、周辺の自然とともに優れた景観を生み出している。

　橋は利用者から利用料金を徴収することが社会的にも技術的にも容易であることもあって、特に長大橋では有料であることが多い。従って、例えば民間企業が自らの資金で橋の建設、管理を行うとともに一定の期間にわたる使用権を得て、その期間後は政府など公共機関に使用権を返納するというBOT方式など、PFIで事業化されるものも増えてきた。ミヨー高架橋は建設会社によるBOTの顕著な事例でもある。

第4節
現代の生活を支える
インフラストラクチャー

(1) 大規模ダムとその影響

　河川を狭窄部で締め切って上流側に湖をつくりだす堰堤、すなわちダムは、古来より世界各地でつくられてきた。これは季節や天候によって変動する河川の流量を人造の貯水池に一時的にため、必要に応じて流出させて、農耕用や飲料水として使うのが目的であった。

　近年ではこれに加えて、ためた水の落差を利用して水車タービンを回す水力発電が行われ、大きな落差を得るために高さの極めて大きいダムが建設されるようになった。また、貯水池にいったん流水をためて、下流への放水量を調節して洪水を防ぐという洪水制御にも、ダムは用いられるようになった。

　農業用や生活用のダムは世界各地で古くからつくられており、我が国でも、既に8世紀初期につくられ9世紀に空海(弘法大師)によって改修されたと言われている満濃池(堤高32m、香川県)などが現存している。

　1930年代には灌漑、生活、発電、洪水制御という上記のダムの諸効用を総合的に生かして開発の遅れた地域の発展を図ろうとした大プロジェクトが米国のTVA (Tennessee Valley Authority)によって国家プロジェクトとして進められる。これは連邦政府のNew Deal (新政策)において、公共事業により需要創出を図ろうとするケインズ的政策実行の嚆矢ともいえる大事業で、1929年に始まった大恐慌への社会・経済対策でもあった。

　荒れ川のテネシー川の流域に多くのダムを建設して洪水制御を行うとともに、灌漑による耕地の拡大と生産性向上、水力発電と工業用水の確保による工業立地の促進、安定した生活用水の確保などを可能にして、開発の遅れていたこの地域の産業の発展と、人口と所得の増加、そして福祉の向上をもくろむものであった。32もの多目的ダムを建設し、産業開発、都市整備、医療福祉の充実を図り、草の根運動と言われた市民参画型の社会活動を進め、地域創生を目指した。この事業の成功は大き

な注目を浴び、後になって我が国でも北上川総合開発計画などの総合開発のモデルとされた。

　第二世界次大戦後、エジプトではナイル川の上流アスワンに、古代遺跡の移設などを行って全長3600m、堤高111mの大ダムを建設し、大規模な洪水制御、発電、灌漑事業を行った。この成果によってナイル川下流部の農業生産高は激増し、エジプトの人口は大きく増加したが、一方では生態系バランスの破壊などの環境問題をも生み出した。

　1950年代から80年代にかけては、当時のソビエト連邦をはじめ各国でいくつもの大ダムが建設された。なかでも、ブラジルとパラグアイの国境を流れるパラナ川のイタイプダム（Itaipu Dam）は全長で7.7kmに達する巨大ダム群で、その発電の出力は1400万kWにも達し、エネルギー不足に悩む当時のブラジルの電力供給に莫大な効果を及ぼした。

　大規模なダムと言えば、中国長江の上流、湖北省の三峡地域に建設された三峡ダムに言及しておかねばならない。この堤高185mの重力式コンクリートダムの発電の出力は2250万kWにも達するもので、世界最大である。このダム建設により広大な下流域の洪水制御が可能となり、重慶まで1万トン級の船が航行できるなど、水運の改善にも大きな効果があった。しかし、一方では約660kmにも及ぶ貯水池の湖底に水没する住民人口は110万人を超えるものだった。また、水質汚染や生態系への悪影響も懸念されている。

写真1-27　イタイプダム（ブラジル・パラグアイ国境）
写真：帝国書院

写真1-28　田子倉ダム
（福島県）
写真:J-Power

　我が国においても1950年代以降、現在に至るまで数多くのダムが建設された。しかし、我が国の河川は上に挙げたような大陸国の大河川とは規模においては比較にならない差がある。従って上記のような巨大なダムはない。しかし、規模は小さいが河川には数多くのダムが建設され、貯水された水を発電や水道、灌漑という利水に使っている。また河川への放流を制御して洪水を防ぐ治水でもダムは機能を発揮し、社会の安定に大きく貢献している。河川の水を余すところなく利水に使っている1つの事例を、阿賀野川水系只見川に見ることができる。ここでは尾瀬沼の下流の標高1425m地点から階段状にダムが設けられている。その中で奥只見ダム（ダム高157m）、田子倉ダム（ダム高145m）は貯水容量も大きく、発電量も大きい。

　北アルプスに発する黒部川の峡谷に建設された黒部ダム（黒部川第四発電所）は、地形が峻険な国立公園内で環境への大きな配慮を行いながら多大の困難に打ち勝って建設されたアーチ形のダムであり、33万5000kWの出力は我が国の水力発電所としては屈指の大きさである。近年の我が国のダムの多くは多目的ダムで、治水、灌漑、上水道、発電、観光などの複数の目的をもって建設されている。

(2) 日本の工業港とコンテナ港

　船舶輸送は陸上輸送に比べて、特に重量のかさむ物資の輸送ではるかに有利である。そのため、古くから沿岸、渡海を問わず、海上輸送がどの地域でも広く行われてきた。
　1950年代に入って石油や鉱石を専用に輸送するタンカーや鉱石専用船などが出現するが、これらの船は輸送効率を高めるため、さらに大型化が進む。その結果、従

来用いられてきた港湾では狭く、また浅くなりすぎた。一方、製鉄所や精油所など重工業の工場も生産効率を高めるため大型化の一途をたどる。こうして大量の原材料の輸送と製品の大量生産の要求に応じるべく、より大型の港湾とそれに面した臨海工業地帯の建設が求められるようになった。

工業用の原材料や製品を主に取り扱う港は工業港と呼ばれるが、新しい工業港は背後に十分に広い工業用地を持つことが要求された。1960年代中期以降、日本でも数多くの工業港が建設されるが、それらは水深が深く、波静かな内湾という従来の港湾適地の概念とは遠く離れ、遠浅の海岸であるが背後に十分な臨海工業地区を設けるに足りる土地を持つ地区であった。

その1つの典型は、東京から約80km離れた地で1965年に建設が始まった鹿島港である。鹿島港は砂浜の海岸に幅300〜600m、水深13〜19mの水路が全長8800mにわたってY字形に掘り込まれた完全な人造港で、岸壁の総延長は17kmに達する。外洋に面した波荒い鹿島灘には全長4kmと700mの2本の防波堤が突出し、入出港の船舶の安全な航行を可能にしている。鹿島港には南米や豪州など遠隔地から大型の専用船が入港し、低い輸送費での原材料の輸入を可能にし、また需要地への移輸出も容易にして、岸壁沿いに立地する産業の優位性を高めている。このよ

写真1-29　鹿島港（茨城県）
写真:国土交通省鹿島港湾・空港整備局事務所

写真1-30　横浜港・本牧
写真:横浜港埠頭株式会社

うな臨海部に立地する工場は、鉄鋼、石油精製、飼料、発電などの事業所であり、鹿島港はこうして東日本有数の産業拠点港湾として機能している。

　大型専用船の発展以上に近年の海上輸送の目覚ましい革新は、コンテナ輸送の大発展である。コンテナと呼ばれる鋼製の函に詰めれば、どのような輸送貨物も安全に、しかも海上だけでなく陸上も鉄道貨車や道路トラックにそのまま載せられて目的地まで運ばれる。コンテナ輸送では、船と陸の間の積み込みや積み下ろしは、接岸する埠頭に設けられた大型のガントリークレーンを用いて迅速に行われる。そのため、内陸の発地でコンテナに詰められた貨物は発地側の港で迅速にコンテナ船に積み込まれ、海上を輸送された後、着地側の港で素早く陸上に積み下ろされ、貨物トレーラー車などで着地に到着する。コンテナ船はより効率的な海上輸送を狙ってますます大型化し、近年では1万8000TEU（20フィートコンテナ換算のコンテナ数）を積載する超大型船も出現している。このような大型コンテナ船は船型も大きく、1バースの長さは400m、水深も18mという大型の埠頭が必要となっている。

　神戸は1970年代にポートアイランドを建設し、最新設備を持つコンテナ港をつくり、世界第4位のコンテナ取扱量を誇っていた（1980年で146万TEU）。また明治以来の我が国の代表的商業港の横浜港も大黒ふ頭、本牧ふ頭などコンテナ埠頭の整備を進めたし、輸入貨物の多い東京港も品川、青海などコンテナ埠頭を新設し、1980年代では取扱量で世界の20位以内となるコンテナ港であった（1980年で横浜72万TEU、東京63万TEU）。

　しかし、2000年代に入ってから中国をはじめとする東アジア諸国で、数多くの大規模かつ先進的な港運技術を取り入れたコンテナ港が建設され、国際経済の中での大発展とともに巨大な取扱量を示すことになった（2015年で上海3654万TEU、深圳（シンセン）2420万TEU）。

　巨大なコンテナ船が幹線航路を担い、大きなハブ港でより小型の船に積み換えてフィーダー航路によって地域内の港湾へ輸送して輸送効率を上げるという世界の海運の潮流とともに、我が国のコンテナ港湾の世界での地位は大きく下がった（2015年で東京463万TEU、横浜279万TEU、神戸271万TEU）。

　近年、世界各地で大型客船による航海旅行（クルーズ）が盛んになっており、この流行に後れを取っていた我が国の港湾でも、ようやく客船埠頭など客船寄港のため

の施設整備が進み出している。

　港湾は埠頭という係留、荷さばき施設だけでなく、航路、泊地という水域施設、防波堤という外郭施設から成る巨大なシステムである。灯台や航路標識も海上交通の安全を確保するための重要なインフラストラクチャーであることは言うまでもない。

　シンガポールのリー・クワンユー（Lee Kuan Yew（英）、李光耀（中）、1923～2015年）元首相の言を待つまでもなく、港湾は空港とともに、特に島国の社会・経済の発展にとって最重要なインフラストラクチャーである。日本の今後を考えるとき、この着実な整備・発展は不可欠であると言える。

(3) 巨大空港の出現

　ジェット旅客機の出現は、航空輸送に革命的変化をもたらした。すなわち、大量の旅客や貨物を高速でしかも低廉な費用で遠く離れた地点間を輸送することを可能にし、その結果爆発的な需要増加を引き起こした。しかし、ジェット機の就航には1つのネックがあった。ジェット機は従来のプロペラ機に比べて離陸距離が長く、騒音もずっと大きかった。そのために長い滑走路を持つ広い土地を必要とし、騒音は住民に嫌われ、都市部での空港の新規立地は困難となった。

　こうしてジェット機の就航する新たな空港は、都市の中心部より離れた地区に設けられるようになった。米国のような土地の広い大陸の都市ではともかく、人口稠密（ちゅうみつ）な東アジアの都市では、大都市の近くに大きな空港をつくることは容易ではなかった。

　空港は滑走路のほか、駐機するエプロン、その間をつなぐ誘導路、管制施設さらに客扱いをするターミナルビルなどから成る巨大な施設で、総土地面積は小さな地方空港でも最低200ha、巨大空港では1万haにもなるのである。

　幸いシンガポールや東京には、プロペラ機時代より都心からそれほど遠くない海岸部に飛行場が設けられていた。それらの空港では従来の飛行場を逐次拡張し、ジェット化とそれに続く大量輸送化に対応することになる。

　シンガポールは、マレー半島の先端に位置する小さな島にできた都市国家である。この資源も全くない小さな島国の持つ唯一の強みはその地理的位置で、欧州やインドと、豪州や東アジアとの交通路上の要衝に位置することであった。シンガポール政府はこの国の最重要なインフラストラクチャーは空港と港湾であるとして、都心から

遠くない海岸地区にあった空軍基地を埋め立てて拡張し、長さ4000mの2本の滑走路を持つチャンギ空港の整備を精力的に進め、1981年に開港させた。その後、この空港ではターミナル施設やアクセス交通の徹底した整備を行い、小さな島国国家シンガポールの大発展を導くことになる。

　大阪は都市圏内に伊丹空港を持っていたが、周辺は住宅地に囲まれ、騒音公害に対する苦情は増すばかりであった。増加を続ける需要に応じて空港を拡張するにも用地はなく、滑走路の増設は他の地域に適地を求めるしかなかった。人口の密集する大阪地域ではそのような空間を海上に求めようとした。

　何年もの調査・検討の末、大阪湾内に沿岸より5km離れた水深18〜20mの海域を新空港地区として選定し、1987年に建設を開始した。3500mの滑走路を持つ第1期部分は7年後に、4000mの滑走路を持つ第2期部分はさらに13年後の2007年に完成し、総面積1043haの関西国際空港が誕生した。深い海面を埋め立ててつくられたこの海上空港は、海底下の地層の圧密沈下などによって建設工事終了後も沈下を続

写真1-31　香港・チェクラップコク国際空港
写真:Hong Kong International Airport

写真1-32　関西国際空港
写真:国土交通省航空局

けるが、沈下量は当初の想定における対策可能な範囲内であった。

　大規模な海上空港はその後、東アジアの大都市においていくつかが建設される。香港のチェクラップコク国際空港(Hong Kong International Airport／Chek Lap Kok International Airport)や韓国の仁川国際空港(Incheon International Airport)である。これらの空港は関西国際空港ほどの大水深部ではないが、やはり大掛かりな埋め立てによってつくられた巨大空港である。大規模なターミナル施設はもちろん、香港およびソウルの都心とそれぞれ結ばれるアクセス用の高速鉄道と高速道路を持ち、また空港周辺部にはホテル、会議場など様々な関連施設を備え、大都市の国際的活動を支えている。

　なお、航空路には保安施設として各種の航空灯火のほか、航空保安無線施設が地上の要所に設置されている。これも航空輸送上、重要なインフラストラクチャーである。

(4) 市民生活を支えるライフライン

　現代の市民生活を支える重要なインフラストラクチャーに、いわゆるライフラインと称される膨大なネットワークがある。それらの大半は都市内では道路下など地中に敷設されており、一部は架線として空中に張り巡らされている。

　電力は言うまでもなく最も広範に利用されているエネルギーで、発電所でつくられた電力は高圧で需要地近くの変電所へ送られ、そこからさらに事業所や家庭などの各需要者に配電される。大規模な発電所は石油や石炭を燃料とする火力発電所、ウランを燃料とする原子力発電所、河川水の落差によるエネルギーを利用する水力発電所が主なものであるが、そのほか地熱、太陽光、風力などのエネルギーを電力に変換するものもある。

　火力発電所は、我が国では原料を海外に依存するものがほとんどなので多くは臨海地区に立地し、原子力は、住民による受け入れの可能性と冷却水の入手の容易さからへき地の海岸部に立地場所を見いだし、大型の水力発電所は豊富な水量を効率的に貯水できるダム地点を求めて、遠隔の山岳地の峡谷に設けられる。

　こうして大出力の発電所の多くは需要地から離れた場所につくられているため、長距離送電を余儀なくされ、高い鉄塔を結ぶ送電線によって山野を越えて高電圧で変

電所まで送電されている。変電所は地上または地下に設けられ、ここで降圧された電気は上空の架線や地中の直埋線、管路を通して各建物などの需要先に送られる。

電気通信網も現代の生活には欠かせない。そのためのインフラストラクチャーとして、通信ケーブルの線路が電話局間および電話加入者間に設置される。通信ケーブルは電柱に架けられた架空線で通すか、地下管路または洞道内に設置されている。通信ケーブルは、従来は金属導体だったが、近年では超大容量通信が可能な光ファイバーケーブルとなっている。

電力線や通信線の上空での配線は特に都市内では美観を著しく損なうし、電柱は交通路の邪魔となるうえ、地震時には倒壊しやすいなどの欠点を持つ。そこで電力線や通信線は、電柱を立てて上空に配線するのでなく、地下に管きょを設け、そこから各棟に配電する地中化が多くの都市で積極的に進められている。なお、電線類の地中化は欧米の都市ではほぼ100％完了していると言ってよい。海洋などを渡っても通信線路は設置され、海底ケーブルとして海底に埋設されるのが通例である。

近年では携帯電話をはじめとする移動体通信が発達し、従来のような通信線網を介さない通信が普及し、携帯基地局のアンテナ塔の配備以外には地上、地下の通信インフラストラクチャーの必要性は少なくなった。そのため、従来型の通信インフラの未発達な開発途上国でも容易に通信の便宜を享受できるようになった。

多くの都市では、都市ガスがガス管路を通して事業所や家庭に供給される。我が国の場合、都市ガスの原料は液化されて海外から輸入される天然ガスが多く、これはいったん港湾に近接して設けられたタンクに貯蔵される。その後、精製と熱量調整を行って都市ガスとして製造されて、パイプラインで需要地近くのガスホルダー（タ

写真1-33　袖ケ浦LNG基地、LNG船は−162℃の超低温で輸送
写真：東京ガス

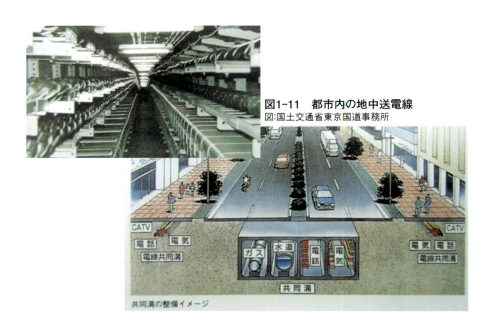
図1-11　都市内の地中送電線
図:国土交通省東京国道事務所

ンク)へ高圧で送られ、さらに低圧に整圧されて、地中に埋設されたガス管路網を経由して需要先へ送られる。ガス管路の延長は、広範囲に供給する東京ガスや大阪ガスでは6万km前後にも達する。

電力線や通信線、ガス管路は、架空にしろ埋設にしろそれぞれ個別に敷設されることが多かったが、都市景観上の見地から地中化が好ましいこと、また地中への埋設の場合では維持補修に際して個々に道路を掘り返すことを避けるため、近年では同じく線状の構造物である上下水道も一緒にして、地中の函きょに共同溝として収められる方向にある。ただし、共同溝は大きなものでは地下鉄トンネルほどの大断面となって建設費がかさむため、まだ普及は大都市中心部にとどまっている。

(5) 国土の保全

日本の国土は脆弱である。海岸は常に浸食されているし、山岳地は崩れやすい。そこを地震、津波や台風、高潮が襲う。そのため、この国土を保全するには不断の対策と防護施設が必要となる。

強い波浪による海岸の崩壊、沿岸漂砂による砂浜の浸食、これに加えて流入河川

からの砂補給の減少などにより、我が国の海岸は毎年200〜400haと、中規模の地方空港の面積分ほどの国土が減少していきかねない。そのため、海岸の保全対策として様々な方策が取られ、施設が設けられている。

波浪に対しては消波ブロックによる堤防や護岸の防護、沿岸漂砂による砂浜海岸の浸食に対しては汀線に平行に沖側に設ける離岸堤、汀線と直角、または斜め方向に設置するヘットランド（突堤）、あるいは砂や礫(れき)を投入する養浜など、その海岸の地形上、海象上の特性に応じて様々な制御方法が取られる。

都市的利用のなされた土地を高潮や津波から守るためには、防潮堤が設置されることが多い。例えば、東京の臨海部は高潮から守るために全長約32kmに達する防潮堤で囲われており、河川や運河を横切る箇所には水門が設けられている。また津波に対しては、例えば岩手県宮古市の田老地区には海面より高さ10mの津波防潮堤が築かれていた。これらは数十年に1度といった比較的頻度の高い災害に対して、陸地を防御しようとするものである。

山岳部の土地も決して安定的ではない。継続的な土砂流出に対しては、多くの渓

写真1-34　皆生海岸(かいけ)（鳥取県）
写真:国土交通省日野川河川事務所

写真1-35　新小名木川水門（東京都）
写真:東京都建設局

流など河川上流部や扇状地に砂防ダムを設けて土砂の下流域への流出を防ぎ、土地の安定化を図っている。例えば、京都府木津川市の不動川流域は、花崗岩の風化による崩れ易いマサ土の表土に覆われており、過去の森林伐採もあって禿山となっていたが、明治期以降に多くの砂防ダムが築かれて土砂流出を抑え、山地の植林と相まって安定的な緑の里山をつくっている。

　こうした砂防事業は全国各地で数多く行われているが、特に大規模なものは常願寺川上流の立山砂防と富士山の大沢崩れ地区での富士山砂防であろう。

　立山火山の崩壊と浸食でできた立山カルデラの土砂は、流出すれば富山平野が1〜2mも埋没しかねないと言われているが、流出を抑えるためカルデラ内外に数多くの砂防ダムを設けている。しかし、堆積した土砂はあまりにも大量で、この砂防事業に終わりはない。

　富士山の大沢崩れも大量の崩壊土砂を抱えており、その下流域への流出被害を防ぐために、砂防ダム設置や護岸保護など各種の砂防対策を行っている。

　山岳地での土砂流出のほか、都市部をはじめとして集落の上部の斜面崩壊対策や地滑り対策も我が国では欠かせない。コンクリート壁やアンカーボルトによる斜面防護などの対策が各地でなされている。

写真1-36　牛伏川フランス式階段工（長野県）
写真：米岡 威

第1章　種々のインフラストラクチャーとその発展

【コラム：2段階の防災対策思想】

　自然の猛威がいつ、どこで、どれほどの強さで襲ってくるのかは、現在の科学の知識では予測し難い。そのため、従来は地域ごとに「既往最大」を1つの目安として、これに物理的に抗するものとして防災施設は設計されてきた。

　しかし近年、これまで最大と見なしてきた値を超える強い地震、大きい津波や洪水などが発生し、既存の施設を破壊し甚大な被害をもたらしている。そのため、最近では物理的に抗して完全に防護するという近代の工学の考えを見直し、ある限度を超える自然の力に対しては、物理的だけでなく社会的に被害を減少させるという対策の方向に変わりつつある。

　その始まりは1995年の阪神・淡路大震災で、現代技術でつくられた高架橋など構造物のいくつかが完璧に破壊されたことへの反省からであった。

　その構造物の耐用年数中に1度は超える可能性の高い地震動に対してはほとんど損傷がないことを目標にする「レベル1（L1）」と、将来にわたって想定し得る最大規模の地震動に対しては、たとえその機能は損なわれても、構造物が倒壊し人命を奪うような被害が生じないことを目標とする「レベル2（L2）」の2段階を想定して構造設計をするという考え方である。

　2011年の東日本大震災での大津波による大被害の後、津波防災でもこの2段階レベルの防災の思想が取り入れられるようになった。すなわち、発生頻度が比較的高い津波においては津波高を想定し、これを防潮堤などで物理的に防護する「レベル1」で、想定困難な超長期において生じる巨大津波に対しては、住民避難を柱とする社会的な総合防災対策で対応する「レベル2」で考えるという2段階の対策である。

　地球温暖化などもあり、今後さらに現在の想定を超える自然災害が生じる可能性がある時、近代の工学が取ってきた物理的な対策だけでなく、このような設計・計画思想の下での総合的防災対策が、社会・経済的に取り得る賢明な道であると言えよう。

第5節
インフラストラクチャーに対する需要の移り変わり

(1) インフラストラクチャーへの社会の需要

　前節までで、インフラストラクチャーに様々な施設があり、それが時代とともに発展してきたことを、国内外の特徴的な例を挙げながら述べてきた。今もって様々なインフラストラクチャーが各国・各地で必要とされ、建設されているし、今後も社会環境の変化や周辺技術の発展に伴い、ここでは示されてこなかった新たな種類のインフラストラクチャーが出現していくことだろう。それがどのようなものであるのか予測するのは困難である。しかし、過去に各地域社会で生まれてきたインフラストラクチャーを、その社会での必要性の段階的な変遷として大まかに捉えることは、1つの示唆をもたらすと思われる。

　そこで、社会のインフラストラクチャーに対する需要を、社会心理学で示される人の欲求の発展段階になぞらえて述べてみることにしてみよう。

　人間の欲求はより高次のものへと段階的に進むという心理学者マズローの「欲求5段階説」はよく知られ、多くの首肯（しゅこう）を得ている。すなわち人々の欲求は、①生理的欲求、②安全への欲求、③帰属への欲求、④尊敬・承認されることへの欲求、⑤自己実現への欲求——と、低次の欲求が充足へと向かうにつれて、次々とより高次のものへと進んでいくという考えである。この説に倣うと、社会の発展に従って人々の要望は高次なものとなり、こうした要望に応えるべくインフラストラクチャーへの需要にも段階的な展開があるように思われる。過去から現在に至る国内外でインフラストラクチャーが形成されていった状況を見ると、この段階はほぼ次のようになっているように見える。

(2) 社会的必要性とインフラストラクチャー整備の変遷

1) 基本的生活を支えるインフラストラクチャー

　人々が衣、食、住をある程度満たし、ある水準の生活をするためには、社会が全

写真1-37　1950年代の日本の国道
写真:名古屋・神戸高速道路報告書

写真1-38　四国の水がめ・早明浦ダム
写真:(独)水資源機構池田総合管理所

体として持つべき基本的なインフラストラクチャーが必要となる。農耕社会においては灌漑であり、小道路であったし、さらに進んだ社会では水道や物資輸送用の道路や橋、そして運河や小さな港であった。社会の進展とともに人々の生活様式や社会の生産の方法は変わっていく。近代の産業化社会では衣食住の内容は大きく変わり、またその確保のための基礎的需要も異ってきた。そのため、現代社会では最低限の水準の確保のためにも水道や道路はもちろん、電力や鉄道も不可欠と言える。

　我が国の社会においても、明治期に始まる近代化過程の中では、常にこれらのインフラストラクチャーを整備することに国民的な努力が注がれてきた。例えば、水不足のため農業開発の進まなかった安積盆地へ猪苗代湖から導水した安積疏水、北海道から石炭などを本州の需要地へ輸送するために建設された小樽港など、1870年代以降、数多くのインフラストラクチャー事業が国民の生産活動と消費生活を支える

ために行われてきた。この時期の鉄道や道路の建設も、大半がこの目的のためであった。戦後の1960年代から盛んに行われた数多くの道路や港湾、工業地区、ダム、住宅団地などの建設も、国民の基本的な欲求(一時期、「シビルミニマム」という語で表されていた)に応えようとするものだったと言える。現在の我が国は、この基礎的な段階をようやくほぼ終えたと言ってよいだろう。

2) 安全のためのインフラストラクチャー

基本的な生活条件の確保とともに、住民の大きな要望は生命や財産の安全である。古代より外敵の攻撃から自分たちの社会を守るために城壁や堀が数多くの都市で築かれたし、国土全体を囲む中国の万里の長城のような極端に大規模なものまで存在した。近代になっても要塞や軍港などは各国、各地につくられているし、現在でも軍事基地という各種の国防インフラストラクチャーは無数とも言える。

現代の社会で特徴的な安全用のインフラストラクチャーは、交通安全施設であろう。地下道や歩道橋、信号設備など小規模ながら数多いものから、近年多くの都市で盛んに進められた鉄道の連続立体交差事業のような大規模なものまで、多種大量である。

自然災害から地域を守るための防災事業も、地域の必要性に対応して各国、各地で行われてきた。比較的自然災害の少ない欧州では、都市の防火対策施設や河川の洪水制御施設、沿岸部の防潮堤防などが建設されてきた。自然災害の多発する我が国では、様々な防災インフラストラクチャーの必要性は特に高い。

平常時

洪水時

写真1-39　一関遊水地(岩手県)
写真:国土交通省岩手河川国道事務所

近代化以前においても、武田信玄による甲斐の河川改修や徳川幕府による木曽三川の分流事業をはじめ、各地で河川の改修や堤防建設が行われてきたが、特に人口と資産の高密化、都市化が進んだ現代では、防災は必須のインフラストラクチャー事業である。

堤防やダムの建設をはじめとする河川改修事業、砂防や地滑り対策の各種インフラストラクチャー、波浪・浸食対策の沿岸整備、津波対策の防潮堤や避難施設、地震・火災対策の都市再開発事業など、防災を目的とするインフラストラクチャー事業はこれからも我が国の各地域社会の存立に大きく影響する最重要事業だと言える。

それにもかかわらず、これらのインフラストラクチャーは充足にはほど遠く、都市化など土地利用の新たな変化により、さらに次の災害の危険性も増しかねないのが現状である。加えて、自然災害はその性質上、発生頻度は低く、地域は過去の大災害の発生も忘れがちであり、人々は自分の時代には発生しないという希望的見方になりがちである。このような事情もあり、社会的必要性は至って基礎的なものであるにもかかわらず、その要望は時に潜在化し、事業の実現は遅々としているとも言える。これらは今後、さらに我が国の社会が注力すべきインフラストラクチャー事業であると言わねばならない。

このような防災を目的にしたインフラストラクチャーに加えて、我が国では地震による大きな揺れや地盤の液状化への対策として、あらゆるインフラストラクチャーに地震対策が施されている。これは、大きな地震の発生する地域がほとんどない欧米などの先進諸国のインフラストラクチャーとの大きな違いである。

3) 効率化のためのインフラストラクチャー

社会は、その活動がより効率的に行えることを望む。それは自分たちの負担の軽減のためでもあるし、地域の競争力向上のためでもある。

古代より道路をつくり、橋を架けて通行を容易にしようとし、水源より導水して水くみの負担を減らそうとした。小川の水車は粉引きを楽にしようとするものであったし、運河は水運により物資輸送を容易にするものであった。産業革命後は、鉄道がそれまで馬車や船に頼ってきた人や貨物の輸送をはるかに効率化した。スエズ運河のような巨大な運河も生まれ、世界規模での輸送も促進された。水力発電の導入は

写真1-40　首都高速・竹橋ジャンクション
写真:首都高速道路株式会社

動力源の効率を高め、産業用に輸送用、そして民生用に広く用いられるようになった。自動車の普及とともに高速で走行できる自動車専用道路が各地で建設され、さらに近年では超高速鉄道が日本で、続いて欧州や東アジアの各国で走るようになり、旅客の大量かつ効率的な輸送がなされるようになる。ジェット機の導入とそれに伴う大空港の整備、大水深港湾の臨海工業基地、コンテナの使用とコンテナ港の整備は、旅客や貨物の効率的な長距離輸送を可能にした。

　これらのインフラストラクチャーの整備は地域の活動効率を高め、地域間の競争力の向上に貢献した。1970年代から90年代にかけての我が国の経済の成長は、これらのインフラストラクチャーによる産業諸活動の効率化によるところが大きかった。産業の近代化に後れを取った東アジアの諸国なども、その国際競争力を増すためにインフラストラクチャーの整備を強化し、成果を上げた。

　しかし、我が国も含めほとんどの先進工業国でのこの種のインフラストラクチャーの新規建設は最盛期を越えた段階に入り、現在では民営化の拡充などの経営変革によって、運営の効率化を進める段階に入ったと言える。

4）環境改善のためのインフラストラクチャー

　経済的な豊かさの追求は、一方で大気、水、生態系といった自然環境の劣化を招いたし、同時に人々のより豊かな生活環境への要求を生み出した。

　自然環境の回復のためのインフラストラクチャー事業として、経済効率を主眼にか

写真1-41　源兵衛川
（静岡県三島市）
写真：建設技術研究所

つてつくられたインフラストラクチャーを元の姿に回復しようとするものが数多く進められてきた。例えば、人工的な河川の自然河川へのつくり変えやビオトープづくり、あるいは人工的に形成された海岸の自然海浜化や干潟の回復などである。第2章の第2節で紹介する、ドイツの褐炭露天坑跡を湖水化して周辺の緑化を進めて余暇空間をつくる事業は、この種のものとして特に大掛かりであり、注目に値する。

　また、インフラストラクチャー事業の自然環境へのより大きな影響は、新規のプロジェクトにおいて環境へ悪影響を及ぼさない配慮が強く行われるようになったことであろう。

　一方、生活環境の改善への要望は、生活水準の向上とともに強くなる。健康的な住宅地、汚水や廃棄物の処理設備、公園や余暇施設などの建設が数多く進められるようになる。欧米から大きく遅れたが、我が国ではこれらの事業はようやく1970年代から盛んになった。現在では下水道建設はおおかた完成に近付きつつあるが、大都市部の密集住宅地区など住環境はまだまだ満足できるものでなく、都市防災の観点からも都市再開発事業が必要とされる地域は全国に数多い。

5) 地域の魅力をつくるインフラストラクチャー

　インフラストラクチャーは地域の魅力をつくり、住民の誇りを生む。パリの魅力はその街路や橋、それらが支える都市の文化によってつくられ、パリ市民の誇りはそこから生まれている。しまなみ海道の島々の魅力は瀬戸内海の美しい自然とその島々

を結ぶ橋と道路によってつくられ、島民に誇りと活力をもたらしている。魅力ある地域づくりは住民の愛着を育み、観光客来訪など交流人口の増加をもたらし、地域の活性化に大きく資することは言うまでもない。

1923年の関東大震災によって破壊された横浜の街のがれきを海岸に埋め立てて建設された山下公園は、今では緑豊かな市民の憩いの場であるとともに、横浜都心の魅力をつくっている。そして、1980年代に始まった古い港湾地区の再開発によってつくられた「みなとみらい21」地区は、横浜の新しい魅力的なウォーターフロントとして都市の誇りとなりつつある。このような旧港地区を再整備して魅力ある都市空間に変える事業は、横浜だけでなく、近年我が国を含む世界各地で進められている。

こうした地域の新たな魅力は域外から多くの来訪者を招き、地域の活性化を生み出す。地域の求める究極のインフラストラクチャーは、このような新たな魅力を生み出すインフラストラクチャーであろう。

例えばオーストリアのザルツブルグに見られるように、京都や鎌倉でその入り口に建設される大型の地下駐車場までで自動車はとどめられ、観光客は公共交通機関か自分の足または自転車でしか市内には入れなくしたとしてみよう。そうなれば京都や鎌倉のような"歩く都市"は、歴史と文化遺産に富む、より魅力ある都市になり、自らの都市に誇りを持つ市民は世界からより多くの来訪者を迎えるに違いない。

地域の魅力をつくるインフラストラクチャーは、ザルツブルグや京都のような観光都市にのみ可能なわけではない。地域の自然や歴史、文化を生かしながらつくられる街路、公園、交通施設、水辺、産業施設など、地域の魅力をつくり得るインフラ

写真1-42　横浜・みなとみらい21地区
写真：みなと総研

写真1-43　ポール・カマルグ
（フランス）
写真:Getty Images

ストラクチャーは様々ある。美しい街並みも地域の魅力には欠かせない要素である。電柱が乱立し、電線が張り巡らされた街並みでは魅力に富む都市とはなり得ないし、市民の誇りも愛着も生まれない。電線類の地中化をはじめとする景観の改善も、誇りの持てる地域に必要なインフラストラクチャー整備であり、今後その整備に対する社会の要請は一層高まると思われる。

(3) 今後の発展方向

　もちろんインフラストラクチャーの建設は、ここで挙げた1つの段階ごとに次の段階へと進むわけではないし、また多くのインフラストラクチャーは、ここで示したような単一の目的を持ってつくられるものではなく、社会のいくつかの要望に同時に応えようとするものである。ここまで述べてきたのは、その時代の社会の状況や技術の水準に応じて、紹介したような種類のインフラストラクチャーの整備に相対的に重きが置かれてきたことを意味している。すなわち、今後とも基本的生活の確保に関わるインフラストラクチャーの整備がなされないということではなく、必要に応じてその種のインフラストラクチャーの新規建設もなされるし、加えて更新投資もより多くなるだろう。

　我が国の場合で考えれば、今後社会的な必要性がより大きいのは、安全への投資と地域の魅力向上のためのインフラストラクチャー事業だと思われる。災害が頻発しより大型化する傾向に対処するために、そして魅力をなくした地方の活性化を図るために、これらのインフラストラクチャー投資により多くの社会的努力が注がれていく

ことになるだろう。加えて、インフラストラクチャー事業はこれまでの新規建設重視から、既存インフラストラクチャーの運営、維持・更新・改良が、より重きをなすことは明らかである。

　また国外では、開発の遅れた国々でのインフラストラクチャーの建設に対しての需要は大きく、これに対する我が国の経済的・技術的協力の必要性は今後とも大きい。先進諸国においても、そのインフラストラクチャーの更新、改良、さらに事業運営へと、我が国のインフラストラクチャー関係事業者の参画する余地は大きいと思われる。これらについては本書の第7章で述べることにする。

第1章　参考資料

第1節
- 松本健「メソポタミア文明の環境考古学、安田喜憲編『環境考古学ハンドブック』」(朝倉書店)、2004
- 後藤忍「古代文明と環境文化②」(福島大学講義資料)、2011
- 福本勝清「水の理論の系譜(二)、『明治大学教養論集 No.485 pp.107-154』」、2012
- 来村多加史「万里の長城 攻防三千年史」(講談社現代新書)、2003
- 桜井万里子・木村凌二「世界の歴史(5) ギリシアとローマ」(中央公論社)、1997

第2節
- James D. Tracy「To wall or not to wall, James D Tracy (ed.)『City Walls ─ the urban enceinte in global perspective』」(Cambridge University Press)、2000
- 小出博「利根川と淀川」(中公新書)、1975
- 藤原秀憲「大和川『川違え』工事史」(新和出版社)、1982
- 小川博三「日本土木史概説」(共立出版)、1975
- 長尾義三「物語日本土木史―大地を築いた男たち」(鹿島出版会)、1985
- 建設コンサルタンツ協会編「土木遺産アジア編」(ダイヤモンド社)
- Shoubroeck, F. van, Kool, H.「The remarkable history of polder system in the Netherlands; paper presented during the international consultation on "Agricultural Heritage System of the 21st Century," hosted by the M S Swaminathan Research Foundation」、2010
- 伊హ貴啓「オランダにおける干拓地景観の形成、『地理学報告 No.88 pp.45-55』」(愛知教育大学)、1999
- 細井将右「フランスにおける近代地図作成、『創価大学教育学部論集 No.55』」、2004.

第3節
- フィリップ・S・バグウェル、ピーター・ライス(根本元信訳)「イギリスの交通 ―産業革命から民営化まで―」(大学教育出版)、2004
- 京都市水道局、京都新聞社「琵琶湖疏水の100年」(京都新聞社)、1990
- 田村喜子「京都インクライン物語」(新潮社)、1982
- 鯖田豊之「都市はいかにつくられたか」(朝日選書)、1988
- 鯖田豊之「水道の文化―西洋と日本」(新潮選書)、1983
- 「盛岡市上下水道事業概要」(盛岡市上下水道局)、2014
- 丹保憲仁編集「土木工学ハンドブック 第41編 上下水道」(技報堂出版)、1989
- ディルク・ビューラー (中井博・栗田章光・海洋架橋調査会訳)「Brückenbau ―博物館で学ぶ橋の文化と技術―」(鹿島出版会)、2003

第4節
- 苦瀬博仁「江戸から平成まで ロジスティクスの歴史物語」(白桃書房)、2016
- 川崎芳一・寺田一薫・手塚広一郎「コンテナ港湾の運営と競争」(成山書店)、2015
- 「海岸50年のあゆみ」(全国海岸協会)、2008

第2章

インフラストラクチャー事業の構想

「島嶼(とうしょ)国家にとって港湾と空港は最重要なインフラである」

Lee Kuan Yew

元シンガポール国首相

第1節
インフラストラクチャー事業の発意

　いかなるインフラストラクチャー事業も、その発端は何人かがその必要性や可能性に気付き、それが機能する姿を想定するところから始まる。そしてこの想いはその効果や条件に加え、さらに多くの側面から大まかではあるが検討が加えられ、1つのプロジェクトの構想として形を成してゆく。このような発意や構想は、利潤追求など私的な動機によることもあれば、公共への使命感によることもある。また、それは個人による場合もあれば、政府機関や団体が発意する場合もある。こうして生まれるインフラストラクチャープロジェクト構想が目標とするものも、対象とする地域も、また様々である。本章では、インフラストラクチャー事業がプロジェクトとして発現していく形を、実例を紹介しつつ示していくことにする。

(1) 公共の利益と私的な動機

　社会に供用されるインフラストラクチャーは、社会全体の利益のためにつくられる。それ故に、必要に応じて公的な資金の投入や政策的な介入がなされる。社会全体の利益、すなわち公共の福祉の増進とは、人々の豊かさ、安全性、快適性を高め、幸福の基盤を生み出すことであり、別の言葉では社会的厚生を高めることだと言える。公共の利益を願う事業を構想することは、人間の崇高な仕事であり、多くの人々が事業構想への関与を望むものである。

　しかし、プロジェクト構想の動機は、常にこのような理想を追ってのものとは限らない。事業による利潤を期待して構想し、その外部効果(その経済活動が市場を介さずに他の経済主体の経済活動に及ぼす影響)として結果的に社会的厚生の向上に寄与するものも多い。民営による鉄道事業やエネルギー供給事業などがこれに該当する。資本主義社会でのプロジェクト構想はこの種のものが多く、古くは17世紀からの英国のターンパイク事業、19世紀からの米国の鉄道事業などはその典型である。我が国でも私鉄事業など私的な動機に基づいて発意され、かつ事業として実現し、結果として公共の福祉の向上に寄与した多くの事例を見ることができる。一例として、阪急電鉄の鉄道と都市開発を見てみよう。

第2章　インフラストラクチャー事業の構想

写真2-1　創業期の阪急電車
写真:「100年の歩み」(阪急ホールディングス、阪急電鉄)

　1907年に設立された阪急電鉄の前身、箕面有馬電気軌道の役員だった小林一三は、拡大が期待される大都市において、郊外に延びる鉄道と沿線の不動産開発を一体化した新たなビジネスモデルを構築した。

　当時、大阪圏では阪神電気鉄道、京阪電気鉄道などが次々と開業または着工していたが、これらは大都市間を結ぶ鉄道だったり、都市内鉄道だったりと、既に需要がある区間を結ぶ路線であった。これに対して箕面有馬電気軌道は、人口の張り付いていない大阪の郊外部に延伸する鉄道路線で、いかにビジネスとして成立させるかが大きな課題だった。

　銀行家としての経験を有していた小林は、自らの携わる鉄道を民間事業として成功させることに腐心した。路線計画のあった大阪と池田の間を何度も往復し、沿線に住宅地として適当な土地が多くあるのを見て、郊外に住んで都市に通勤するという

新たなライフスタイルを提案し、鉄道と不動産開発を一体化した新たな事業モデルを構想し、実践に移した。そのモデルは、鉄道の開業前に沿線の土地を大規模に購入し、鉄道を整備することで不動産価値の向上を図り、土地の値上がり益（キャピタルゲイン）を得るというものであった。

　文学や演劇など文化にも造詣の深かった小林は、宝塚少女歌劇団、阪急百貨店、東宝をはじめとして動物園、温泉、運動場、映画館などの余暇・レジャー施設を沿線に展開した。これらも鉄道需要の開拓に貢献し、鉄道インフラストラクチャーの建設を基に、大都市の生活環境や文化生活の向上に尽くした。この構想は「阪急モデル」あるいは「小林一三モデル」と呼ばれ、東京圏の東急電鉄をはじめとして、後に続く私鉄の路線拡大のモデルとなった。

(2) 構想の立案者

　個人が外国の状況に触発されて大きなインフラストラクチャー事業を発想し、成功裏に事業を進めたケースとして、1人の無名の事業家が発想し、苦闘の末、現在の東京の大幹線となる地下鉄銀座線の大事業を完成へ導いた例を挙げておく。

　苦境にあったいくつかの地方鉄道の経営を若くして立て直した早川徳次は、1914年の欧米視察の折、ロンドンなどの地下鉄を見て、これが大都市東京の路面混雑を解消する先進的な手段であると考えた。しかし、早川の発想は官民いずれにおいても、わずかな人を除いて受け入れられるものでなかった。巨額の投資を必要とし、その採算も覚つかないし、軟弱な地盤の東京では地下鉄のトンネルは容易に建設できないなどと、事業への反対意見は多かった。民間事業として独力で事業化を進めるしかないと考えた早川は、多くの有力者を説得して資金を調達して会社を設立し、新事業の遂行を願う技術者の尽力も得て、建設工事に着手する。

　政治的、財政的、技術的に多くの困難に直面し、しかも途次において関東大震災に直面しながら事業を進め、1927年の浅草─上野間を皮切りに順次、地下鉄路線を延長し、旅客輸送の営業を広げる。こうして実現した地下鉄はその後、銀座線として90年たった現在も、東京の最も重要な都市高速鉄道として機能している。

　そのほかにも社会全体の利益を願った個人の構想は枚挙にいとまがなく、実現したものも多い。一例を、1931年に実現した信濃川大河津分水路で示す。

写真2-2　開業間もない頃の銀座線構内と鉄骨の柱、早川徳次像
写真:土木施工(2015 May VOL.56 No.5)

　新潟県の大河津分水路は、信濃川の河口から約60kmに位置し、信濃川が日本海に最も近付く大河津から寺泊海岸までの全長約10kmの人工水路である。洪水時には信濃川の水を日本海へと分流し、日本有数の穀倉地帯である越後平野を水害から守っている。

　大河津分水路構想の発意は、江戸時代の享保年間(1716～1736年)および宝暦年間(1751～1763年)に、三島郡寺泊(現・長岡市)の商家である本間屋数右衛門が、江戸幕府に対して分水路建設を請願したことに遡る。当時の信濃川は、日本海沿岸に沿って延びる弥彦山などに妨げられ、短い距離で日本海に流れ出ることができないため、信濃平野を蛇行して流れ、たびたび洪水を起こしていた。その結果、多くの人命が失われ、稲作をはじめとする農業にも大きな被害が生じていた。本間屋数右衛門やその意思を受け継いだ2代目は、信濃川の水を日本海へすぐに流す分水計画の必要性を何度も幕府に請願したが、技術的な困難さや莫大な費用がかかることから、実現に至らなかった。

　明治時代に入り、政府はようやく工事の実施を決定し、分水工事は始まったが、その後も中断、再開、中止を繰り返していた。そして工事途中の1896年に、新潟平野の横田村(現・燕市横田)で、「横田切れ」と呼ばれる大水害が発生、明治政府はついに1909年から大河津分水路の本格的な工事再開を決断。それから四半世紀た

写真2-3　信濃川大河津分水路全景
写真:国土交通省信濃川河川事務所

った1931年に、ようやく分水路が完成した。構想の発意からは、実に200年が経過している。

　大河津分水路の完成により、信濃川下流域は洪水から解放された。分水路の完成後、信濃川の堤防は決壊していない。かつては湿田であった越後平野の水田も水はけのよい乾田に変わり、今ではコシヒカリに代表される日本有数の米どころとなっている。1人の商家が地域社会全体の利益を願って発意した構想が長い時間をかけて実現し、この分水路は洪水被害の防止による安全・安心の向上だけでなく、付加価値の高い農業生産を支える基盤にもなっている。

(3) 構想の推進者

　現在では、政府や地方公共団体など公的機関によって構想がつくられる例が多く、審議会のような外部専門家が参画する会議がその発議を行うことも少なくない。このような場では、学識経験者、地域の有力者(商工会議所や事業者、住民団体代表)、政府や地方公共団体の職員など立場の異なる様々な人々の間での議論を経て構想が立案される。しかしこのような場合も、構想に熱意を持った強力な個性が構想立案を牽引する。一例として、鹿島港の構想を示す。

　茨城県の神栖、鹿嶋両市にまたがる鹿島港は、周辺に約180社が操業する鹿島臨海工業地帯の重要な基盤である。鹿島臨海工業地帯は、1962年に閣議決定された

第2章　インフラストラクチャー事業の構想

写真2-4　鹿島港と鹿島臨海工業地帯
写真:国土交通省鹿島港湾・空港整備事務所

　全国総合開発計画で打ち出された拠点開発構想で工業整備特別地域にも指定されているが、構想は当時の茨城県知事・岩上二郎を中心に発想されたものである。岩上知事は、当時開発が遅れて低い所得水準に苦しんでいた鹿島地区を工業化で活性化するという信念を持ち、1960年に沿岸陸地を掘削して港をつくり、ここに臨海工場を立地させて工業と農業を両立させる「農工両全」を掲げ、「鹿島灘沿岸地域総合開発構想」を打ち上げた。鹿島港はそのための最重要基盤と位置付けられていた。

　従来、港の適地は水深のある静穏な内湾であった。鹿島は波の荒い太平洋の鹿島灘に面しており、そこに大港湾を設けることは大冒険であった。しかし、鹿島には大きな利点もあった。大消費地首都圏にあり、背後には広い用地を確保でき、しかも利根川という豊富な工業用水資源にも恵まれていた。岩上知事らが考えたこの構想は、こうした利点を生かして、この地に水路幅600mという大規模な掘り込み港湾を建設し、臨港部に重化学工業を立地させようというものであった。

　大規模開発計画であったが、事業は茨城県が主導し、用地買収など整備方式も独自の提案で実施した。すなわち、農地買収に当たっては住民から土地の4割を買収し、6割の土地を工業開発対象地域外に農業用の代替地との交換で取得する「鹿島方式」と呼ばれる方式を打ち出した。岩上知事は、その後の工業団地への企業誘致にも指導力を発揮し、政財界の要人にも接触し、協力を要請して企業誘致を進め、鉄鋼、電力、石油化学など重化学工業を立地させた。

岩上知事が繰り返し唱えていたのは、「この鹿島港開発は目的ではなく、砂丘の農漁民を貧困から救い出すための手段である」ということであった。この信念で構想を強力に推進し、鹿島灘沿岸に大掘り込み港湾と、この港と一体となった一大重化学工業団地を建設し、高速道路など関連するインフラ整備と相まって、地域の産業振興と雇用創出を成し遂げた。

　もう1つ、1人の理想家肌の市長が斬新な考えと大胆な構想の下で始め、見事な成果を上げた事業を紹介しておこう。

　大正年間(1912～1926年)の大阪は、商工業都市として発展し、人口も200万人を超えて東京市と日本1、2を争う大都市であった。しかし、都市整備の遅れた市街は街路や都市施設も不足し、無秩序に木造家屋が密集する貧相で危険な地区がほとんどだった。1914年に、東京高等商業学校(現・一橋大学)の教授で交通経済をはじめとして政治経済学を講じていた関一(せきはじめ)は、その職半ばで当時の池上市長に請われて大阪市の助役に就任した。池上市長と関助役はこの大都市に水道、公園、病院、さらに今日でいう福祉関係の諸施設の整備を矢継ぎ早に進めた。

　1923年大阪市長になった関は、住宅や学校とともに街路、橋梁、上下水道、港湾、地下鉄などの大規模な都市改造事業に着手する。それを代表する革期的事業

現在の御堂筋

写真2-5　御堂筋の建設
写真：大阪市

竣工時の御堂筋

が御堂筋の拡幅と地下鉄建設であった。

　江戸時代以来、御堂筋と呼ばれていた街路は、北の淡路町より南の長堀までの幅約6m、長さ1.3kmの道であった。これを大阪駅前の梅田から南の難波まで、約4kmにわたって幅員44mのイチョウ並木の大街路に改造し、さらにその路面下に地下鉄を通し、鉄道の北のターミナルと南のターミナルを結ぼうとするものであった。これによって大阪の交通の改善はもちろん、防災性の向上、都市の風格の創出を図ろうとした。

　この大事業は都市計画事業として進められたが、それに要する費用の3分の1は、受益者負担として沿道付近の住民から徴収することになった。新しい街路に面する土地を第1地帯とし、それより奥へ25〜35間（45〜63m）まで入るに従って順次、第2、第3、第4地帯として、第1地帯では間口1間につき1000円（現在の貨幣価値では約400万円）、さらに第1〜第4地帯では1坪当たりそれぞれ41〜3円の受益者負担金が課された。この高額の負担には当然、大きな反対が巻き起こったが、最終的には住民は後代にわたる都市の発展を期待し、結果的には1戸の強制収用もなくこの負担に耐えた。

　今日、大阪駅前の梅田から難波に至る幅員44mの大街路は大都市大阪の風格をつくっているし、その下を走る地下鉄は1935年に梅田―難波間が全線開通し、大阪の2大鉄道ターミナル間を結ぶ大動脈となっている。

　理想家の学者市長と商都大阪の市民の根性は、こうして80年を経た現在も、大阪の活動と魅力を支える中心となっている。

(4) 地域発議

　インフラストラクチャープロジェクトの構想は、地域で企画してそれが自治体や国の計画に取り入れられていく「地域発議」と、中央政府が国全体の発展を狙って国土経営を行ううえで必要なプロジェクトを構想する「中央主導」と、大きく分けて2つの流れがある。

　地域の社会的厚生の向上を願うプロジェクトは、当然のことながら地域の個人、商工会議所などの地域団体、そして自治体によって発議される。そこでは他地域の例と比較し、その水準の差を具体的に示して、地域住民の厚生を引き上げるために

そのプロジェクトがいかに必要であるかが示され、場合によって政府補助金の必要性も主張される。

　交通不便のため発展から取り残されていることを打開しようと、地元の有力者が中心となり、苦心して資金を集めて実現を果たした構想は過去に数多い。その一例として、現在のJR飯田線の元となっている伊那谷の小さな鉄道の事例がある。

　現在は東海旅客鉄道（JR東海）が保有・運営している飯田線は、愛知県の豊橋駅と長野県の辰野駅を結ぶ全長196kmの地方交通路線で、もともとは豊川鉄道、鳳来寺鉄道、三信鉄道、伊那電気鉄道の4つの私鉄路線として整備されたものである。険しい山岳地帯を縫うように走る路線であり、明治末期の構想以来、長い年月をかけて建設が進められた。

　いずれの路線も地元の有力者が構想を発議している。長野県で最初の私鉄となった伊那電気鉄道は、中央本線誘致に失敗した伊那谷の有力者たちの地域振興に懸ける想いが動機となっている。当時の交通の主役は鉄道であり、地域の発展にとって鉄道の開通は必須条件と考えられていた。甲府から上諏訪を経て名古屋に至る国鉄中央線が工事費や技術的な理由から山脈を隔てて並行する木曽谷を通ることになったため、伊那谷では木曽谷に比べて地域の発展が遅れることが強く懸念された。そのため、地元有力者を中心に、伊那谷に別途、鉄道を通そうとの機運が盛り上がり、地元の帝国議会議員を先頭に鉄道敷設の運動を進めた。伊那谷の住民は資金

城西―向市場間

田本駅

写真2-6　現在の飯田線
写真:JR東海

を拠出して自力で伊那電気軌道株式会社（後の伊奈電気鉄道）を設立し、辰野から伊那へと鉄軌道の建設を進め、1909年の辰野 — 伊那松島間を皮切りに、構想から30年以上たった1927年に飯田を経て天竜峡までを全通させた。さらに愛知県側を結ぶために豊橋側の鉄道とともに三信鉄道を設立し、天竜川沿いの渓谷に沿って静岡県の佐久間を越えて、愛知県の三河川合まで延ばし、ようやく1933年に豊橋方面へつながる鉄道を全通させる。

その間資金不足と難工事に悩まされ、アイヌや朝鮮半島の人々の労働力にも助けられて1駅、1駅と開通させていった。そのなごりは、短い駅間隔、小さな曲線半径、数多くの隧道と橋梁に今日も見ることができる。

こうして地元住民の努力によって建設されたこの路線は、沿線の天竜峡や鳳来峡などの観光地へのアクセスや、佐久間ダムをはじめとするこの地域で盛んに行われた水力発電所建設に伴う資材輸送など、山あいの地域の振興に貢献した。

(5) 中央主導

国の発展には、全体の経済力の向上と地域格差の是正が不可欠である。国土の各地域が持つ自然的、社会的資源を有効に利用し、国土全体の効率を高めて経済力の向上を図るとともに、自然的にも社会的にも地域条件で格差の大きい国土にあって、住民が受ける厚生水準の格差を縮小し、社会的安定を図ることは国土経営の根幹である。そのためにインフラストラクチャーの果たす役割は圧倒的に重要で、その配置と整備の構想立案は政府が担うべき枢要な役割である。そうした国土全域を対象とする構想は、外部専門家を集めた審議会や地方の官民の意見を聴きながら中央政府が長期構想として取りまとめ、次の実現段階へと進められる。以下に、道路整備の長期計画の例を示しておこう。

日本の道路整備は中央政府主導で計画的に進められてきた。特に戦後は、1952年の道路法で、高速自動車国道、国道、都道府県道、市町村道について、整備手続き、管理や費用負担などを含む諸事項を定め、さらに1954年度から数次にわたって策定された「道路整備五箇年計画」で具体の道路整備が構想・計画されてきた。

そのプロセスでは、道路審議会（現・社会資本整備審議会道路部会）が重要な役割を果たしてきた。審議会では、学識経験者をはじめ、有識者が国民生活の向上と

国民経済の健全な発展を図るために必要な道路整備の方向性を議論し、その成果を答申や建議という形式で取りまとめた。これを受けて中央政府(国土交通省)は、道路整備に係る具体的な事業を「道路整備五箇年計画」としてまとめ、閣議決定を経て、実際の道路整備を進めた。そこでは多くの専門家の意見を踏まえた合議形式でインフラストラクチャーの構想や整備方向を示し、長期計画に取りまとめるプロセスを取っていた。このような審議会での議論を経て長期計画を策定する方式は港湾、空港、河川など大型の他のインフラストラクチャー整備でも導入されてきた。それぞれのインフラストラクチャーを所管する部局は、過大な構想・計画を打ち出しがちだが、構想策定段階で様々な見解を持つ有識者の意見を取り入れることで、産業政策、社会環境配慮、地域振興、財源など複数の視点から確認・修正され得る仕組みとなっていた。

　国全体を対象として国が作成する全国総合開発計画も、その中の個々の計画は地域で発想され要望されてきたものを、全国的な視点に立って調整し、整合させようとしたものが大半だと言える。全国総合開発計画は、1960年に制定された国土総合開発法に基づき、国が全国の区域について定める総合開発計画であるが、新幹線や高速道路などの「中央主導」の大規模インフラストラクチャーに加え、多くの地域発議の構想が含まれている。総合開発計画では、①土地、水その他の天然資源の利用、②水害、風害その他の災害防除、③都市、農村の規模と配置、④産業の適正な立地、⑤電力、運輸、通信その他の重要な公共施設の規模と配置、⑥文化、厚生、観光に関する資源の保護、施設の規模と配置などに関する事項——を定めることとなっている。多くの地域発議の構想が全国総合開発計画に取り入れられ、オーソライズされてきた。

　我が国で全国的な視点で地域に関する総合開発計画が作成されるようになった歴史は浅く、第二次世界大戦前では、1940年の国土計画設定要綱(閣議決定)などに端緒を見ることができる程度である。地域のプロジェクト構想が、全国的な開発計画に位置付けられオーソライズされるようになったのは、1962年の全国総合開発計画以降のことである。

　しかし、全国的な総合開発計画が策定される以前から、中央政府が主導し進めてきた地域的なプロジェクトも少なくない。古くは明治政府が国策的に進めた東北の2

第2章　インフラストラクチャー事業の構想

写真2-7　安積疏水・16橋水門
写真:中村 裕一

つの事業がそれである。

　明治維新後の新政府は、殖産興業の一環として東北地方を開発しようとし、その模範例を福島県に求め、いわゆる安積開発を推し進めた。その中心的な役割を担ったのが安積疏水である。疏水は、奥羽山脈を貫通させて、それまで日本海側へのみ流れていた猪苗代湖の水を、水不足のため農業生産の遅れた郡山盆地の灌漑に用いる用水路体系であり、明治政府が国営事業第1号として3年をかけて1882年に完成させたものである。安積疏水の完成後、農業用をはじめ猪苗代湖の水資源の多角的な利用が可能となり、この地域の開拓は進んだ。安積開発の成功は、郡山の発展をはじめ、その後の東北地方の近代化に大きく寄与している。

　仙台湾に位置する野蒜港は、明治政府が政府直轄で整備した我が国初の洋式港湾であり、安積疏水と同様に、新政府による東北開発の重要なインフラストラクチャーと位置付けられていた。この構想は単なる港湾事業にとどまらず、併せて運河や河川を整備して、東北の生産物を東京など消費地へ大量輸送することを可能にする水運ネットワークを構築する計画であった。事業は1878年から始まり、4年後の1882年に開港したが、2年後の台風で河口突堤が被災し、事業は失敗に終わった。今はただ、野蒜築港の代表的遺構である石井閘門が重要文化財として当時の面影を残している。

第2節
構想の動機

　なぜ、インフラストラクチャー構想は発議されるのか。個人による発意、政府や団体などの機関による発議、あるいは地方からであれ、中央政府によるものであれ、各プロジェクトの構想発議の目的あるいは動機には、どのようなものがあるかを見てみよう。以下では構想発議の動機をいくつかの類型に分けて示してみる。ただし、どの構想においても、ここに示すような動機や目的のどれか1つのみで発意されたものではなく、多かれ少なかれこれらのいくつかを兼ねていることは言うまでもない。

(1) 需要追随

　生産も消費も増加を続ける経済成長期の社会においては、その基礎となるインフラストラクチャーの供給が拡大する需要に常に後れを取り、これが社会的厚生を損なうことになる。戦禍による多くのインフラストラクチャーの損傷のなかから経済の発展が進められていた1950年代以降の我が国では、インフラストラクチャーの供給不足は極めて顕著であった。

　1950年代中頃に世界銀行から我が国へ派遣され、高速道路建設への融資の可否の調査に当たったワトキンス調査団が「日本の道路は信じられないくらい悪い」と評した言葉が示すように、当時の我が国の道路インフラストラクチャーの不足は極端であった。インフラストラクチャーの不足は、道路だけでなく、鉄道、港湾など交通インフラストラクチャーにおいても、電力や工業用水などエネルギー・水供給インフラストラクチャーにおいても顕著であった。生活水準の向上につれて、これらの産業インフラストラクチャーだけでなく、住宅、水道など生活インフラストラクチャーの需給ギャップの大きさも目立った。

　このように需要を追随してインフラストラクチャーが必要とされる時には、その必要性は誰の目にも明らかであり、構想というよりもいかにすれば供給が効率的に行えるのか、また必要な資金を調達し得るのかという問題への対処のみが必要であった。すなわち、その事業の生む効果と費用を勘案して、限りある資金の中で数ある同種の要望のどれを優先して事業化すべきかという問題への対応であった。

写真2-8　東名高速道路
写真:大澤　聡

　全国各地でのバイパス建設などの道路整備、鉄道の線路増設や港湾施設整備、生活用水や工業用水などの水供給施設整備、電力や通信施設の整備など、需要を追いかけて整備され続けたインフラストラクチャーは多い。

　モータリゼーションや都市化の進展など各種インフラストラクチャーへの需要がさらに増加するなかで、我が国でのインフラストラクチャーの供給がようやく需要に追いつこうとし、極度の不足状況から脱却できたのは、第1章第5節で述べたような基礎的インフラストラクチャー整備への50年余りにわたる国民的な努力の結果であった。同様のインフラストラクチャー不足は、今なお開発途上国では著しく、それがこれからの国の社会・経済発展への大きな足かせとなっている。

(2) 安全対策

　国民の安全確保は、政府の最も重要な使命である。防災事業は純粋公共財的なサービスの典型であり、地震、洪水、火山災害、土砂崩れなど自然災害の多発する我が国では中央政府・地方自治体が担うべき枢要な機能である。

　防災事業を実施するには、極めて専門的な知識と豊富な調査資料を必要とする。多くの場合、防ぐべき災害はいつ襲ってくるか分からず、住民の多くは自分たちが防災というサービスを現実に受けるようになるとは思っていない。そうした事情もあり、

サービスの受益者である住民は、事業への要望を出すことが主で、防災インフラストラクチャーの具体的な構想まで踏み込むことはまずない。

従って、防災事業の必要性を判断し、防災施設の建設など事業の構想の立案は、行政が責任を持って進めるしかない。いつ起こるか、どのような強度のものかなどが予見し難いという自然災害の特性上、防災インフラストラクチャーの事業構想は、行政による常時の調査と専門的な検討によってのみ立案が可能だと言える。政府による調査と検討の結果構想され、その後1930年代初めに実現した大規模な防災事業の一例として、以下に東京の荒川放水路の構想を記しておこう。

荒川放水路は、荒川と隅田川を分ける岩淵水門（東京都北区）を始点とし、江東区と江戸川区の区境で東京湾に注ぐ全長約22kmの水害対策用放水路（人工河川）である。放水路の完成以前、荒川を流れる水は現在の隅田川（旧荒川）を流れていた。隅田川は川幅も狭く、大きな流量をさばききれなかったため、江戸時代から頻繁に洪水が発生し、江戸の街は床上浸水など大きな被害を受けていた。明治時代に入ると、農地も住宅や工場に変わり、洪水の被害も一層深刻化した。

特に1907年と1910年の洪水被害は甚大であった。これらの水害を契機として、当時の国内インフラストラクチャーを一手に管轄していた内務省が検討に着手し、抜本的な水害対策として荒川放水路を計画した。調査は内務省が担当し、計画や開削工事には原田貞介や青山士（あきら）など、当時の日本を代表する技術者が参画している。青

人力掘削の様子

現在

写真2-9　荒川放水路
写真:国土交通省

山士は、日本人で唯一パナマ運河建設工事に携わった技術者であり、岩淵水門の設計・施工にも尽力した。

その後、広大な河川用地を取得し、17年掛かりの難工事を経て、1930年に全長約22kmの放水路が完成。沿川地域の洪水被害を大幅に軽減し、住民の安全確保に大きくに貢献している。

(3) 効率改善

生産活動において、効率向上は国際的にも地域間や企業間の競争でも至上の課題である。多くの産業で、輸送費や輸送時間の損失が全費用に占める割合は小さくない。従って、特に輸送に関わるインフラストラクチャーでは効率改善のために、新しい施設の建設あるいは古い施設の更新が、特に企業や地域から強く望まれる。

海上と陸上を結ぶ貨物輸送の効率向上のためにコンテナ埠頭の建設が各地で進められたし、船舶や埠頭施設の大型化に見合うべき航路の整備など、港湾インフラストラクチャーの改良や新設が世界各地で求められた。コンテナ輸送という新しい輸送形態が導入された比較的初期に構想され、実現した神戸のポートアイランドを、このタイプの構想の一例として挙げておく。

現代の経済グローバリゼーションは、海上輸送のコンテナ化によって成り立っていると言っても過言ではない。世界各地で生産される食料品、工業部品や製品、雑貨などありとあらゆる物資は、コンテナに詰められて海上を需要地または中間需要地へ、早く、安く運ばれる。いくつかの国々で生産された物資は、別の国へ輸送されて完成品に組み立てられ、さらに世界各地の消費地へ送られる。これを可能にしたのがコンテナ輸送である。内陸の発地でいったんコンテナに詰められれば、コンテナ船で高速で安全に運ばれ、船が着岸する陸地側に敷設されたガントリークレーンで迅速に積み下ろしされ、そのまま鉄道貨物車やトラックに載せられて着地に到着する。こうして輸送の費用と時間を飛躍的に向上させ、貨物輸送に一大革新をもたらした。

効率的なコンテナ輸送を可能にするには、陸上側に大型のインフラストラクチャーを必要とする。我が国を代表する大貿易港であった神戸港では、船が主に突堤に接岸して荷役をしてきたが、コンテナを扱うには突堤型の埠頭では手狭すぎた。埠頭岸壁に大型のガントリークレーンを設置し、さらにその背後に広いコンテナ置き場を必

要とするからである。

　コンテナ輸送の高効率とその進展を見込んで、神戸市は1964年に埋め立てによる人工島を沖合に建設し、その岸壁にコンテナ埠頭を建設する構想を打ち出す。これを受けて、1966年に国の港湾建設局と神戸市は護岸工事と島の埋め立て工事に着手する。そして、ガントリークレーンを備えた大水深のコンテナ埠頭9バースと一般外航貨物船埠頭15バース、さらに上屋建物など港湾施設を逐次建設した。同時に人工島内には集合住宅、事業所ビル、商業施設、学校、文化施設、公園などを建設し、1981年に第1期工事が完工した。

　1980年代の神戸港は、このポートアイランドの供用によって世界でも最先端級の施設となり、東アジア第1のコンテナ輸送のハブ港として関西地区の外貿貨物の効率的輸送に大きく貢献した。その後、ポートアイランドは拡張され、またこの島に並んで新しい人工島、六甲アイランドも建設された。

　しかし、1995年の阪神淡路大震災での大きな被害は、港湾の貨物処理能力を大きく損ない、以降、神戸港のコンテナハブ港湾としての国際的競争力は大きく低下した。その理由として、地震被害や日本経済の停滞に加え、港湾荷役の休日や夜間の休止、煩雑な入出港や通関の手続きなど、いわゆるソフト業務の合理化の遅れが響いたとも言われている。

写真2-10　神戸港・ポートアイランド
写真：(一社)神戸港振興協会

コンテナ港湾だけでなく、1960年代に盛んに行われた工業港の建設も、本章第1節(2)で示した鹿島港に見られるように、臨海部に立地する重化学工業の原材料あるいは製品の高速・大量輸送の効率化を目指して行われたものであった。

海上輸送に限らず、交通運輸の効率向上には交通インフラストラクチャーの改良・発展は不可欠である。新幹線や通勤鉄道などの新たなインフラストラクチャー建設は、旅客の移動効率の改善はもちろん、交通事業者にとっても車両や要員の効率的運用などの面で効果は大きい。大型火力発電や原子力発電も、電力生産の容量拡大や効率向上をもくろんで構想されたものであった。

(4) 地域振興戦略

人口の流出・減少、産業の衰退、雇用の喪失は地域の活力を減じるため、どの時代にあってもそれを防ぎ、さらに活性化させることは地域にとって最大の関心事であり、そのために取るべき方策が様々に構想される。

古くは灌漑や開拓による農業振興、近代に入っては鉄道や道路、港湾整備を中心に産業誘致が行われてきた。工場などの誘致が極めて困難になった近年では、交通改善や観光施設の整備を契機とする観光客誘致など、地域振興に資するインフラストラクチャー整備が構想されてきた。この種の大型の構想の一例として、石川県の能登空港(のと里山空港)を例示する。

日本海に突き出た能登半島、特にその先端部に当たる輪島市、穴水町一帯は、県庁所在地である金沢から鉄道の特急を乗り継いでも3時間も要する三方を海に囲まれた半島特有の交通不便地である。豊かな自然には恵まれているが人口流出で過疎が進むこの地域を振興するために、能登空港立地可能性調査が地元の県市町村によって1986年に始まった。この構想は能登地域半島振興計画に組み入れられ、地域の全人口にほぼ匹敵する22万人もの署名を集めるなど、地域の大きな支持の下、1996年には「第7次空港整備五箇年計画」に組み入れられるまでになった。

当時の国の空港整備特別会計による支援も得て、総事業費240億円を投じて建設されたこの空港は2003年に開港した。しかし、十分な需要がないと空港には民間航空会社の定期便は就航しない。そのため地元市町村が協調し、搭乗率が70%未満の場合は県が航空会社に収入を補償する一方で、70%を上回ると航空会社から県に

図2-1　能登空港
写真:石川県企画振興後部空港企画課

販売推進協力金が支払われるという搭乗率保証制度をつくり、東京との複数便の就航を実現した。

　同時に、地域の自然や温泉など観光資源を生かし、観光客の誘致活動を進めた。また、空港施設を利用した航空学校の開設、そしてターミナルビルには奥能登地域の総合行政センターの設置など空港施設の活用を行い、これらを合わせて航空需要の拡大と交流人口の増加を進め、へき地と言える半島地域の振興を図っている。

　しかし、このような大型のインフラストラクチャープロジェクトは、どの地域でもあり得るわけではない。新幹線の駅や高速道路のインターチェンジの開通を機に、その外部効果を期待して地域振興を図る地域では、工業用地や大型商業施設用地の整備などを核にした地域振興や、観光振興のためのインフラストラクチャー整備などが構想されるが、多くの過疎地域ではこうした機会にも恵まれないのが通例である。人口減少と高齢化が続く昨今、資本蓄積も人材集積も乏しいこのような地域を振興するために、福祉、文化など様々なソフト面での対策とともに、規模ははるかに小さくても地域振興に効果のあるインフラストラクチャー構想を官民協力の下でつくり出すことが望まれる。

　1つの例として、この20年来全国各地で約1100カ所にもわたって設けられ、地域の振興に少なからぬ効果を上げた「道の駅」事業を示しておこう。

　自動車で長距離を移動することが増えるにつれ、運転者がその途中で休憩する場

所が必要であるとの要望に応え、道路管理者または地方自治体が主要な道路の随所に道の駅を設置するという事業が1993年に興った。

　必要とされるのは24時間利用可能な一定数の駐車スペース、トイレ、電話、情報提供施設であり、これらのほとんどは公共施設として地方自治体、特に市町村によって設置される。このような施設に加えて文化施設、観光レクリエーションや特産物販売のための施設も設けられ、地域の振興機能を高める事業が行われている。

　こうした機能を持つことから、道の駅の管理運営者は公共機関よりも民間企業や第三セクター会社が多く、一部が地方自治体や財団法人によって運営されている。近年では上記の休憩機能、情報機能、地域振興機能に加え、災害時などのための非常食や飲料水の備蓄、非常用電源の確保など、防災拠点機能を持たせる駅も増えている。

　道の駅はインフラストラクチャーとしては小規模だが、観光振興や地域交流の増進の場としての効果は大きく、加えて地域の雇用拡大の効果も生み出す。平均的にみて道の駅1カ所で60人程度の雇用があるが、これは小さな市町村にとって十分に意味のある数であり、さらに全国で見るならば7万人程度の雇用となる。1つの大工場の雇用が多くて数千人であることを考えれば、過疎に苦しむ地方の市町村の振興への

写真2-11　道の駅「日和佐」（徳島県美波町）
写真:国土交通省

効果は無視できない大きさと言えよう。

(5) 国家戦略

　国の存立に関わる事態や、国際的な地位向上など外交、軍事、経済、研究開発などの視点から国全体として持つべきインフラストラクチャーが存在する。例えば国民の安全・安心の確保は国家の第一の使命であり、たとえ究極の小さな政府である「夜警国家」といえども政府の果たすべき務めである。こうした国防や安全保障の観点からは、軍港や軍飛行場のような国防施設、海難防止や救援をはじめとする海上保安活動のためのインフラストラクチャーは、国の戦略として中央政府により構想される。また、領土保全の観点からは、沖ノ鳥島の消波ブロックやコンクリート護岸なども重要なインフラストラクチャーである。

　国家戦略として構想されるインフラストラクチャーは、これらの国防のための施設だけではない。突発的な国際情勢の変化において石油の輸入が途絶えた場合の事態に備えて、我が国では大型の石油備蓄基地が国によって複数が設けられている。一例として福岡県北九州市の石油備蓄基地の構想を見ておこう。

　1973年に起きた第4次中東戦争に際して、アラブ石油輸出国機構（OAPEC）は原油価格を大幅に引き上げ、さらにイスラエル支持国への石油禁輸を実施する。我が国もこの影響を大きく受け、石油の供給不足、さらに物資の不足や物価高騰に見舞われる。さらに、1979年のイラン革命によって第2次石油危機が生じ、再び石油の高騰と需給の逼迫が起きる。輸入石油にエネルギー供給の多くを頼っていた我が国は、このような供給の不安定さから国民生活と経済を保護するため、国内に石油の大量備蓄を行おうとした。

　石油備蓄は民間の石油会社でも行われていたが、それだけでは不十分であるため、国が直接、石油備蓄基地を建設して運営する国家備蓄事業を実行した。国家備蓄基地は苫小牧東部、むつ小川原、秋田、久慈、福井、菊間、白島、上五島、串木野、志布志に建設された。現在、我が国は国家備蓄、民間備蓄を合わせて約8000万kℓ、国内需要の約197日分を備蓄している。

　備蓄基地は国民生活上、極めて重要ではあるが、その存在は地域住民にとっては何ら利益がないので、立地は反対されるのが通例である。そのため、備蓄基地はへ

写真2-12　北九州市白島石油備蓄基地
写真:安藤・間

き地または重工業地帯に建設されるが、陸上では石油タンクとして、また海上では浮遊する洋上タンクとして建設される。その1つが北九州市の響灘沖合8kmの白島に設けられた備蓄基地で、周囲を防波堤に囲まれた8隻の貯蔵船から成っている。ここは560万kℓすなわち日本の石油消費量10日分に相当する石油を貯蔵する大規模施設で、タンカーが停泊可能なシーバースなど、必要な港湾諸施設とともに1996年に完成した。

　このほか、現代では宇宙や海洋、原子力などの研究・調査のために大型のインフラストラクチャーが必要となっている。民間では実行不可能なこうした巨大実験施設は、研究者の構想に基づき、国の政策として政府投資により建設・運営される。

(6) 格差是正

　我が国には、積雪寒冷地や島嶼部など、経済活動においても生活行動に際しても条件の不利な地域が多い。これらの地域では、各種の地域振興策を講じてもその成功は期待しにくいのが一般的である。このような地域は、人口の流出や生活の困難にさらされており、国としても地域社会の安定上、放置することはできない。

　こうした不利な条件を克服する1つの有用な手段が、高速道路や架橋といった交通インフラストラクチャーの整備である。多くの過疎地域では、これらの交通手段の

整備をその直接的な効果からのみ評価しても、事業は正当化できるものではない。しかし、これらの地域の衰退はその地域の荒廃のみならず、一方では流入先で過密を呼び、各種の大都市問題を招きかねない。国土全体の格差を是正して社会の安定を図るという国土経営上の重要な目的のため、大型の交通路整備などインフラストラクチャーの構想がつくられる。

　全国の高規格道路網の構想が支持されるのも、格差是正の観点によるものであり、離島への数多い架橋が地域の要望に応えて中央政府から資金が投入されるのも、この全国的視点に立った効果を期待してのことである。

　1969年に策定された新全国総合開発計画（新全総）は、このような観点から構想された全国計画であった。新全総に続くその後の4回にわたる全国総合開発計画（名称は各回で様々である）においても、この地域格差の解消という全国的な課題は強く意識され、全国交通網整備の目的となってきた。地域間で自然的、社会的条件に差違の大きい我が国では、この格差是正は今もって大きな課題であるし、交通をはじめとする各種インフラストラクチャーの整備がこれに寄与し得ることも明らかである。

写真2-13　若松大橋（長崎県五島列島）
写真:Hiroyuki Yamaguchi / JTB Photo

我が国に多いへき地の不利な条件を改善するためのインフラストラクチャー事業についてここで述べておこう。

　山間部や島嶼部などの交通が不便な地域では、勤労、教育文化、医療、福祉、消費など全ての生活面でハンデキャップは大きく、このために人口減少、地域活力の衰退など深刻な地域問題が生じている。山岳を貫く隧道、海を越える架橋は、このようなへき地の交通条件を根本的に改善し、社会厚生を高める極めてドラスティックな手段である。

　しかし、へき地の小さな自治体にはこれらのインフラストラクチャー整備の負担は困難である。そのため、例えば離島への架橋に対しては、離島振興法に基づいて国から事業費の3分の2が補助され、さらに地方負担分については地方交付金により補填されて実質負担が無くなるようになっている。

　そのような離島架橋の例の1つとして、長崎県五島列島の若松大橋を示しておこう。1991年に若松町(現・新上五島町)の中通島と若松島の間に架けられた橋梁延長522mのこの橋は、離島の離島という若松島の地理的悪条件を改善し、島民の生活条件の向上と観光の振興に寄与している。

(7) 生活環境改善

　この数十年、我が国の各地、特に都市部において住宅開発、上下水道や廃棄物処理施設、都市公園など、市民の生活に直接関わる環境改善のためのインフラストラクチャー整備が数多く進められた。これらのインフラストラクチャーの多くは、都市住民の増加と生活水準の向上に伴って需要が大きく膨らんだにもかかわらず、その供給は常に遅れていた。住民の要望は大きく、行政当局は周辺市町村と競ってその拡充を進めてきた。こうした環境改善は、新たな構想によるというよりも需要追随であり、他地域との比較競争の中でプロジェクトとして進められてきたといってよい。ここで、市民の生活環境の向上を目指して思い切った発想で取り組むプロジェクトの参考例を1、2紹介しておきたい。

　ドイツのライプツィヒ市の郊外には、かつて多くの褐炭の露天掘り炭坑があった。ドイツ再統一後、ドイツ政府は旧東ドイツのエネルギー政策を改め、その結果、環境上問題の多い褐炭の利用は停止され、炭坑跡は廃墟となっていた。ライプツィヒの市

写真2-14　コスプーデン湖
（ドイツ・ライプツィヒ市）
写真：明尾　賢

民と当局は、この"負の遺産"を再整備して市民生活の向上に役立てる構想を立てた。

　そこでは汚染物資を除去し、露天坑跡に貯水をして湖をつくり、周辺の緑化を進めようとした。そして現在では面積4.4km^2、最大水深54mのコスプーデン湖（ちなみに富士五湖の1つである山中湖の面積は6.8km^2、最大水深は13.3m）をはじめ、幾つかの美しい湖水が生まれた。環境改善された湖の周辺地域では、カフェ、レストランが建ち並び、ヨットや水上スキー、サーフィン、ビーチバレーボールなど様々なスポーツが楽しめる。週末住宅やホテル、ペンション、キャンプ場などの宿泊施設もそろっている。かつての褐炭採掘地は、市民や行政当局の努力で、貴重なレクリエーション空間に生まれ変わっている。このような新しい水域は、数年後には相互に運河でつながった23の湖となり、総面積で175km^{2}の巨大な新湖水地域がこの都市の周辺に生まれることになる。

　我が国でも、従来の都市環境整備からさらに一歩進めた構想もつくられている。著者らが中心になって行ってきた東京の外濠(そとぼり)再生構想もその一例である。

　飯田橋―四谷間で中央線の電車の車窓から見える水面は江戸城の外濠で、都心に残る貴重な水面である。しかし、周辺部は混雑し、都市景観も貧しく、濠の水の水質も悪い。そこで、この濠に沿って走る道路を地下化し、その上部を緑化してプ

ロムナードとし、周辺の建物を再開発するとともに、濠の水面へ至る法面を緩斜面にして市民が水面へ容易に近付けるようにする。そして浄化された水を蓄える浅い水面と、その下層には高水時のための貯留池をつくるという構想である。公園化による都心の環境と景観の改善、そして地震時の避難空間の確保を図ろうとするものであり、早期の事業化が望まれる。

(8) 事業開拓

　資本力を有する事業家、特に大企業は、新たな需要を予見し、新規の事業の開拓を試みる。私鉄、銀行、不動産、製造業などの企業が新たな事業を開拓するため、多くのインフラストラクチャー整備を行った例は数多い。そこでは資本の論理により、企業収益、企業価値の将来的な増大を望むものであったことは言うまでもない。しかし同時に、その事業による地域の厚生水準の増加を期待し、結果としてその成果を上げたことも評価しなければならない。東京西南部における東急電鉄の田園都市開発はその典型的な一例であろう。

図2-2　東急田園都市線と多摩田園都市開発

多摩田園都市開発は、1953年の東急電鉄の五島慶太会長による構想の発議に始まる。神奈川北東部の丘陵地帯にあるこの地区は、戦時中は軍の演習地、戦後は農民の入植地で、東京からの距離の割に人口は極めてまばらな地域であった。それまでも小規模ながら東京西南部で都市開発を行ってきた東急電鉄は、この一帯に新たに21.5kmの鉄道を敷設し、その駅周辺を中心に、土地区画整理によって住宅地を造成した。建設費は東急電鉄が負担する代わりに、地権者は土地の一部を保留地として東急電鉄に提供し、その処分を任せるという方式であった。

田園都市線と呼ばれた鉄道は、1966年に溝ノ口―長津田間が開業し、1984年には大和市の中央林間に達した。街路、上下水道をはじめ都市インフラストラクチャーが全開発地域にわたって整備され、日本住宅公団(当時)の開発する地区とも相まって、約5000haにわたり約50万人が居住する優良な新都市がつくられた。50年余を経過したこの住宅都市は、最近では生活の高度化、人口の高齢化などに対応し、都市居住機能の一層の充実を図るために更新・改良事業が盛んに行われている。

(9) 更新改良

永年にわたって機能したインフラストラクチャーも年月とともに老朽化するし、社会や技術の進展に伴って、需要の量的、質的な変化も起こってくる。

近年の我が国あるいは先進諸国の、特に大都市部において進められている大型インフラストラクチャー事業の多くは、既存のインフラストラクチャーを更新し、さらにその機能を拡充しようとするものである。この更新事業により、従来の機能を高め、かつ大型化するとともに、特に我が国においては、大地震など災害に対しての安全性を高めようとしている。

東京で現在進められている東京駅、新宿駅、渋谷駅とその周辺地区の大型の再開発事業などはこれに当たる。現在ではまだ事業化に至っていないが、日本橋とその周辺地区の再開発構想も、この種の大型構想の代表的なものであると言えるので、以下にその概略に触れておこう。

日本橋は、1911年に米元晋一らの設計によってつくられた鉄骨の2連アーチの名橋で、付近は江戸時代より商業地区としてにぎわってきた。大都市の中心地区であり、我が国の道路網の原点である道路元標もここに置かれている。1964年の東京五輪

に際して都市内高速道路の建設が急務となり、短い時間と乏しい財源の中、日本橋川の上に高架道路が敷設され、それがこの日本橋の上空を覆うことになった。以来50年余り、この高速道路は大都市東京の大幹線として機能してきたが、昼夜を問わない大量の交通は年月とともにこの高架道路の老朽化・劣化を進めた。

そのため、高架道路を地下化などによって更新し、日本橋地区の都市景観を改善し、日本橋川の浄化や周辺地区の再整備で環境の改善と安全の確保を図ろうとする構想が作成された。地元の住民や事業所を中心として様々な会合を開催するなど地道な努力も続けられ、世論の支持も得て、現在では行政が事業化を検討する段階に至っている。この例のようなインフラストラクチャーの更新改良構想は、今後は数多く生まれてくると思われるし、我が国の多くの都市で必要とされる事業であろう。

図2-3　日本橋
写真・図:国土交通省東京国道事務所

現在の日本橋

日本橋付近再生計画

第3節
構想の推進

　前節に述べたような意図によって生まれるインフラストラクチャーづくりの構想を現実の事業に持っていくには、様々な過程を経なければならない。構想をどのようなプロセスで推進していくのか、以下にそれらを示しておく。

(1) 広報

　社会に深く関わることの多いインフラストラクチャーの構想にとって、事業化にはまず世論の支持を得ることが不可欠である。そのために様々な機会を通して事業の内容を社会に広報していくことが必要である。広報に際しては、誰もが理解しやすい形で事業の効果や内容を表現することが絶対である。プロジェクトが完成して機能する有様を示すためには完成予想の透視図も必要であるし、コンピューターグラフィックスによる動画として表現できればさらに良い。

図2-4　外濠再生の構想
図:川口 英俊

第2章　インフラストラクチャー事業の構想

事業の結果として予測される社会的あるいは環境への影響、そしてそれに対して取られる対策についても、図による表現などで分かりやすく説明し、早い段階から伝えることが必要である。

(2) 住民との対話と集会

シンポジウムや市民集会を開き、そこで識者をも交え、上記のような視覚的に理解を深める手段も用いてその内容や意義を多数に理解してもらい、また批判や修正意見を受けることが重要である。

前節に述べた外濠再生構想の場合には、周辺に立地する大学の教員、学生を中心に、地域住民をも交えたセミナーやプロジェクトの模型展示会などを開いている。このような機会では他の国や地方の同種の先進事例の紹介も必要であるし、参加者は多様な立場の人であるのが望ましい。

このような集会は地域の新聞、テレビなどのマスメディアによっても報道されよう。またホームページなどを用いてより多くの人々がアクセスできるようにするなどして、より広範に人々の認識と関心を深めることは大切である。

住民との対話集会を重ねて構想の実現へ進んだ1つの成功事例として、札幌の創成川再生事業は参考に値する。

創成川は豊平川に源を発して札幌市の中心部へ向かい、国道の創成川通りと並走しながら大通公園と直交して流れる小河川である。この創成川の両側を走る各4車線の道路は、2カ所でのみ大きな街路の下をアンダーパスで交差していた。また、河川区域は都市内の美しい自然空間とは言い難いものになっていた。

2カ所で立体交差しているとはいえ、混雑渋滞する都心部の交通を改善し、また緑地と水辺の整備など都市環境を良化するために、この上下合わせて8車線の道路のうち各2車線の計4車線を全区間連続して地中化し、さらに河川環境を整備して公園化する構想が札幌市を中心に作成され、2000年の第4次札幌市長期総合計画に位置付けられた。

この構想の直後から市民アンケート調査が実施され、勉強会として市民ワークショップが開催された。2004年には、周辺住民、沿線商店街、市民団体、学識者と札幌市から成る市民懇談会が本事業についての合意形成の場として設定された。また、

写真2-15　創成川再生事業

　専門家によるデザイン委員会も設けられ、専門的な検討が重ねられ、多くの模型や透視図も準備された。その後、1000人ワークショップの開催や市民懇談会など数多く開催された集会での議論を経て、2005年に「緑を感じる都心の街並み形成計画」が策定され、都市計画事業として認可されるに至った。

　2005年に着工した事業は、地下道路、地上道路、河川工事、緑地工事を経て2011年に全て完成した。そして現在では、交通混雑の緩和、親水緑地空間とにぎわい空間の創設などを果たし、市民生活の向上に役立っており、構想初期からの参画もあって市民からも大いに愛着を持たれている。

　そのほか、事業の性格によっては社会実験を行って事業の妥当性を検証し、同時に世論の理解を深めることができる場合もある。

(3) 反対運動と訴訟

　構想が生まれてから事業の実施に至るまでは、経緯も時間ももちろん様々である。この段階で住民側からの提訴による訴訟事例は国内外に数多い。構想から事業化までに難渋したプロジェクトの事例として、ドイツの2つの大規模プロジェクトを示しておこう。

　1つは1992年に開港したミュンヘン新空港である。1979年にミュンヘン市郊外に建

写真2-16　ミュンヘン空港
写真：Michael Fritz / Munich Airport

　設計画が決定された後、環境への影響を不安視する住民から起こされた訴訟は5724件にも達した。ドイツには行政裁判所という特別な裁判制度がある。同種の訴訟案件はここでまとめて類型化して審議されたこともあり、このような大量の訴訟件数にもかかわらず比較的短期間に結審して、事業化の正当性が認められたと言われている。その間、住民の要望も取り入れて空港の規模にも変更が加えられ、周辺地域の土地利用との整合も図られ、結果としては日本の成田空港より遅れて始まったこの空港の全体の完成は成田空港より早くなり、現在は南ドイツの巨大ハブ空港として機能している。この事業の場合、廃港となる市内にあったミュンヘン・リーム空港の適切で有効な跡地利用構想も、裁判において有利に作用したと言われている。

　もう1つはシュツットガルト駅大改造プロジェクトである。現在は頭端駅(行き止まりの終着駅)であるため列車の運行効率の悪いシュツットガルト中央駅を改造し、現在の線路に直交する方向に地下の新駅を建設し、都市を地下で横断する高速鉄道の大幹線を通すという壮大な鉄道改良計画で、1988年に構想が出された。しかし、その事業の巨大さへの反発と環境保全上の問題から強い反対運動が巻き起こり、全国的にも大きな政治課題に発展した。長年にわたる多様なグループによる様々な議論の末、2011年にシュツットガルト市を含む州全体での大規模な住民投票が行われた。その結果、この事業への賛成票が反対票を上回り、ようやくドイツ連邦政府やドイツ鉄道(DB)による事業として建設プロジェクトが始まった。完成後はヨーロッパの高速鉄道の十字路ともなるシュツットガルト地方の大発展が予見されている。

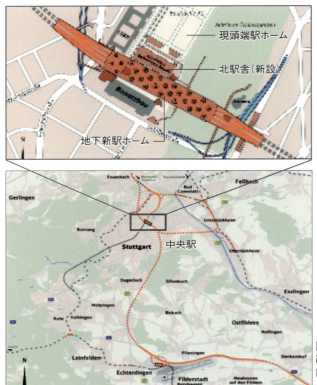

図2-5 シュツットガルト駅改造計画
図:Bashuprojekt Stuttgart-Ulm
(シュツットガルト大学研究室)

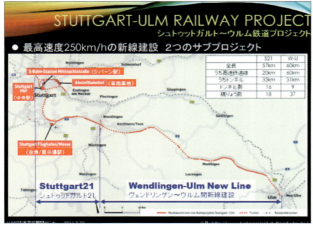

図2-6 シュトゥットガルト21プロジェクト
図:下大園 浩

（4）許認可と事業主体の設立

　インフラストラクチャーは半永久的に社会全体に影響を及ぼすものであり、公共の見地より事業化の各段階で様々な規制を受ける。また財源が公的に負担される部分も多く、この面からも政府ないしは公共団体に審査され、同意を得ることが必要である。そのため、事業化に際しては数多くの公共機関との折衝と、その結果として許認可を得ることが必要になる。

　どのような機関との協議、そして許認可が必要となるかは事業の種類や対象地域などによって異なるのはもちろんだが、ここでは1つの例として、近年多くの都市で広く進められてきた連続立体交差事業における手続きを示しておく。

　連続立体交差事業は、鉄道の踏切における道路交通の渋滞解消を主たる目的として、都市計画道路事業として行われる鉄道の高架化や地下化事業である。1940年に当時の内務省と鉄道省との間で協定が結ばれて以来、これまで東京のJR中央線をはじめ、全国の約150区間で事業が完了し、道路の混雑緩和のほか、地区分断の解消、鉄道の速達性の増大など多くの効果を上げてきた。事業の主体は地方公共団体であるが、高架化や地下化の工事の実施は鉄道会社によって行われる。事業費は公共側が約90％（国と地方公共団体がその2分の1ずつ）、鉄道会社が約10％を負担するのが通例である。

　以下では、この事業に関連する公共の諸機関および鉄道会社の相互間で、この事業の主たる業務段階においてどのような協議がなされ、その結果何が許認可されているのかを、国土交通省の資料を基に表の形で示す。なお、このほか環境アセスメ

写真2-17　連続立体交差事業による鉄道の高架化（小田急線 経堂）
写真：小田急電鉄

1. 国庫補助採択に関わるもの

機関＼業務	国 (都市・地域整備局)	地方公共団体	鉄道会社	国(鉄道局)
①国庫補助調査	採択 ←	申請 調査依頼 →	概略設計	
②交付金計画	相談了解 ←	計画記載		

2. 都市計画決定関係

(注)環境アセスメント手続きは省略

機関＼業務	国 (都市・地域整備局)	地方公共団体	鉄道会社	国(鉄道局)
①都市計画案作成	回答 ←	事前協議 →	回答・紹介 →	回答
②都市計画決定	同意 ←	公告・縦覧 都市計画審議会 国交大臣協議 決定告示	鉄道施設等変更申請 →	許可 回答

3. (都市計画)事業認可

機関＼業務	国 (都市・地域整備局)	地方公共団体	鉄道会社	国(鉄道局)
①詳細設計		協議 →	回答	
②都市計画事業	許可 ←	事業認可申請		

4. 事業施行

機関＼業務	国 (都市・地域整備局)	地方公共団体	鉄道会社	国(鉄道局)
①施行協定		締結 ←→	締結	
②事業実施		委託 →	施工	

図2-7 連結立体交差事業における主たる協議と許認可

ントに関わる手続きがあるか、ここでは省略する。

　大規模なプロジェクトでは、財源をも踏まえて、事業主体を新しい組織として創設することが必要な場合もある。例えば本州・四国連絡橋事業では、本州四国連絡橋公団法が立法されて本州四国連絡橋公団が設立され、同公団の下に官民から人材が集められ、本州と四国を結ぶ連絡橋建設事業が本格的に始まった。

　構想は、最初の想定の通りに事業化まで進むことは少なく、程度の差はあれ修正されて熟度を高めていく。もちろんその途中で廃棄となる構想も少なくない。これについては後節でさらに述べる。

(5) 構想の修正

　インフラストラクチャーはいったん完成すると、当該地域の社会や環境に半永久的に影響を及ぼす。そのため、利害や価値観の異なるグループの間で時により激しい対立が生じ、時には将来にわたっても様々な禍根を残す。これを避けるため永年の対立する議論を越えて両者が受け入れ可能な案を作成して事業の実現を果たし、その成果がその後の地域にとって極めて有意義であったと言える事業を紹介する。

　北海道小樽市の中心部を走る国道5号では、1960年代後半以降に進展するモータリゼーションにつれて交通量が急増し、2車線のこの道路と周辺の都心部の混雑が激しくなっていた。そこで、国道の臨海部側を通る都市計画道路小樽臨港線を6車線道路として完成させ、拡幅が困難とみられる国道の交通の多くをこの臨港線に移そうという構想が出された。

　1966年に計画決定された臨港線は、小樽港のはしけ荷役用に1920年代に掘り込み式で建設された小樽運河を埋め立てて建設する計画であった。既にはしけ荷役でなく接岸荷役となっていた小樽港では、この運河はもはや小船の係留地としてしか使われなくなっており、ヘドロも沈澱して異臭を放ち、いわば死んだ空間となっていた。このように、都市中心部の河川や堀を埋め立てて道路空間として利用することが、1960年代には日本の多くの都市で広く行われていたのであった。

　しかし、運河の周辺には明治・大正期に造られた石造倉庫も数多く残っており、この貴重な文化遺産が損なわれることを懸念する市民は「小樽運河を守る会」を結成し、運河の保存と公園化を主張した。

　この声を受け、運河部分を埋め立てずに新しい路線を建設する代替案も市側によっていくつか検討されたが、市街地交通混雑緩和の緊急性や、船舶から直接トラック輸送となっている港湾輸送の変化などを理由に、運河ルートが最適であるとされた。運河の全面保存を主張する人々と都市計画事業側との意見の対立は決定的となり、この紛糾する問題は国会でも取り上げられるまでになった。

　歴史的環境の保全の重要性は1977年の第三次全国総合開発計画でも示されるなど、当時既に全国的に大きな関心事となっていた。こうした保存運動の高まりで、市側は臨港線は必要であるとの判断を堅持しながらも、都市計画道路の建設と歴史的遺産の保全の両立を求めて、第三者によって作成された新たな計画案を基に小樽運

写真2-18　小樽運河地区
写真:小樽市産業港湾部観光振興室

河とその周辺環境整備構想を1979年に発表する。構想は、道路は山側に寄せて運河部分を可能な限り残し、周辺に散策路や小広場を設けて潤いのある都市の水辺空間をつくり、石造倉庫群は景観地区として両側に保全・整備するというものであった。

その後、それまで臨港線道路の建設促進を主張してきた商工会議所をはじめとする地元の産業界も従来の立場を変え、運河地区の保存再開発の方針を支持するようになる。こうした経緯で、北海道の仲介を得つつ道路促進派と運河保存派は妥協を図った。当初の道路計画を修正して開通させ、同時に運河地区の環境整備を行い、水辺を保持して都市の魅力を増進するという計画案の実施に向かった。

こうして1986年に完成した小樽運河地区再開発事業は、円滑な市内交通の確保をしながら、歴史的建造物の保存された美しい水辺都市景観を実現した。そして、現在この地区は小樽市の旧来の産業が衰退傾向にあるなかにあって、新たな観光都市として魅力の中心となっている。

第4節
構想実現の促進

　インフラストラクチャーの構想が実現に至る過程は様々である。災害復旧に関わる事業などでは緊急性が求められる。国民生活を著しく損なっていたり経済活動に大きな支障となったりしている供給不足の解消を動機とする需要追随型のプロジェクトでは、比較的短い年月で事業は進められる。しかし、地域振興型のプロジェクトなどは事業化まで20～30年、あるいはそれ以上の長期にわたる構想もある。構想の実現は様々な理由で促進される場合もある。それらを、過去の実例を挙げつつ見てみよう。

(1) イベントの開催

　五輪や博覧会といった大きなイベントの開催は、関連するインフラストラクチャーの完成の時期を限り、実現を促進する。それらの多くは、イベントの開催に際して必要な交通施設や会場周辺をはじめとする都市の諸施設の建設プロジェクトである。国際的なイベントだけでなく、小規模ではあるが国民体育大会のような全国的な大会などでも、イベントの開催に間に合わせるべく事業は促進される。財源確保、用地取得、許認可業務、建設工事など多くの過程で、イベントに間に合わせるためのモメンタムが働くからであることは言うまでもない。ドイツでは永年にわたり各都市持ち回りで庭園博と呼ばれるイベントを催し、これによって都市緑化、環境改善や都市施設整備を計画的に進めてきた。

　イベントがインフラストラクチャー構想の実現を加速した例は、東京五輪を機とする東京の街路や都市高速道路の整備、大阪万国博覧会に際しての大阪の交通・生活基盤整備など枚挙にいとまがないが、以下では、1998年の長野冬季五輪と長野新幹線のケースを見てみよう。

　長野新幹線は、整備計画が決定された北陸新幹線の一部区間（高崎―長野間）を指す通称である。1998年の長野五輪に先立つ1997年10月に高崎―長野間が開業したが、これは北海道、東北、北陸、九州（鹿児島ルート、長崎ルート）の整備新幹線5線の中では最も早い開業であった。1991年に開催が決定する前に既に政府・与

写真2-19　長野（北陸）新幹線 第2千曲川橋梁
写真：鉄道建設・施設整備支援機構

党の申し合わせで、長野五輪の開催が決定となった場合は長野新幹線開業を最優先することで合意されており、五輪前年の開業に向けて事業は加速した。

　土地の取得は沿線各地で困難を極めたが、五輪に間に合わせるという目標の下、土地収用法の適用なども交えながら、日本の公共事業としては異例の速度で用地買収が行われた。例えば長野市では、19の地区ごとに対策協議会を開き、短期間で約40haの土地を取得している。長野五輪を成功させるには新幹線が不可欠だという雰囲気が市民の中にあり、こうした雰囲気が速やかな土地取得や工事につながったとも言われる。

(2) 事故・災害の発生

　安全は、国民生活の最も基本的かつ重要な条件でありながら、平時にはその重要さに気付きにくく、そのためのインフラストラクチャー整備も後回しにされがちである。しかし、いったん事故や災害が起こると、世論は安全への備えが不十分であっ

たことを指摘し、安全に関わるプロジェクト構想の実現を後押しする。以下では、大事故を受けて実現が促進されたプロジェクト事例として、青函連絡船の洞爺丸事故で実現が加速された青函トンネルを取り上げよう。

青函トンネルは、1988年に開業した青森県の津軽半島と北海道の渡島半島を結ぶ全長53.85km、海面下240mを通る世界最長の海底鉄道トンネルである。本州と北海道を海底トンネルで結ぶというまさに20世紀の大事業となった青函トンネルだが、その着想は古く、第二次世界大戦中に鉄道省の桑原弥寿雄が建設を提唱したことに端を発する。戦後の1946年には「津軽海峡連絡ずい道調査委員会」が設置され、同年には地上部の地質調査が、1953年には海底部の地質調査が開始されているが、その進捗は遅々として進まなかった。

このようななか、1954年9月、青森と函館を結んでいた青函連絡船洞爺丸の事故が発生する。洞爺丸は台風による強風と大波に直面し、函館湾七重浜近くで転覆・座礁し、死者1172人の大惨事となった。台風15号の未曾有の速度と強風、および強風への不適切な対応方法が原因と指摘されている。

洞爺丸の事故を契機に、青函トンネルの建設を要望する意見、世論が湧きあがり、

写真2-20　青函トンネル
写真:KoUIchi KumAGAI / JTB Photo

トンネル建設に向けての準備が急速に進んだ。事故から10年後の1964年に北海道側の吉岡調査斜坑の着工にこぎ付け、その後、水没の可能性まで懸念された大規模出水事故をはじめ幾多の試練と挫折を繰り返しながら、1988年に北海道と本州を陸続きにした「青函トンネル」が完成し、函館―青森間の鉄道営業が開始された。

　青函トンネルの完成には、構想から50年の長い年月を要してはいるが、洞爺丸の事故を契機にした安全な交通手段の確保への機運の盛り上がりが構想実現を後押しした点は間違いないだろう。日本鉄道建設公団の青函建設局長を務めた持田豊氏は、著作の中でこう述べている。「青函トンネルは、北海道、東北の経済発展や社会文化のきずなを深めるという目的などよりも、安全な交通手段を確保し、大事故が今後起こらない輸送サービスをしなければならないという、人命尊重の第一義から出発したことを明記したい」。

(3) 需要圧力

　需要が供給を大幅に超過する場合は、混雑の発生などを通じて社会的厚生を著しく押し下げる。特に、1950年代以降の我が国のように経済成長が著しい時期では、インフラストラクチャー不足が顕著になる。需要の圧力が強まると、利用者はもとより社会全体、さらには国民的な施設の新設や増強に対する要請が高まり、構想実現が加速される場合がある。需要圧力で構想の実現が進展した典型的な例として、東海道新幹線を見てみよう。

　東海道新幹線の構想の始まりは、太平洋戦争直前の1940年に議会で可決された弾丸列車計画であることはよく知られている。この計画は、東京―下関間の約1000kmを最高時速200kmで運転しようというもので、工事費5億5千万円、15年で完成させようとするものであった。一部の工事は着手されたが、戦争が始まって中断した。

　その後、新幹線構想が実現に向けて実際に進行するのは、戦後の経済成長期に入ってからである。1950年代に入り、急速に進む経済成長の下、日本の大動脈である東海道筋では輸送需要が急増した。当時の東海道本線は、旅客、貨物ともに需給が逼迫しており、特急は常時満席、貨物は駅頭滞貨が目立つ状況で、輸送力増強が強く望まれていた。

1955年に国鉄の総裁に就任した十河信二は、東海道本線の輸送力増強策として標準軌[1]別線の東海道新幹線の整備を強く主張し、国鉄内部や運輸省での検討を経て、工期5年で世界最高水準の最も近代的な交通機関を実現しようとした。その後の1959年には、五輪を1964年に東京で開催することも決定し、五輪開催前に開業することが至上命題となり、五輪開会式の9日前の1964年10月1日、着工からわずか5年で東海道新幹線が開業した。

工事は、まず新丹那トンネルから始まり、南郷山、泉越、音羽山などのトンネルに次々と着手。困難な用地買収も短期間でプロジェクトを仕上げるという使命感を持って並行して進められた。その後、東京、横浜、静岡、浜松、名古屋などの大都市内の工事にも次々に着手し、突貫工事で工期に間に合わせた。着工から5年での開業は、東海道に続く他の新幹線に比べて著しく短期間である。もちろん、予算調達の多寡や用地買収の難易度などの違いはあるものの、高度経済成長を背景とした需要圧力が、東京五輪の開催に間に合わせるという至上命題とともに東海道新幹線実現を後押ししたことは間違いない。

もう1つ、厳しい需給ギャップを解消しようとして困難な事業に挑み、短い年月でこれを完成させた例として、黒部川第四発電所のプロジェクトも紹介しておこう。

1950年代に入ると、我が国は戦争の荒廃から立ち直り、経済の復興は進んだ。それとともに、産業用さらに民生用の電力需要は増加の一途をたどる。しかし、電力生産は大きく伸びず、大阪をはじめとする関西地域では特に需給のギャップが大きかった。1951年には渇水による水力発電の出力減退に加えて、石炭の量的・質的不足による火力発電の供給力低下もあり、関西電力管内では大口電力需要には週2日の休電日、一般配電では週3日の停電を余儀なくされたほどであった。

そのため関西電力は、水利権を持っていた黒部川の奥地の峡谷に大ダムを築き、大出力の第四発電所を設けて、電力の供給不足を克服しようとした。黒部川の上流部をせき止め、その放流によって冬期間でも十分な発電を可能にするとともに、発電量の自由な制御が困難な火力発電をベース負荷対応とし、ダム湖の貯水を放流しての

---

1 鉄道線路の軌間が1435mmであるものを標準軌という。旧国鉄在来線の狭軌（1067mm）に比べて、より多くの用地を必要とし橋梁やトンネルの断面積も大きいため費用がかさむものの、高速性に優れ、高速安全性・快適性にも優れていたため、日本の新幹線では標準軌が採用されている。

発電をピーク時対応とすることによって、火主水従の効率的な電力供給をもくろんだのであった。

建設に要する巨額の資金は、会社の自己資金に加え国外の資金に頼り、政府保証された世界銀行からの借款を受けた。

ダム立地点は、両側に3000m級の北アルプスの山脈がそそり立つ国立公園内の深い峡谷であった。この地に高さ186mのアーチ式ダムをつくって貯水し、そこから取水して得られる最大落差545.5mの水のエネルギーを利用して最大26万kW（運転開始時）の電力を生み出そうとした。国立公園の美しい自然を損なわないように、発電所をはじめとする施設は全て地下に計画された。

この深い峡谷での巨大ダムと発電所の建設には、輸送路の確保が最重要課題であった。長野県の大町から後立山連峰を貫通する道路のためのトンネル建設は破砕帯に遭遇し、大出水に見舞われるなど、一時は工事の中止も危ぶまれるほどの難工事だったが、様々な技術上、工事上の対策によって克服した。このルートの開通は、ダムおよび発電所の建設現場への大量の資機材や大型の発電機械設備の輸送を可

写真2-21　黒部川第四発電所

能とした。

　電力会社と施工に当たった建設会社の一丸となっての技術と献身は、この困難な工事を着工後7年で1963年に完成させる。こうして完成したダムは、黒部川第四発電所による電力生産だけでなく下流の発電所群の発電量をも高め、関西地区での電力不足解消に大きく寄与することになった。このダム建設によってつくられた北アルプスの奥深くの黒部第四ダムへの交通路はその後、立山・黒部観光ルートとして生かされ、この美しい秘境に今も多くの観光客を集めている。

(4) 事業形態の違い

　インフラストラクチャー施設を整備する場合、河川や一般道路のように国や自治体が事業主体となる公共事業方式と、有料道路や鉄道など企業体(公営企業を含む)が事業主体となる方式とでは事業形態が異なり、この違いがしばしば事業実現のスピードに影響を及ぼすことがある。

　公共事業方式で整備される典型的なインフラストラクチャーとして、一般国道の建設工事の進捗状況を見てみよう。土木学会建設マネジメント委員会PFI研究小委員会では、国土交通省からの受託業務で、直轄国道の改築事業を対象として全国の河川国道事務所および国道事務所にアンケート調査を実施し、事業化から供用までの期間について、事業化当初の計画と実績の差を把握している(図2-8参照)。この調査によれば、計画通りの供用を達成できなかった事業が全体の約4分の3を占めており、遅延の程度も数年から10年程度の間に散在している。計画より前倒しで供用を実現した事業は見られない。

　次に、企業体が整備する典型的なインフラストラクチャーとして、鉄道・軌道の建設工事の進捗状況について見てみる。全国の鉄道・軌道事業を対象として、工事施行認可時に所管大臣から指定された完成期限と開業時点の差を調査した結果(図2-9)によれば、計画通りの供用を達成できなかった事業が全体の約4分の3を占めている点は直轄国道と同様であるが、遅延した期間は2年程度で収まっている。また、完成期限より早期に供用している事業も全体の5分の1程度あることが分かる。

　これらの事例からは、公共事業方式よりも企業体による整備方式の方が、工事期間の短縮や計画よりも前倒しでの供用を実現するなど、事業実現のスピードが早い傾

向にあることが見て取れる。事業実現のスピードに影響を及ぼす要素は、資金調達方法、法制度上の制約、工程計画や工程管理などの技術的な問題、用地取得過程での合意形成の進捗など様々だが、特に事業形態が異なる場合では資金調達方法や法制度上の制約が効いているように思われる。

資金調達方法の違いは、金利概念の有無を通じて、建設期間の短縮や早期開業に向けたインセンティブに影響を与える。公共事業方式では国や自治体が税収を主

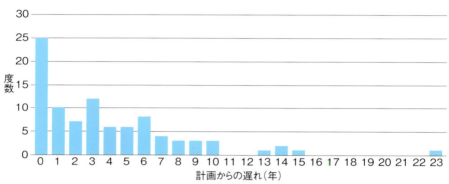

(注)事業化とは、整備予算がその事業に割り当てられ、事業を実際に開始できること
図2-8　直轄国道改築事業における事業化から供用までの当初計画と実績の差
図:土木学会建設マネジメント委員会PFI研究小委員会　国土交通省委託研究「道路関係PFI事業のリスクに関する分析」報告書、2004年3月

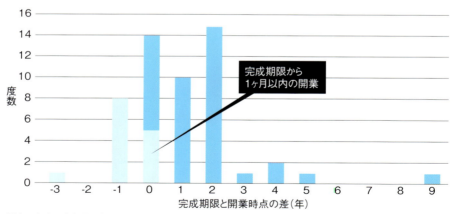

(注)国土交通省鉄道局(運輸省鉄道局)監修「鉄道要覧」平成2年度～平成15年度を基に作成
図2-9　鉄道・軌道事業における工事施行認可時の完成期限と開業時点の差
図:長谷川専「時間管理概念の観点から見た社会資本整備の実施マネジメントに関する研究」

な資金調達源として整備するが、企業体が整備する場合は、主に有利子負債で整備して供用後に徴収する料金で返済するので、できるだけ早期に供用して金利負担を減らそうとするインセンティブが働く。

　法制度上の制約も建設期間の長さに影響を与える。公共事業方式の場合、公共による事業の推進には様々な法制度的な制約が存在する。例えばインフラストラクチャー整備の資金は公共予算から調達されるが、これは会計法や地方自治法に規定されている単年度予算主義に縛られる。最近では債務負担行為を活用する例が増えつつあるものの、複数年度にまたがる事業でも翌年度以降の事業を前倒しするケースはまだ少ない。当該年度分の事業が完了しても次年度の事業の実施までに「予算の執行待ち」という空白期間も生じる。また、公共工事の請負契約には、工期短縮の場合のボーナス規定はなく、工期遅延の場合のみ請負者が発注者に対して遅延損害金を支払うことが規定されているのが通例であり、工期短縮に関するインセンティブが働かない。

　昨今、新たなインフラストラクチャー整備方式として、民間事業者が参画するPFI（Private Finance Initiative）やPPP（Public Private Partnerships）が注目されているが、導入の狙いには、コスト縮減やリスク管理とともに早期供用も挙げられている。

(5) 対外事情

　インフラストラクチャー構想は、時に国際関係によってその実施が左右されることがある。本来、その国の形を決めるインフラストラクチャーの整備は、当該国が意思決定を行うが、その整備は内需の拡大を介して国際間の資金や財の取引である経常収支や貿易収支に大きなインパクトを与えるため、外交上の駆け引きの材料として利用される場合がある。その典型的な事例が、1989年から1990年にかけて実施された日米構造協議である。

　日米構造協議は、貿易摩擦の解消を主な目的として実施された包括的な日米交渉で、実質的には米国による日本改造プログラムとも言われる。1980年代後半、日米間では国際収支の不均衡が大きな課題となっていた。米国では、1988年に「1988年包括通商・競争力強化法」が成立し、その中には輸入障壁および市場をゆがめる慣行を持つ国を特定し、不公正慣行への報復を取ることができる「スーパー301条」が

含まれていた。

　こうした情勢下、1989年の日米首脳会談で、米国の大統領が日本の首相に日米構造協議を提案した。2国間協議なので、日本から米国への要求もあったが、主な目的は日本への市場開放要求であった。さらに1990年の協議では、貿易不均衡を解消するために日本のさらなる内需拡大が必要であるとし、10年間で約430兆円の公共投資の実施を確約させられた。公共投資はその後、1990年代半ばにかけて630兆円にまで増額され、これらは関西国際空港の建設や東京湾臨海副都心の開発、地方都市間を結ぶ道路の整備などに振り向けられた。

　対象となったプロジェクトは、いずれも日米構造協議の前から建設が検討されていた。例えば東京湾臨海副都心開発は、1980年代前半から東京都において検討が始まっていた。ニューヨークのロワー・マンハッタン、ロンドンのドックランドなど、当時は世界各地で臨海部の再開発が進んでおり、こうした動向を視野に入れつつ、1987年には青海、有明、台場地区440haを対象に、国際展示場、オフィスビル、住宅など、国際的な都市施設の集積を想定した「臨海副都心開発基本構想」が発表されて

写真2-22　東京湾臨海副都心
写真:Getty Images

いた。そこには輸送インフラとして、既成市街地と直結する東京港連絡橋(レインボーブリッジ)、新交通システム(ゆりかもめ)、地下鉄(東京臨海高速鉄道りんかい線)、首都高速道路(11号台場線)などの建設が予定されていた。日米構造協議に基づく630兆円の一部は、こうした既存の開発構想に振り向けられ、実現が加速されることとなった。

米国は、あくまで貿易不均衡の解消という自らの国益のために日本に内需拡大を迫り、公共投資の増額を含む日本の制度や政策の変更を要求したものであり、その外交圧力は異常であったと言わねばならない。しかし、対象となった東京湾臨海副都心開発や関西国際空港などは、いずれも不要な公共事業だったというわけではない。実際に臨海副都心は、国際的な都市間競争のなかで東京の地位向上に貢献しているし、関西国際空港は関西圏の国際拠点空港としてビジネスや観光で重要な役割を果たしている。また、これらの公共投資は、バブル崩壊後の景気の下支えというフロー効果もあった。ただ、日米構造協議という外圧は、もともと予定されていたこれらの公共事業を加速し、その結果、実現に多大な時間を要する日本の大型プロジェクトとしては異例とも言える早さで実現に至ったことは事実である。

第5節
構想の挫折

　せっかく多くの知恵、労力、時間を費やしてつくられた構想も、何らかの理由によって途中で破棄され、事業化まで達しなかった例も少なくないし、たとえ事業実施まで進んでもその途中で中止された事業もある。その理由や原因は様々だが、主たる理由に分けて、それらを過去の実例を挙げつつ見てみよう。

(1) 財務的な困難

　政府など、公共団体がインフラストラクチャー事業に投入できる財源には当然限度がある。従って社会的な便益が大きく、公共投資が十分に正当であるとされるインフラストラクチャー構想でも、財源確保が困難なため構想通りに実現できない場合は少なくない。

　利用料金を徴収することが可能なインフラストラクチャーでも、民間事業として経営される場合はもちろん、公営事業として行われる場合でも、資金調達の困難、あるいは事業採算の困難が理由となって、構想が破棄されたり事業化が凍結されたりする事例は多い。この一例として、北九州市における鉄道計画を示しておこう。

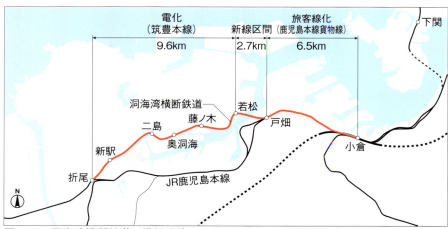

図2-10　洞海湾横断鉄道の構想路線
図:(財)運輸政策研究機構「洞海湾横断鉄道の整備に関する調査、2001年」を基に作成

北九州市には洞海湾と呼ばれる水路のような細長い湾が入り込んでいる。この湾の北側には、かつて筑豊炭田から鉄道で運ばれてくる石炭を積み出した港のある若松区があり、対岸には工業地区である戸畑区が、その東隣りには北九州市の中心部と言うべき小倉北区が並んでいる。半島状の若松区は緩やかな丘陵地でもあり、学園と研究機関も立地し、住宅環境としても良好であるが、戸畑さらに小倉への公共交通の便には恵まれていない。鉄道の筑豊本線・若松駅と鹿児島本線・戸畑駅は直線距離では1km程度しか離れていないが、洞海湾で分けられ、この間の交通は自動車で混雑する若戸大橋を越えるのが主な手段であった。

　そのため1990年代末に構想されたのが、石炭輸送の消滅とともに活用されなくなった筑豊本線を、若松から洞海湾の下をくぐって戸畑へ延ばし、さらに小倉に直結するという約3kmの鉄道新線である。洞海湾の下に約2kmの海底トンネルを建設するとともに、活用されなくなっている既存の貨物専用線を利用して小倉駅まで直結し、若松駅と小倉駅間を12分程度で結び、若松地区に良好な住宅・学園地域を建設し、北九州市全体の都市の整備と発展に結び付けようとする構想であった。

　しかし、当時見込まれた総事業費210億円に対して、開通後の鉄道事業の収支は毎年赤字であり、事業の採算を確保するには毎年5億円程度の助成が必要であるとされた。そのため民営企業となったJR九州は、単独でこの事業を実施することに対して当然難色を示した。国の都市鉄道利便増進事業制度による助成の下での事業化も、2005年以降、数年間にわたって調査されたが、ここでも収支は赤字と予測され、構想はその後進められることはなくなった。加えて、洞海湾を横断する地下道路がその後、港湾事業として建設されたこともあり、鉄道構想は完全に消滅した。

　しかし、将来の長期にわたる大都市の発展への効果を考えたとき、生かされていない鉄道ストックを使って都市発展を図ろうとしたこの計画は、交通利便性の改善による土地の増価を還元する制度などの都市政策的な手段の導入も図って、前向きに進めるべき構想であったと思われる。

(2) 環境影響への懸念

　インフラストラクチャー事業は、土地と自然に工作をする以上、既存の環境に何らかの影響を及ぼすことは避け難い。現在では事業化に先立って環境アセスメントを

行い、水質、大気質、騒音、生態系への影響など環境への様々な影響が許容される範囲内であることを確認して事業を進めている。しかし、それでも将来事象への懸念は払拭されるものではなく、そのために事業への反対運動が展開される。事業者はこれに応えてさらに必要な対策を講じたり、計画内容を変更したりして事業の推進を図ろうとする。それでも反対運動が収まらず、有識者会議など第三者委員会の判断を得て紛争の決着が図られる場合も多い。そのような経緯で結局は事業構想が棄却された例として、北海道の千歳川放水路構想がある。

支笏湖を水源とする千歳川は、千歳市内から下流部は低平地を流れ、江別市で石狩川本流に合流する。しかし、石狩川の水位が上昇すると千歳川の水は石狩川へ流出できず、千歳川下流部一帯は内水排除が困難となって洪水が発生する。1981年の大洪水を契機に、同年に北海道開発局が取りまとめた千歳川放水路計画は、この洪水の危険から守るため、石狩川との合流部に水門を設け、高水時には千歳川の水を日本海に注ぐ石狩川でなく、延長約40kmの放水路を建設して太平洋へ流そうとするものであった。1982年には、建設省(当時)の河川審議会において石狩川水系工事実施基本計画が全面的に見直されるなかで、千歳川放水路計画は千歳川の治水対策として決定された。

工期20年を要するというこの大事業に対して、洪水危険地域の千歳、恵庭、江別などの市町村は賛成であったが、これまで千歳川の洪水とは無縁であったが今後環境上の影響を受ける可能性のある苫小牧、千歳の一部、早来などの市町を中心に、放水路建設に反対する運動が展開された。

その主な理由は、放流される太平洋側の沿岸の魚貝類への悪影響、および景観の優れた美々川と野鳥のサンクチュアリーとされたウトナイ湖の自然環境に致命的な悪影響を及ぼすというものであった。そして、放水路のような巨大インフラストラクチャーによって洪水制御をするのでなく、石狩川の改修、遊水地の増設、水害防備林整備などの総合治水対策を取るべきだとの主張であった。

十数年間にわたって多くの集会が開かれ、激しい議論が戦わされた。そして最終的には環境、農業、水産、経済、河川工学など各分野の学識経験者から成る検討委員会での報告を基に、1999年に北海道知事が放水路計画を中止し、遊水地の設置などの総合治水対策を推進することを求める意見書を北海道開発庁(当時)に提出

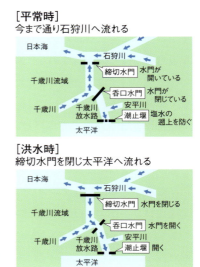

図2-11　千歳川放水路計画
図:「千歳川放水路計画について」(水文・水質源学会誌)を基に作成

した。こうして国はこの計画の中止を決めた。

　環境問題を前面に出しての紛争であったが、構想初期の段階から関係する住民との十分な対話を欠いていたことや、利害を受ける地域が全く異なり地域間で対立したことなども、この構想が破棄されねばならなくなった理由に挙げられよう。ただ、地球温暖化が叫ばれ、集中的な豪雨の発生などが懸念される今後を考えると、恒久的な対策としてこれで良かったのかとも悩ましく思われる。

(3) 用地取得の困難

　土地に何らかの改変を加えて施設を建設するインフラストラクチャー事業では、必要な用地を地権者から取得したり、地上権を得たりすることが不可欠である。地権者は環境影響への懸念、父祖伝来の土地を失うことへの抵抗、補償への不満など様々な理由によって容易にその土地の権利を譲ろうとはしない。かくして事業用地の取得は、事業者にとって常に難事となる。

　当該事業が公益からみて絶対的に必要である場合は、土地収用という強制的な手段も法的には準備されているが、執行には多くの手続きと時間を要し、また社会的

紛糾を巻き起こす。もし、地元の自治体の首長や議会がその事業に反対したり、収用委員会が十分に機能しない場合は、土地収用も不可能となる。その結果、広域的な視点からは社会的に極めて必要であったとしても、事業の遂行は不可能となる。

部分的には事業は進行していたが、途中の経過地での用地取得の見通しが得られず、事業が中止された例を成田新幹線に見てみよう。

増加する国際航空の需要に対応しきれず新たに国際空港として建設された新東京国際空港（現・成田国際空港）の立地は、東京都心より65kmも離れた千葉県成田市であった。この遠隔地のハンディキャップを減らすアクセス交通として計画されたのが、東京駅と成田空港を約20分で直結する新幹線であった。

建設は日本国有鉄道と鉄道建設公団によって進められることになり、1974年に着工された。確定したルートに沿って、交渉が可能な地区では必要な用地買収も着々と進められ、成田空港の地下駅や東京駅の建設も進捗した。しかし、経由地の住民がまず新幹線による騒音被害を懸念して建設への反対運動を起こし、さらに通過するだけで駅ができず地元にメリットがないと江戸川区をはじめとする沿線の市区町が反対し、各市区町議会も反対の決議をしていった。

激しい反対運動の続く成田空港建設との関連で、成田新幹線は空港反対の象徴としても受け取られ、厳しい反対運動にさらされた。こうして東京都知事や千葉県知事も計画の凍結を主張し、土地収用委員会も機能せず、用地買収もほとんどできなくなり、ついに1983年に事業は凍結されるに至った。

東京駅、成田空港駅、および空港から成田線との交差点までの約2kmの区間や、越中島貨物駅地区の路盤や高架橋などの構造物は建設された。また、途中のニュータウン地域内などでの用地確保は行われていた。しかし、それ以外の紛争地区間での用地取得の見通しは立たず、ついに着工から12年後の1986年に、国は成田新幹線計画を断念した。

結果として、東京都心との間に高速鉄道による連絡がないことは、日本の国際航空交通にとって極めて深刻な弱点となった。そのため新幹線の代替案が模索され、JR成田線と京成電鉄を新幹線用に建設された成田空港の地下駅へ入れる案が実行されて、ようやく1991年にそれらが開通することになった（現在のJR成田エクスプレスと京成スカイライナー）。

第2章　インフラストラクチャー事業の構想

図2-12　成田新幹線路線概要図
図:「日本鉄道建設公団三十年史」を基に作成

　こうして成田空港と都心の間の鉄道アクセスは実現したが、開港からそれまでの13年間はもちろん、その後においても高速鉄道による都心―空港間のアクセスの不在は、世界と東京との交通の便を著しく損なった。さらに、東京駅からの新幹線ネットワークと円滑に連携せず国際航空旅客の全国各地への交通を不便にしていることによる損失は、国際競争における不利を東京圏だけでなく全国的に招いていると言わねばならない。今後の長い年月にわたる全国的、長期的な大きな損失を考えるとき、環境対策上必要な区間の地下化を施してでも、当初の新幹線構想を実現できなかったのかと悔やまれる。

(4) 地域的、政治的利害の対立

　インフラストラクチャーの発展によって利益を受ける地域と、直接はその効果に浴さない地域の間の利害の対立、あるいは何らかの理由で起きる地域の政治グループの間での意見対立、政治的思惑による意向の変化などは、推進されだしたインフラストラクチャー事業の構想を中断させたり、場合によっては中止に追いんだりすることも少なくない。その顕著な一例が、1970年代に議論がはじまり、2010年までもつれ

込んだ九州国際空港である。

　1980年頃、既に人口100万人を超えた福岡市の市内にあり、博多駅から約2kmしか離れていない地区にある福岡空港は極めて便利であり、この都市の発展に大いに寄与してきた。しかし、市街地にあるため、万一の航空機事故の場合の不安や騒音被害は小さくなかったし、航空法による建物の高さ制限は、都市開発にも制約となっていた。民有地が3割以上にもなる空港用地の土地代や環境対策費も大きかった。航空需要は増加の一方だったが、現状では便数の増加もままならなかった。拡張するにも、市街地に囲まれたこの空港では極めて困難であるとみられた。

　まず商工会議所が、次いで若手経済人グループが、新たに海上に国際空港を建設すべきとの提言をし、さらに九州・山口経済連合会(以下、九経連)や九州地方知事会(以下、知事会)が1990年に九州国際空港検討委員会を設置して検討を進め、

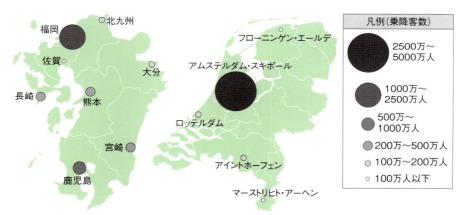

項目	九州(島しょ部含む)		オランダ	
面積(km²)	42,232		41,864	
人口(万人)	1,302		1,705	
乗降客数・空港(万人)	福岡	2,100	アムステルダム・スキポール	4,800
	北九州	130		
	佐賀	60	アイントホーフェン	150
	長崎	310	フローニンゲン・エールデ	20
	熊本	320		
	大分	180	マーストリヒト・アーヘン	30
	宮崎	290		
	鹿児島	520	ロッテルダム	170
	合計	3,910	合計	5,170

図2-13　九州とオランダの空港配置
図:経済産業省、外務省、東急エージェンシー、ロッテルダム空港などのデータ・資料を基に作成

1992年に九州地域に国際ハブ空港が必要との調査結果を出した。これを受け、3地域6地点(後に5地点)の候補地調査が開始されたが、各県の利害調整が困難となり、1994年には候補地一本化を当面断念した。そこで、1995年に九経連と知事会は、候補地一本化に向けて地域外のメンバーから成る第三者機関として新たに設置した「賢人会議(ワイズメン・コミッティ)」に、九州国際空港の候補地の選定を依頼した。

賢人会議は広い立場から検討を加え、現福岡空港を全面的に移転して新宮・津屋崎沖の海上に新国際空港を設置するのが適当と答申し、九経連と知事会もこれを運輸大臣(当時)に意見具申した。

しかし、新国際空港が福岡県にとされたことに他県のいくつかは反対の声を上げる。このため福岡都市圏の経済界を中心に、今度は九州国際空港でなく新福岡空港の建設を進めるべく県・市らとともに新福岡空港構想を固め、その実現への運動を始めた。

新空港建設の推進は、その後、福岡県の地方政治の一大争点となるが、2003年の知事選挙に際して、この問題の争点化を避けた県知事は基本構想を白紙にすると

図2-14　新福岡空港に関する意見広告(2002年2月)
図:C&C21研究会

表明した。その後、知事をはじめとする地元政界のリーダーは現空港の拡張増設案を支持し、国も滑走路増設で現行の極端な過密化に対処することに決めた。

　こうして福岡空港は現在の位置で拡張されようとし、滑走路の増設がなされつつある。もちろんこれが完成しても、大都市の市街地にある空港の事故への懸念や都市の高層化への制約といった問題の解消にはならない。九州7県とほぼ面積や人口で同規模にあるオランダやドイツ南部の2つの州では、それぞれが中心となる国際空港（アムステルダム、ミュンヘン、シュツットガルト）を持ち、世界各地と直接の航空路を有して地域全体の発展に寄与している。各県がそれぞれの後背地だけを対象とした空港のみを持つだけで、九州全体を世界と結ぶ国際空港が将来ともになくてもよいのかを、地方政治は大局的な立場で考えることが必要であろう。

(5) 社会経済情勢の変化

　その時々の社会の動向は、あるプロジェクトを後押しすることもあれば、それを不要としたり延期させたりする。1929年に起きた世界の大恐慌後の米国のテネシー川流域開発公社（TVA：Tennessee Valley Authority）やドイツのアウトバーン建設などは、時の経済事情のため推進された顕著な例である。経済情勢でなくても、大災害後の防災意識の高まりによる推進機運と、その意識の薄れとともに消えていく防災プロジェクト構想の例もある。日本の首都機能移転構想の高まりとその消滅の例を示す。

　我が国の政治・行政・経済・文化とあらゆる機能が集中し、巨大化の弊害が目立ちだした東京から首都の諸機能を新都市に移転するという構想は、1950年代後半から議論が起こり、全国総合開発計画でも検討課題として取り上げられた。1977年の第三次全国総合開発計画では、東京一極集中の元凶となっている首都機能を移転・再配置することが国土総合開発政策上の重要な課題とされた。さらに、急激な地価高騰に見舞われた時期の1987年に策定された第四次全国総合開発計画では、東京への過度の集中による都市問題が限界的な形で顕在化していることを踏まえ、首都の人口および諸機能の分散を図ることが求められた。

　1990年には、国会でも21世紀にふさわしい政治・行政機能を確立するため、国会および政府機能の移転を行うべきとの決議がなされた。こうして国会等移転に関す

る法律も制定され、国会等移転調査会が設立され、その目的、効果、方法などについて有識者を中心に議論が重ねられた。そこで示された意義は、①21世紀にふさわしい国土形成、②大都市過密問題解決への新たな対応、③地震など災害に対する脆弱性への対応——であった。

　1995年に発生した阪神・淡路大震災による大都市神戸の大きな被害は、首都機能の東京からの移転の機運を高めた。国会等移転審議会が設置され、法曹、マスコミ、芸術、歴史学、自然科学、工学、医学などの様々な分野からの代表が総理大臣によって委員に任命され、移転都市の構想や選定地域などについて、広範で密度の濃い議論が行われた。

　この審議会で検討された構想では、移転都市は数百ヘクタールの広さの小都市が互いに数キロ程度離れて分散配置され、これが多数集まって新都市を構成するといういわゆるクラスター型の都市であった。これによって広大な新都市用地の確保を不要にし、かつ良好な環境の保全が可能になるとされたのであった。審議会の中には、環境、災害、交通、経済などの専門的な分科会も設けられ、専門的な見地から移

図2-15　首都機能移転審議会最終報告の記事
図:「読売新聞」1999年12月20日 夕刊

転候補地域の評価が行われた。立地の候補地の選定には、公正で透明性の高い明確な方法が求められた。そのため、まず各専門分科会で委員による専門的な採点評価が行われた。その結果を、さらに多様な分野からなる審議会委員が各評価項目の重要性に応じて与えた重みを基に総合化して、各候補地の適否が定量的な評価値として求められた。このようにして栃木、福島県境地域を第1候補地として移転審議会は答申した。

構想は、次の段階でさらに詳細な計画に入ると期待された。しかし、十分な客観性、透明性を持つとして審議会で合意されたこの選定も、選定後はこれに漏れた地域をはじめ、全国各地から批判、不満が寄せられ、なかでも首都機能が無くなる、あるいは縮小される予定の東京からは大きな反対の声が上がった。そして、その後の長引く我が国の経済不況もあり、さらに阪神・淡路大震災の被災経験が薄れていくこともあって、構想の実現への大きなアクションが政治・行政的に取られなくなっていった。

その後、東京への一極集中はさらに進み、国内の地域格差は広がる一方である。首都直下型の地震の発生の危険性は高く、その被害は一層甚大なものになることが強く懸念される。国土交通省に設置された首都機能移転企画課もその後廃止され、国の組織としても首都機能の安定的な確保への努力はなくなろうとしている。全体の首都機能移転でなく、分都のような別の構想でもよい。我が国の長期にわたる安定のため、集中しすぎた危険な首都をより安心できる方向へ変える今一度の構想づくりが必要と思われる。

(6) 地域条件との不適合

何人かによって発意されたインフラストラクチャーの構想は、時によって社会の動向に後押しされ、プロジェクトの実現へと勢いを増す。その地域の持つ固有の地理的、自然的、あるいは社会的条件とは必ずしも適合していない構想案が、こうして熟度を高めることがある。しかし、十分な必然性の乏しい構想は早晩に他地域の同種の構想との競争に敗れ、撤退を余儀なくされる。1つの事例を1970年代に進められようとした秋田湾の工業開発構想に見てみよう。

1次産業の衰退とともに人口流出に悩む秋田県は、工業開発によって新たな雇用創

図2-16　秋田湾の工業開発構想の記事
図：秋田魁新報社

出と人口定着を図ろうと、秋田湾に工業基地を建設する構想を打ち出し、全総計画の拠点開発、新産業都市建設計画に名乗りを上げ、1966年に秋田湾地区新産業都市として指定された。当初は秋田県に産出する石油と木材という地場の1次資源を利用しての製油や製紙、木材産業を中心とするコンビナートをつくる計画であった。

　しかし、石油生産の減少などもあり、これらの期待された産業の進出もままならなかった。そのため、開発構想は海外から原材料を持ち込んで生産加工する重化学工業基地の建設へと変化していった。当時、開発が盛んだった鹿島や瀬戸内など他地域の重化学工業基地に後れを取るまいと考えたのであろう。

　1976年の県の総合開発計画は、秋田湾沿岸を沖合3kmまで埋め立て、大水深工業港をつくり、5000haの工業基地で年産2000万tの鉄鋼工場を建設するというものであった。しかし、大消費地には遠く、気象、海象条件の厳しいこの地の工業立地の競争力は低く、しかもこの将来需要の想定はあまりにも過大であった。加えて、既存の重化学工業地域の環境問題も深刻な社会問題となっていた。こうして、構想の意義に疑問が寄せられるようになり、我が国全体の重化学工業の新規立地の衰退とともにこの構想は消滅していく。

　インフラストラクチャー構想、特に地域開発を狙うインフラストラクチャー構想は、

地域の地理的、自然的、社会的資質にマッチしたものでなければ、その実現、ましてや事業による成果は期待し得ない。当時進められたむつ小川原や苫小牧東部などの同種の構想がその後行き詰まり、事後処理に苦慮したのを見ても、構想は地域の条件に合致することが必須であるといまさらながら思われる。秋田湾の開発構想は比較的熟度の低い段階で終息し、大きな損失を生じなかったことで、この撤退は正解であったと言えるだろう。

第2章　参考文献

第1節
- 阪急電鉄「阪急電鉄の創業者 小林一三」(阪急電鉄ホームページ)
- 信濃川大河津資料館ホームページ
- 国土交通省北陸地方整備局信濃川河川事務所ホームページ
- 稲葉和也「鹿島コンビナートの国際競争力構築 ―歴史から考える未来への展望―」(常陽地域研究センター)、2014.6
- 三田純市「御堂筋ものがたり」(東方出版)、1991.1
- ジェフリー・E・ヘインズ(宮本憲一訳)「主体としての都市 関一と近代大阪の再構築」(勁草書房)、2007.2
- 高田保「鉄道のはじまり ―街道から鉄道へ―」(文芸社)、2015.4
- 安積疏水土地改良区ホームページ
- 国土交通省東北地方整備局塩釜港湾・空港整備事務所ホームページ

第2節
- 国土交通省関東地方整備局荒川下流河川事務所ホームページ
- (財)中部圏社会経済研究所「能登空港 ～地域の核としての能登空港～」、『中部の空港探訪(調査季報「中部圏研究」)vol.185』、2013.12
- 国土交通省「道の駅について」
- 北九州市開港百年史編さん委員会「北九州の港史 北九州港開発百年を記念して」(北九州市港湾局)、1990.3
- 石油の備蓄「(独行)石油天然ガス・金属鉱物資源機構」
- 野依いさむ「白島原油基地レポート(海流の声)」(裏山書房)、2002.2
- 長崎橋梁研究会編「長崎県の橋」(長崎新聞社)、2016.12
- 全国離島振興鳥羽協議会編「離島架橋調査報告書」、2004.3
- 長崎県観光連盟「長崎の橋大図鑑」ホームページ
- ライプツィッヒ市ホームページ「Leipzigseen, Dercospadener see」

第3節
- 林良嗣・屋井鉄雄・田村亨「空港整備と環境づくり ―ミュンヘン新空港の歩み―」(鹿島出版会)、1995.3
- G.HEIMERL「ヨーロッパの鉄道の将来(Zukunft der europaichen Eisenbahnen)」、『運輸政策研究 Vol.5 No.2、2002 Summer』(運輸政策研究所)、2002
- (社)北海道土木協会「街の再生をめざして ―小樽臨港線建設をめざして―」、1988.12
- 小樽市「港とともに歩むまち」、『広報おたる平成26年1月号』、2014.1

第4節
- 持田豊「青函トンネルから英仏海峡トンネルへ ―地質・気質・文化の壁をこえて」(中公新書)、1994.8
- 関西電力株式会社「黒部川ダム第四発電所建設史」、1965
- 土木学会建設マネジメント委員会PFI研究小委員会「国土交通省委託研究『道路関係PFI事業のリスクに関する分析』報告書」、2004.3
- 長谷川専「時間管理概念の観点から見た社会資本整備の実施マネジメントに関する研究、『東京大学学位論文』」、2005.8

- 「日米構造問題協議最終報告」、1990.6
- NHK取材班「NHKスペシャル日米の衝突―ドキュメント構造協議」(日本放送出版協会)、1990.7
- 東京都港湾局ホームページ

第5節
- 恒松浩他「千歳川放水路計画について、『水文・水資源学会誌、Vol.10 No.4』」、1997.7
- 第151回国会「石狩川及び千歳川の治水対策に関する質問主意書」
- 北海道開発局札幌開発建設局千歳川河川事務所ホームページ「治水事業の沿革」
- 日本鉄道建設公団三十年史編纂委員会編「日本鉄道建設公団三十年史」(日本鉄道建設公団)、1995.3
- 横山幸一「新産・工特総点検―秋田、『雑誌 港湾』」(日本港湾協会)、1977.10
- 保母武彦「日本海沿岸地域の地域開発、『経済科学論集』」(島根大学法文学部紀要)、1986.3.

第3章

インフラストラクチャーの事業化と事業主体

「廣井勇君、君の工学は君自身を益せずして、
国家と社会の民衆を永久に益したのであります」

内村 鑑三

キリスト教指導者。友人・廣井勇（小樽築港建設などに尽くし、
後に東京帝国大学教授を務めた土木工学者）への弔辞

第1節
インフラストラクチャーの事業主体

　地域あるいは個人の描いたインフラストラクチャーの構想が社会の共感を集め、実施すべきものとしての認識が広まり、1つの事業として形づくられていく過程に入った時、誰がそのインフラストラクチャーを整備・運営するのか、すなわち事業主体の明確化が必要となる。

　我々の自由主義経済では民間(私企業)の生産する財またはサービスを消費者は市場を通して手に入れ、供給と需要は過不足なく均衡することを期待している。しかし、それだけではいわゆる市場の失敗(Market Failure)が起こり、社会の厚生(豊かさ、快適さ、平等さなど)が損なわれる。その典型は例えば道路など公共財と呼ばれるもので、民間だけの経済活動では供給が大きく不足したり、需要が制限されたりして、社会の活動に大きな支障を来すことになる。

　我々の対象とするインフラストラクチャーには民間によって供給されるものも少なくないが、一般道路のように純粋な公共財も多いし、それ以外にも序章で示したように公共性が高いという特徴を持つ。そのため、インフラストラクチャー事業、すなわちインフラストラクチャーの投資および運営に公共が事業主体として、または補助などの資金提供主体、さらには規制当局としてなど、様々な形で関与することになる。

　現実の事業主体の形は多様であり、政府など公共機関が直接、事業を行うものもあれば、民間企業が実施するもの、その中間的な主体が行う場合もある。また、事業投資と事業運営を同一の主体が行うことが多いが、それらを公共と民間の別々の主体が行う場合もある。加えて、事業投資そのものも計画策定や財務的管理、そして建設管理といった業務までを事業主体が担当し、建設工事は民間企業が行うものと、これらを全て事業主体が行う直営的な事業形態とがある。以下では、事業主体に求められる要件を原理・原則として整理したうえで、いくつかのインフラストラクチャーを取り上げ、それらがどのような事業主体によって経営されているかを示す。

　なお、現在では建設工事は民間の建設会社が請け負って実施するのが一般であるので、ここでは事業主体は工事管理業務までで、直接、施工業務には携わらないことを前提とする。

1) 事業主体の役割

インフラストラクチャーの事業主体は、構想段階から事業化段階に入ったインフラストラクチャーの計画を実現し、その事業を運営する組織体である。その果たすべき役割は、以下のように3つの段階に分けて理解することができる。

1) 準備段階

インフラストラクチャーの建設と運営には、下記のように多くの準備を要する。所管官庁の許認可を必要とする事項も多い。

- 調査・測量
- 設計・積算
- 合意形成(地元地域、行政機関など)
- 事業認可などの許認可の申請

2) 建設段階

インフラストラクチャーの建設には下記のような段階がある。事業主体は一般的に、施工そのものを自ら手掛けることはなく、用地取得と調達の管理全般を行う。

- 用地取得
- 調達(資金、資材、設計、施工など)
- 工事管理
- 検収
- 支払業務

3) 運営段階

インフラストラクチャーの運営段階には下記のような業務が生じる。通常、運営は連続的かつ半永久的に行われるが、最終的には更新または除却に至る。

- 事業運営
- 維持管理・修繕
- 料金収受(料金徴収が行われる場合)
- 財務管理

- 危機管理
- 更新／除却

(2) 事業形態の類型

　前述の通り、自由主義経済体制の下では、様々な経済活動は原則として民間事業として行われる。しかしながらインフラストラクチャー事業の場合には、既に述べたような特性によって、何らかの形で行政機関などの公共が関わる必要が生じる場合が多い。

　そこでは、政府など公共機関の有する財源や信用、権限、人材などを生かし、民間企業の持つ資金や戦略、経営能力などを必要に応じて取り入れた公共と民間の中間的な事業体が様々な形でつくられる。

　それらは地方公営企業、地域事業組合、公社・公団など特殊法人、政府保有株式会社など特殊会社、第三セクター会社、PFI事業会社、そして料金決定など一部経営戦略に制約を受ける民間公益企業など様々である。

　こうしたことから、インフラストラクチャー事業の形態は、①公共機関が事業主体となるもの（純粋公共型）、②事業主体に官民双方が関わるもの（官民混合型）、③民間事業ではあるがその経営には何らかの公的規制がかけられるもの（民間事業型）──に区分することが適当と考えられる。

　インフラストラクチャー事業がどのような特性を持っているかによって、事業主体がこの類型のいずれを取るのかが決まってくる。これを図解的に示したのが図3-1である。

1) 純粋公共型

　社会にとって必要不可欠ではあるが、利用者から利用料金を徴収するのが現実に不可能であるインフラストラクチャーは、強制的に国民から徴収する税収などをもって政府や地方自治体などの公的機関が整備するほかない。

　一般道路や、堤防などの河川防災施設はこの種のインフラストラクチャーの代表的なものであり、純粋公共財とも呼ばれる。そこで、このタイプを「純粋公共型」と呼ぶことにする。

第3章　インフラストラクチャーの事業化と事業主体

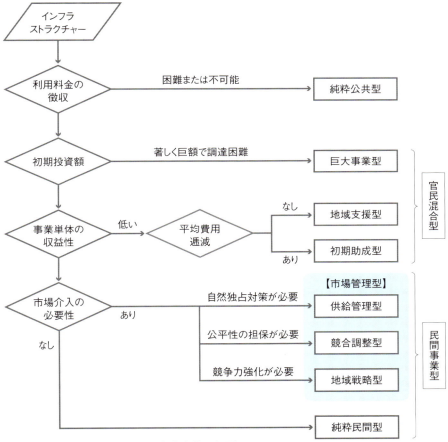

図3-1　インフラストラクチャーの事業主体の類型

2）官民混合型

　純粋公共財以外のインフラストラクチャーは、利用者を特定し、利用料金を徴収することができるので、民間事業として成立する可能性がある。しかし、実際には様々な理由により、政府などの公共機関が事業主体に参画することになる。それらは、公共と民間の事業への関わり方の違いから、以下のようにいくつかのタイプに分けることができる。

　まず、インフラストラクチャーの規模が極めて巨大であり、たとえ将来的に十分な

事業収益が見込めるとしても、民間の資金調達力では実現が困難である場合は、国などが直接投資したり、事業主体に債務保証を行ったりして資金調達を可能とし、事業の成立を図る。例えば東名高速道路や東海道新幹線など、公社や公団と呼ばれた事業体で行われたものの多くはこのタイプである。平均費用逓減型事業[1]の初期投資を公共が負担あるいは助成するという点は以下に説明する「初期助成型」と共通するが、民間企業ではおよそ不可能なほど巨額な資金調達を伴うことから、公的な能力による資金調達が不可欠である点が特徴なので、以下では「巨大事業型」と名付けて個別に論じることとしたい。

次に、事業の収益性である。必需性への対応や社会的に公平なサービス提供のため、単体で収益の見込めないインフラストラクチャー事業でも社会的厚生の観点からは進めるべきケースが多く存在する。例えば離島への架橋や過疎地での鉄道である。これらは地域社会を支えようとするものであり、「地域支援型」と呼ぶことができる。

インフラストラクチャーは一般に、長期間にわたって機能する。そして運営の当初は十分な需要がなくても、事業が成熟するにつれて需要の増大、事業収入の増加、そして平均費用（供給1単位当たりの費用（投資額・運営費））の逓減が生じるものが多い。このような平均費用逓減型の事業では、初期投資の一部ないし全部を公共が負担する公営企業が事業主体になり、事業経営が軌道に乗ってから民営化を図る場合や、事業の初期段階で事業主体である民間公益企業に公共が助成する場合がある。このようなタイプを「初期助成型」としておこう。

3) 民間事業型

官が事業主体に加わらないインフラストラクチャー事業も多く存在する。そこでのサービスは、市場機構を通して供給されるものである。しかし、次に示すような公共性や公平性あるいは国や地域の競争力強化の観点などから、必要に応じて、この事業の運営に行政のしかるべき組織（例：国土交通省鉄道局、航空局など）が規制を設

---

[1] 一般には、固定費用が莫大なために、生産を増加するほど平均費用が逓減し、このため市場に任せておくと自然独占が生じる産業（電気、ガス、水道など）を意味する。ここでは、事業が成熟するにつれて経時的に生産が増加し、平均費用が逓減していく事業を想定している。

けたり、政策的支援を行ったりする場合がある。このような規制をつかさどる行政機関を「規制官庁」と呼ぶことがある。

　その第1は、自然独占の弊害を除去するための「供給管理型」とでも言うべき規制である。初期投資額の大きな産業(インフラストラクチャーはその代表例)は、自由競争に任せるといずれ地域的には1社の独占となり(これを自然独占という)、その企業が超過利潤を追求して料金が高額になったり、反対に不採算の場合は任意に退出してサービスが提供されなくなったりして、公共性が損なわれる可能性がある。そこで、こうした考えに基づき、行政が参入・退出や料金の面で規制を行うものである。

　第2に「競合調整型」といえる規制がある。例えば陸上輸送で2つの鉄道路線が競合する場合、自由競争に任せておくと破滅的なサービス競争となり、結果的に社会的な損失をもたらす可能性がある。そのため、複数の事業者の参入を規制したり、両者の競争条件に不公平がないように調整する(これをイコールフッティングと呼ぶ)場合がある。

　第3に「地域戦略型」と呼べるものがある。国際ハブ空港、国際ハブ港湾のように、インフラストラクチャーの能力が国の国際競争力に、あるいは地方空港のような地域間の競争に大きく影響する場合、政策的に公共がインフラストラクチャーの整備や機能増強を支援するといったケースがある。

　空港や港湾は従来、建設と運営において国や自治体などの公共が深く関与してきた。しかし近年、国際輸送の分野では激しい拠点間競争が生じており、先進国を中心に国際交通のインフラストラクチャー運営主体を民営化し、経営効率そしてインフラストラクチャーの競争力を高めようとする傾向が世界的に顕著となっている。将来的にはますますこのような動きが進展するであろうと想定し、本書では国際ハブ空港と国際ハブ港湾を、あえて民間事業型に分類している。

　以上のような規制の必要がなく、専ら市場機能に基づいて供給される施設は純粋民間型と呼ぶことができよう。例えば大型レジャー施設などが当てはまるが、これらは公共性などの面で本書の対象とする社会基盤施設としてのインフラストラクチャーとは趣が異なる。

　なお、当然ながらここに示すいくつかのタイプで全てのインフラストラクチャーが明確に分類できるわけではない。また、1つのインフラストラクチャーが複数のタイ

プの特徴を備えている場合もある。さらに、同じインフラストラクチャーでも社会の要求する機能や事業環境が変化することによって、あるタイプから別のタイプに分類し直すことが適切となるケースも生じるであろうことには留意されたい。例えば、前述のように国際ハブ空港が、従来は用地取得を含めて民間事業としては成立し難い事業であったため「初期助成型」や「巨大事業型」に分類することが適切であったとしても、ハブ空港間の国際競争力を高めるために経営効率を上げる必要が生じ、運営主体の民営化やコンセッションなどの導入によって「民間事業型」とりわけ「地域戦略型」に転換するといった場合が挙げられる。

第2節
純粋公共型

(1) 特徴

　我々の社会では、消費者は必要とする財やサービスを得るために供給者に対価を支払い、その収入によって供給者の事業は成り立つ。インフラストラクチャー事業でも鉄道は利用者からの料金収入により事業として成立しているし、水道事業も使用水量に従って支払われる水道料金を基に事業として成立している。

　しかし、例えば一般の道路では通行する人や車からいちいち道路利用料を徴収することは技術的にも社会経済的にも不可能である。すなわち一般の道路はその特性上、現状では無賃利用者(Free Rider：フリーライダー)を認めるしか方法はない。これが一般の道路が「非排除性」を持つといわれるゆえんである。利用料の徴収が不可能な事業は民間事業とはなり得ず、税という公共財源に頼る公共事業としてのみ実施される。一般道路のようなインフラストラクチャー事業が公共事業として行われなければならない最大の理由は、事業の提供するサービスがこのような非排除性を持つことにある。

　一般道路や河川堤防などを公共事業として実施すべきといういま一つの理由は、そのインフラストラクチャーからのサービスを受ける者が何人であっても競合しないことである。道路は渋滞が生じない限りサービス水準が低下することなく多数が同時に利用できるし、河川堤防も不特定多数を同時に洪水から守ることができる。このような特性のあるインフラストラクチャーの利用に対して、もし利用料を課して利用を減らしたなら、その利用によって得られたであろう社会の利益を減らしてしまうことになり、社会的な損失が生じる。この損失をデッドウェイト・ロス(Dead Weight Loss：死荷重損失)と呼ぶことがある。このように、消費の非競合性のあるインフラストラクチャー事業では、利用料を徴収する民間事業ではなく、公共の財源での事業とすべきと考えるのである。

　このような非排除性と非競合性を持つ財やサービスは「純粋公共財」と呼ばれるが、これらのインフラストラクチャー事業は公共事業として、税を財源として公共によって実施される。

（2）事業主体

　純粋公共型のインフラストラクチャーは、その多くが「公物」であり、公物管理法[2]に基づいて事業主体が明確に定められている。

　公共が事業主体となる事業は公共事業と呼ばれ、国が事業主体となる事業を直轄事業、地方公共団体の事業に国や上位の地方公共団体が補助金などを負担するものを補助事業、地方公共団体が事業主体となって国の補助を受けずに独自財源（単独予算）で実施する事業を地方単独事業という。

　直轄事業では、国土交通省や農林水産省などの本省が、所管する全国のインフラストラクチャー事業に関する総合的な計画を策定して事業の優先順位を決定し、全体予算を管理する。個々の事業に関しては、地方局とその実行組織である全国各地の事務所（国土交通省の国道事務所、河川事務所、港湾事務所など、農林水産省の農業水利事務所、農業水利事業所、土地改良建設事務所、干拓建設事務所など）が実際の事業を推進する。このように、事業主体としてインフラストラクチャーに関わる機関は「事業官庁」と呼ばれることがある。また、補助事業や地方単独事業では、都道府県や市町村の担当部局などが計画を策定し、予算化と管理・運営を担う。

　行政機関は徴税権を背景に、大きな信用力、リスク負担力を有する。従って資金調達面では一般的に、民間企業に比較して大きな力を持つ。一方で、組織目的と事業目的は法令に定められており、事業の多角化には不適である。

　行政機関がインフラストラクチャーの事業主体である場合、民間の事業とは異なり、様々な制約の下で事業を行うことになる。特に民間事業と著しく異なる特徴として、①議会承認、②公物管理、③公会計の適用――が挙げられる。また、資金調達は主に税、起債、上位機関[3]からの補助金・助成金による。

1）議会承認

　行政機関の活動は年度予算に基づいて行われる。予算は行政内部における調整

2　公共施設等（公物）の種類に応じて制定された個別の法律すなわち道路法、河川法、港湾法、下水道法、海岸法、都市公園法などの総称。「公物管理法」という名称の法律が存在するわけではない。

3　2000年に施行された地方分権一括法により、国、都道府県、市町村の関係には、上位・下位はなく、あくまでも対等・協力の関係にある。ただし、ここでは国が都道府県および市町村に対して、都道府県が市町村に対して補助・助成を行い得るという関係に着目して上位機関と呼ぶ。

を経て、議会における審議、承認を受け発効する。

　国の予算編成権は内閣にある(憲法第7条)。予算作成は財務省が担い、閣議決定を経て国会に提出される(財政法第21条)。

　地方公共団体の予算提案権及び執行権はその地方公共団体の長にある(地方自治法第149条)。地方自治法では議員に予算案の提出権を認めていない(同第112条)。また、予算を伴う条例は予算措置が適切に講じられるまではこれを制定したり改正したりしてはならないとしている(同第222条)。

　このように、行政の予算というものは、極めて厳格に策定プロセスと責任主体が定められている。公共事業予算も、このような過程を経て年度ごとに確定されるのである。

2) 公会計の適用

　事業主体はインフラストラクチャーの建設と運営に当たって、計数管理(会計管理、資金管理)を行わなければならない。その従うべきルールは公共機関と民間企業で異なり、前者は公会計(官庁会計)、後者は企業会計に基づく。

　一般的に、公会計は「単式簿記」、「現金主義会計」、「単年度主義」、企業会計は「複式簿記」、「発生主義会計」、「複数年度主義」がそれぞれの特徴とされる。公会計と企業会計は設計思想が全く異なるため、どちらが適用されるかはインフラストラクチャーの事業に大きな影響を与える。

　公会計の目的は、徴収した税金などの使途を明確にし、それらの適切な執行を証することにある。ここでは「現金主義会計」が重要となる。税収(歳入)と必要な支出額(歳出)とはバランスすべきとの観点から、入出金に関しては実際に現金の出入りが行われたことをもってこれを記録し、会計年度単位で集計する。そこでは当該年度における収入・支出の整合が重視され、管理には主に単式簿記(入出金記録)が用いられる。支出は厳格に予算に基づいて行われ、予算外の恣意的な支出は違法である。

　なお、公会計は現金主義・単年度主義であることなどから、将来の修繕や更新のための費用を積み立てる(企業会計における減価償却)仕組みはなく、修繕費や更新費は必要となった年度にその都度、予算化されて執行される。

3) 公物管理

　行政機関が事業主体となるインフラストラクチャーは「公物」として扱われる。公物とは私物に対する概念であり、国や地方公共団体などの行政主体によって直接、公の用に供せられる有体物と解釈される。具体的には道路、河川、港湾、海岸、公園、庁舎や公立の病院、学校の建物などが当てはまるとされ、人工物も自然物も包含する概念である。官公庁が自ら使用するものを「公用物」、官公庁が管理し公共の利用に供するものを「公共用物」と呼んで区別することもある。なお、「公物」という用語自体は、ドイツ法に規定されたÖffentliche Sache（Public Thing（英、公の物））という語を明治期に翻訳した法律用語である。

　公物の管理は公物管理法によって厳格に規定される。純粋公共型インフラストラクチャーは、公物管理法に基づいて建設・運営される。その際の留意すべき重要事項として、管理責任と税負担がある。

　公物の設置管理に瑕疵（かし）があったために他者に損害が生じた場合には、その公物の管理者である国または地方公共団体が一義的に賠償責任を負う[4]（国家賠償法2条、3条）。公物の管理責任は極めて重く、いわゆるPPP／PFIなどの民間活力の活用を進める際には整理しなければならない重要項目となる。

　また、民有の有形固定資産には固定資産税が課されるが、公物はこれが減免される。税務における公物と私物の境界線は行政判断による部分があり、管理主体や利用料金の在り方が大きな判断要素となる。

　公物は、その使用にも制限が設けられる。例えば公物の占用（例：河川敷の野球グラウンドなどスポーツ施設、キャンプ場などのレクリエーション施設）には管理者から占用許可を得る必要があり、一般的に占用料が発生する。また、道路上でパレードを行う場合や一般の交通を規制して映画の撮影を行う場合などは、事前に届け出て管理者から使用許可を得ることが必要である。一般道路の地下空間にガス管などを埋設する際には、管理者から特許使用の認可を得ることが必要である。民間企業が公物管理を行い得るケースは、地方自治法に基づく指定管理者制度に限定されている。

---

[4] 別に損害の原因者が存在する場合には、公物管理者（国や地方公共団体）は当該原因者に対して求償権を有することとなる。

4) 資金調達：税、起債、補助金・助成金

　純粋公共型のインフラストラクチャー事業の原資は税収と起債が主である。地方公共団体が事業主体となる場合には、上位機関からの補助金や負担金が充当される場合がある。

　インフラストラクチャー事業は巨額の初期投資を必要とするため、その財源の確保はどの国においても大きな課題であり続けている。日本では、20世紀後半における大量のインフラストラクチャー整備において、一般財源からの支出に加えて、特定財源（目的税）の確保、財政投融資の活用、建設国債の発行が大きな役割を果たした。

　特定財源とは、使途制限が設けられた税（これを目的税という）による歳入であり、普通税とは別に特別会計で管理されることが多い。例えば復興税は、東日本大震災で被害を受けた地域の復興に使途を制限されている。インフラストラクチャー整備の関連では、かつてはガソリン税による収入が道路整備目的に使用されるなどの例があった。しかし現在、国税はほとんどが普通税化し、目的税は地方税にいくつか残るにすぎない。例えば都市計画税は、受益者負担の観点から都市計画事業や土地区画整理事業に充当されることになっている。

　財政投融資とは、政府の特殊法人などへの投資および融資である。従来は郵便貯金や簡易保険、年金資金を原資として巨額の融資が行われたが、制度が変更され、現在は主として国債発行に基づく。該当する国債は財投債と呼ばれる。建設国債という用語もよく用いられるが、これは公共投資に必要な資金を調達する目的で発行される国債の呼び名である。

　また、インフラストラクチャーの整備と運営には、様々な公的補助の制度が準備されている。資金調達力に限界のある地方公共団体や民間企業がインフラストラクチャー整備を行う場合、そのインフラストラクチャーに公共性・公益性が認められる場合、あるいは民間企業などが独力で取り組むのは難しいが一定の公的補助があれば社会的に意義のある成果が見込まれる場合などに、こうした補助が適用される。審査に当たっては、特定の産業の振興など政府の政策的意図が反映されることがある。また、政策意図に従って補助金などの制度が設定されることがしばしばある。

　ただ、地方自治の観点からは、平均的な地方公共団体の地方税収入が収入全体の3割程度であり、他の7割が地方交付税交付金、国庫補助金など国から付与される

ものであるという実態から、「3割自治」と批判的に論じられる側面もある。

　公物の占用料の料金水準は、公物の管理者が設定する。例えば、河川敷の空間を民間事業者がレクリエーション施設（例：ゴルフ場、キャンプ場）として活用する場合がそれである。この占用料収入が、当該インフラストラクチャーの維持・管理などに充てられる。

(3) 事業別に見た主体
1) 河川事業

　河川は代表的な自然公物である。河川事業とは治水、利水、環境保全を目的に自然公物に人工を加えるもので、事業の主体は公物管理法である河川法に基づいて決定されている。河川法上の河川を対象に、民間企業が自由に改修などの事業を行うことはできない。事業主体は、国、都道府県および政令市、市町村の順で決められている。

　河川法で最も上位に位置付けられるのが一級河川で、全国で1万4000余りが指定されている。一級河川は河川法に基づいて国土交通大臣が指定し、その管理を行う。一部の区間については、都道府県知事や政令指定都市の長に管理のみを委任できるとされている。国が管理する区間は、例外はあるがおおむね複数都道府県ないし政令指定都市にまたがる大規模な河川である。

　二級河川は全国で7000余りが指定されている。二級河川は、一級河川指定以外の河川から都道府県知事が指定する。その際、関係する市町村長の意見を聞くこととされている。市町村長は意見を述べるに当たり、議会の議決を経なければならない。このように、河川法に基づく一級河川、二級河川の指定は非常に厳格である。

　そのほか、いわゆる法定外河川（一級河川でも二級河川でもない河川）があり、その中で市町村長が公的な管理の必要性が高いと判断し指定したものは二級河川の規定を準用して市町村によって管理される。これらは準用河川と呼ばれ、全国に1万4000余りが存在する。

　準用河川でもない法定外河川は普通河川と呼ばれる。普通河川は河川法の適用・準用を受けず、必要に応じて市町村が条例を定めて管理する。その中でも著名な例として、京都市の高瀬川、川崎市の二ケ領用水などがある。

2）道路

　道路は代表的な人工公物であり、様々な種類がある。我が国においてその大半を占めるのが、公物管理法である道路法上の道路である。道路法上の道路には高速自動車国道、一般国道、都道府県道、市町村道があり、それぞれの事業主体が法令で定められている（料金徴収が可能な道路である有料道路は「官民混合型」に分類できる）。なお、ここでいう道路には交通安全施設や交通情報設備が含まれる。

　一般国道は、道路法に基づいて政令で指定された路線である。政令とは内閣が制定する命令で、法律に準ずる効力を持つとされる。大都市間を結ぶなどいくつかの条件に合致し、国家の幹線として政府が認定した路線と言える。国道には指定区間と指定区間外があり、前者は国（地方整備局、北海道開発局、内閣府沖縄総合事務局）が、後者は国からの補助を受けて都道府県と政令指定市が管理する。

　都道府県道は、都道府県知事が議会の議決を経て決定した道路であり、都道府県が管理する。政令指定都市を通過したり、他の都道府県の区域を通過したりする都道府県道については、道路法において関係する政令市や都道府県との協議の手続きが定められている。市町村道は、市町村の議会で路線が決定され、市町村が管理者となる道路である。

　なお、都道府県道や市町村道の中には国土交通大臣が指定する主要地方道がある。これは、2つ以上の地方公共団体を経由するもの、または起終点の少なくとも片方が鉄道駅や高速道路のインターチェンジ、港湾、空港などに接続し、社会的な重要性が高いと判断されたものである。主要地方道は国道ではないが、整備や維持管理費用の一部について、国が当該道路の管理者に補助することができる。

3）港湾事業

　港湾は船舶の発着施設である。行政機関が管理する、いわゆる公物としての港湾は、我が国においては港湾法に基づく港と漁港漁場整備法に基づく港の2種類がある。前者の所管は国土交通省である。後者は農林水産省の所管であり、専ら水産業による利用が想定されている。以下では、より一般的な利用に供するインフラストラクチャーである港湾法の定める港湾について記す。

　港湾法では港湾の管理主体を港湾管理者と呼び、港務局または地方公共団体が

その任に当たると定めている。すなわち道路や河川と異なり、国が港湾管理者となることは法律上、想定されていない。港務局とは、地方公共団体が単独または共同して設立する港湾管理を目的とした団体のことである。

我が国では明治以降、基本となる法律が制定されないまま、様々な法律や勅令、訓令などに基づいて港の整備や管理が行われてきた。終戦後、日本国憲法の施行により、原則として全ての行政行為は法律に基づき執行することになった。港湾行政にも基本となる法の整備が求められて、1950年に港湾法が制定された。その際、当時の日本を占領していた連合軍の指令によって、港湾の管理運営には最大限の地方自治権を与え、日本政府の監督と規制は必要最小限にとどめることとされたのである。日本政府は地方公共団体を港湾管理者として考えており、港務局は連合軍が海外のポート・オーソリティー（Port Authority）を念頭に追加させたものだという。現在、港務局が港湾管理者となっている港湾は新居浜港（愛媛県）のみである。

なお、近年、港湾施設の管理運営に関しては、民間の経営力を最大限に引き出して港湾の競争力を向上させる観点から、港湾法が改正され、国際戦略港湾（京浜港、阪神港）と国際拠点港湾（全国18港）では港湾の運営を一元的に担う「港湾運営会社」を設立できることになった。港湾管理者は岸壁などを整備して港湾運営会社に貸し付け、港湾運営会社はガントリークレーンなどを整備するとともに荷主や船社への戦略的営業を行い、料金徴収する。この方式は、既に京浜港や名古屋港などで導入されている。

4）都市公園など

都市公園も代表的な公物である。営造物公園である都市公園は、自然公園である国立公園などと比較して受益範囲が狭く、ほとんどは都市内に限られると想定されることから、事業主体は主に都道府県や市区町村となっている[5]。建設と管理は、もともと地方公共団体とその外郭団体に限定されていた。

近年は指定管理者制度の導入が進み、都市公園の管理を民間企業やNPO法人などが担う例が増えている。指定管理者制度とは、地方公共団体が自ら定める手続き

---

5 国が事業主体である国営公園は全国に17カ所ある。

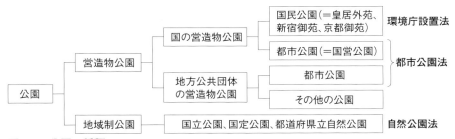

図3-2 公園の種類
図：国土交通省

に従って指定管理者候補の団体を指定し、これを議会が承認すれば管理運営を包括的に代行させることができる制度である。料金徴収を伴う場合には、地方公共団体との協議の範囲内で指定された管理者の収入とすることができる。この制度には、管理運営の効率化を促進するメリットがあるとされる。

なお、我が国には都市公園のほかに、政府（環境省）が指定し管理する公園として国立公園（国を代表する景観を有する地区などで、全国32カ所）、国民公園（戦前までの旧皇室苑地を戦後に開放したもので、皇居外苑、新宿御苑など）がある。またこれに準ずるものとして、国が指定して都道府県が管理する国定公園（全国57カ所）、都道府県知事が条例に基づいて指定して都道府県が管理する都道府県立自然公園（全国315カ所）がある。

世界的に見ると、都市公園の管理主体は様々である。ニューヨークのセントラルパークは、所有はニューヨーク市役所であるが、管理は1980年に設立されたNPO法人のセントラルパーク管理委員会（Central Park Conservancy）が担っている。同団体は寄付などを募り、セントラルパークの年間予算2000万ドルのうち85％を調達し、修繕費や管理費を負担するほか、公園職員の75％の賃金を賄っているという。ロンドンのハイドパーク、リージェンツパークなどはもともと英国王室の所有であり、これが一般開放されているという形態である。管理者は、王室御苑（The Royal Parks）という政府機関である。

（4）将来動向

純粋公共型のインフラストラクチャーは、利用者を特定することが困難で、利用料

金徴収が不可能ないし著しく困難という特徴から、税収などを用いて行政機関による整備が行われている。しかし、受益者負担の原則からみれば、本来は利用者による負担が望ましい。近年はICT（情報通信技術）の進歩に伴い、例えば自動車車両の走行履歴を把握することは十分に可能となり、利用者の特定ができるようになりつつある。道路混雑の激しい時間帯の道路利用に対して混雑税を徴収することも、既に技術的な問題ではなくなってきている。また、ハザードマップの公表も進められており、河川堤防による災害防御の受益範囲も一定の認識共有は可能である。

　こうしたことから、将来的には純粋公共型のインフラストラクチャーの一部にも、受益者負担のシステムが導入される可能性は十分に考えられる。

第3節
官民混合型

(1) 概要

1) 官民混合型が必要な理由

　利用者が特定でき、料金が徴収可能なインフラストラクチャー事業は、可能な限り民間企業に委ねられることが望ましい。それが公的負担の最小化や経営効率向上につながると考えられるからである。

　一方で、利用者が特定できるインフラストラクチャーであっても、需要が大きく見込めない地域に生活や経済活動の基盤として整備しなければならないもの（例：離島の空港・港湾）や、民間企業の能力を官が補完しなければ成立しないもの（例：巨額の資金調達が必要な事業）が存在することも事実である。

　このため実際には、民間企業と官公庁の特徴を併せ持つ形態の事業主体が数多く考案されている。株式会社に官公庁が出資したり役員を派遣して経営に関与したりする場合もある。また官公庁が、民間企業的な要素を多く持ち経営自由度の高い公的組織を新たに設置する場合もある。

　そのような官と民の中間的とも言える事業主体は、料金徴収が可能であり本来なら民間事業として行われるべきところだが低収益性や資金調達の困難さで実現が期待できなかったり、経営的に存続し得なかったりするため、事業主体に公共が参画し、高い信用力を生かして資金調達に寄与したり、経営の安定を図ったりするなどの意図で設立される。こうしたタイプを「官民混合型」と呼ぶこととする。

　前節では、純粋公共型のインフラストラクチャー事業に関する事業主体について概要を記した。そこで以下では、まず民間事業の特質を純粋公共型との対比で簡潔に述べ、続いてそれらの2種類の事業形態の組み合わせである各種の官民混合型の事例を紹介する。

2) 民間事業の特質

① 設立と事業範囲

　民間企業の多くは株式会社の形態を取り、所定の要件（資本金など）を満たせば任

意に設立できる。そこでは企業会計が適用され、実物資産は減価償却の対象となる。公租公課は原則として減免されない。株式会社の最高意思決定機関は株主総会であり、株主の責任は資本金の額を限度としている。このため事業主体としての株式会社のリスク負担力は公的機関に比較して一般に小さく、限定的である。また、徴税権を有する行政機関およびそのような行政機関が設立する公的機関などに比べれば信用力も低い。

民間企業の事業で生み出された利益の一部は配当として株主に還元される。株主は一般的傾向として、短期的には配当の最大化を期待する。インフラストラクチャー事業のように巨大な固定資産の運用を伴う事業の場合、初期投資に起因する債務の返済や、日常の維持管理、将来的な更新や増設などに振り向ける資金の蓄積が必要なため、事業主体は投資計画や維持管理方策に関して株主の理解を得ることが必須である。一方で、株主総会で決定すれば事業主体の事業範囲を定める定款の変更も行うことができ、多角化など事業展開の自由度は高い。

なお、株式会社とはいうものの、行政機関が株主として参画する、いわゆる「第三セクター」会社がある。行政機関を第一セクター、民間企業を第二セクターと見なし、その混合的な形態としてこう呼ばれる。行政機関は、一般的には配当最大化ではなく地域における社会的厚生の最大化を志向することから、公共性の高いインフラストラクチャー事業主体の株主として参画し、経営を資金面その他で助けることとなる。

② **企業会計の適用**

企業会計では、事業体の永続的活動を前提とした適切な利益配分を実現することが1つの大きな目的となる。また企業会計は、株主などの利害関係者に企業の財務状況を正しく伝え、将来の経営状態を予測する手掛かりを与えるものでなければならない。このため、財務諸表上には実際に行われた現金取引を記載するだけでは不十分で、既に発生している債権・債務（未実現の収益や費用）も明示する必要がある。ここで企業会計の特徴である「複式簿記」、「発生主義会計」、「複数年度主義」が大きな意味を持つ。

発生主義会計では、収入および支払いに関して、実際の現金の収受とは切り離し、その権利・義務（債権・債務）が発生した時点で会計的に記録するという考え方を取る。例えば、契約に基づいて物品を納入し、請求書を発行した時点で売主に債

権が発生すると考えるし、一方の買主には支払い義務すなわち債務が発生する。企業会計では、こうした権利関係の変化に着目し、実際に入金が行われる前の段階でもそれを会計上は収益の一項目と見なす（売り上げを立てる）ことができる。すなわち企業会計では実際の収入・支出を伴わない、未実現の収益や費用を帳簿上に記録することになる。そうすることによって、企業の真の財務状態がより良く表現できると考えられるからである。

なお、発生主義会計では、収益や費用の発生時期の特定が重要である。これを自由に行えることにすれば恣意的な会計処理すなわち利益操作が横行し、株主に適切に財務状況を伝えることが困難になるほか、税務にも支障を来す。このため、会計上および税務上のルールが定められており、企業の会計報告はこれらに従うことと、これを会計監査において監査人が確認することが義務付けられることによって、会計規律が保たれている。

また、企業の資金調達は、株式や社債の発行、市中借り入れなどによって行われる。これらは、いわゆる売買の結果としての収益ではなく、資産状態の変化にすぎない。借り入れなどは負債として記録しておかなければならないので、入出金記録が主である公会計のような単式簿記では不十分であり、損益計算書（年間の収益と費用の記録）とともに資産状況を表す貸借対照表（会計年度末時点における資産と負債の記録）が必要となる。両者の併用がすなわち「複式簿記」である。

③ 減価償却

インフラストラクチャー事業において、公会計と企業会計の違いが最も大きく表れる項目の1つが、企業会計における減価償却（Depreciation）である。

減価償却とは、設備資産の形成に投じた費用を、費用発生年度に一括計上するのではなく、その設備の耐用年数期間内の各年度で分散計上する会計処理のことである。例えば100億円の鉄道施設を建設し、その耐用年数が50年であれば、初年度の実際の現金支出が100億円であっても損益計算書には減価償却費2億円と記載し、それを50年間継続する形で会計処理を行う[6]。つまり、減価償却は実際の現金の収受と連動しない「費用収益対応の原則[7]（Matching Principle）」に基づく概念上の費

6　減価償却の適用には対象費用総額を耐用年数で除して年間費用を求める「定額法」と、年間費用を一定率で減少させる「定率法」が選択可能である。本文中の例は定額法である。

用なのである。なお100億円の建設費支出は、貸借対照表で資産状態の変化すなわち①借り入れの増大(または現金資産の減少)、および②固定資産の増大——として記録される。当然ながらこの①と②はバランスしている(貸借対照表をバランスシートという)。

インフラストラクチャー事業の初期投資を会計処理する際に現金主義を適用すれば、費用計上年度には莫大な支出が生じて大赤字となり、供用後は設備資産に関して(建設費に比較すれば)わずかな維持管理費用しか生じない高収益の事業となるであろう。しかし、民間事業者が借入金で建設投資を行った場合、その返済は後年度に長期間継続するので返済原資が常に必要となる。また、設備は劣化するので維持管理費用が発生するし、将来の更新費用も蓄積しなければならない。従って、供用後の期間における見かけ上の高収益をベースに課税されたり、株主などから利益配分を要望されたりしても、それに応えることは実際には不可能なことが多い。

このため、減価償却という概念を用いて初期投資の負担を帳簿上では耐用年数の期間中に分散発生させ、利益配分や課税の対象とならないように、各年度の費用(必要経費)として扱うのである。こうして借入金の返済原資を確保するとともに、将来的な更新に充当する現金を積み立てることが可能になる。このことは、インフラストラクチャー事業の根幹である設備の保全を図りつつ、適正な利益配分を行ううえで極めて重要である。

減価償却は19世紀の英国で生まれ、米国において発展した概念である。産業革命後、鉄道や製鉄などそれまでの時代には存在しなかったような、巨大な固定資産を稼働させてサービスを提供する産業が発展した。こうしたタイプの事業では、費用(主に初期投資)と収入(主に利用料金)の発生期間に大きなずれが生じるので、現金主義会計では適切な対応が困難との認識が広まった。このため、特に固定資産の会計上の取り扱いに関して新たな会計ルールが模索された結果、考案されたのが減価償却の概念である。

このように、いわゆる装置産業型ビッグビジネスの登場は、近代的な経営管理手法の数々を生み出したという。ある経営学者は「1850年代と1860年代を通じ、近代会計

---

7 ある会計期間に発生した費用のうち、その会計期間内の収益実現に寄与した部分のみをその期の期間費用として認めるという会計原則。

のほとんど全ての基本的技術を開発した」のは、主に鉄道経営だったと指摘している。

(2) 様々な事業主体
1) 特殊法人などの公的機関

　官民混合型の代表的な例は、特殊法人と呼ばれる形態である。特殊法人とは、行政執行の一部を担うことを目的に、法令によって設立される公社、公団、事業団、特殊銀行などである。インフラストラクチャーの建設や運営を担う特殊法人として、旧日本道路公団、旧首都高速道路公団、旧日本国有鉄道、旧新東京国際空港公団、旧日本電信電話公社など、数多くのものがあった。これらの事業主体は市中借り入れや独自起債が可能とされ、それらには国会承認の範囲内で政府保証が付けられた。また、政府の財政投融資による資金調達が可能であり、さらには法人税や固定資産税を減免されていた。一方で事業計画は毎年度、国会の承認が必要とされた。

　このように、特殊法人は政府の信用力を背景に高い資金調達力を有し、特にインフラストラクチャーの建設促進に大きく貢献したと言える。なお、設置法によって組織目的が規定されているため、事業の多角化などには不適であった。

　海外にもこのような事例はあり、例えば、フランスのいわゆる公施設法人(Établissement Public：公的事業を担う政府の外郭機関。パリ交通公団やフランス鉄道線路事業公社などが該当する)が挙げられる。

　旧来の特殊法人はインフラストラクチャーの建設から運営まで担っていたが、近年では運営部分を民営化して経営効率向上を図ることが世界的に進んでおり、政府の関与する部分は資金調達や資産保有に絞られていく傾向にある。我が国では、従来の特殊法人の果たしていた役割の中で運営部分が民営化され(例：高速道路会社、4)で詳述)、設備の建設や資金調達、保有は独立行政法人(独法)が担う事例が増加している。こうした独法には、鉄道建設・運輸施設整備支援機構、水資源機構、都市再生機構、日本高速道路保有・債務返済機構などがある。

　独法は、根拠法令を持つ行政の執行機関ではあるが、事業収入に基づく独立採算性が取られている。また従来の特殊法人と異なり、原則として資金調達に政府保証が得られず、納税義務が課され、従業員の身分は公務員と見なされない。いずれも、建設が一段落し、維持管理が主となった現代のインフラストラクチャー事業にお

いて、経営効率を向上させる意味を持つと言える。

2) 公営企業など

　上下水道事業や交通事業など、地方公共団体のインフラストラクチャー事業の担い手に公営企業がある。公営企業は、地方財政法に基づいて地方公共団体が設置する組織で、それ自身は法人格を持たない、いわば地方公共団体の外局である。地方公営企業が提供するサービスは純粋公共型のインフラストラクチャー事業とは異なり、一般的に有料である。事業収入は事業運営経費に充当される。このため、公営企業は一般会計とは切り離して、特別会計を設けて運用される。このような公営企業の代表例として、都道府県や市の水道局や交通局が挙げられる。

　地方公共団体の出資によって、インフラストラクチャー事業の事業主体が設置される場合もある。典型例が地方道路公社法に基づいて設置された地方道路公社で、全国に30余り存在する。地方道路公社は、地方公共団体以外からの出資は許されていないなど、極めて行政に近い性格を有する。一方で、有料道路事業を行って事業収入を得ることができる。基本的に独立採算制だが、株式会社とは違って利益という概念はなく、収入が経費を上回った場合には、その差分は準備金として整理されることと決められている。

3) 第三セクター企業

　第三セクターとは、行政機関を第一セクター、民間企業を第二セクターと見なし、それらとは異なる第三の形態という意味で用いられる用語である。我が国では、官と民が共同出資して設立した法人を指すことが多い。その多くは株式会社の形式を取る。株主構成の中で地方公共団体など官が一定の地位を占める意味は、例えば株主が過大な利益配分を求めず長期的、安定的な経営を要請するなど、様々な面で事業の公共性を担保することにあると言ってよい。

　我が国の第三セクター企業は、地方部の交通事業に多く見られる。民間企業の行動原理からすれば、輸送密度が低く収益の見込めない地域での交通事業はさほど魅力的ではない。しかし、地域住民には公共的な交通サービス提供に関して強い要望があることが多く、その両立を目指してしばしば第三セクターの形態が取られる。

現在、多くの第三セクター鉄道は苦しい経営を続けており、鉄道事業の一層の合理化とともに、地域イベント開催や売店・旅行会社などの経営といった複合化による収益増を図っている。

また、都市部においても、公共サービスとして高額の料金設定は望ましくなく、一方で地域の産業や生活を支えるために必要性が高いなどの事業が第三セクター形式で行われる例は少なくない。事例として、東京都西部地域を南北に結ぶ多摩都市モノレール（東京都、西武鉄道、みずほ銀行などが出資）、名古屋市中心部と名古屋港方面を結ぶ名古屋臨海鉄道（名古屋市、愛知県、JR東海、中部電力などが出資）などがある。

4）特殊会社など政府持ち株企業

前項で説明した第三セクターの多くは会社法に基づいて設立されるが、そのほかに、事業の公共性などが著しく高いといった場合には、特別法すなわち設置法に基づいて事業主体が設立されることがある。

例えば成田国際空港株式会社（設置法：成田国際空港株式会社法）、東京地下鉄株式会社（東京地下鉄株式会社法）、全国に3社ある高速道路会社（高速道路株式会社法）などである。このように、特別法に基づいて設置される事業主体を特殊会社と呼ぶ。特殊会社は、かつての特殊法人（新東京国際空港公団、帝都高速度交通営団、日本道路公団など）がそのまま、または設備資産の保有と管理を切り離して、運営部分を担う会社として事業を継承したものである。将来の民間資本の導入なども視野に入れて、株式会社の形態を取るケースが多い。

また、根拠法に基づく特殊会社ではないが、政府や地方公共団体が主たる株主となっている、実質的に国・公営企業と考えられる事業主体もある。例えば東京湾アクアラインの建設と管理を担う東京湾横断道路株式会社は第三セクターである。ただし、最大の株主である東日本高速道路株式会社（33.3％）は財務大臣が唯一の株主という実質的な国有会社であり、他の主要株主は千葉県、神奈川県、東京都などの地方公共団体がほとんどである。民間企業の株主はみずほ銀行、三菱東京UFJ銀行など数社あるものの、それぞれの会社の持ち株比率は1％前後と低く、極めて公共的な色彩が強い。

ほかにも、東日本、東海、西日本、九州のJR4社は株式上場を果たした一方で、北海道、四国のJR2社は依然として非上場である。これらの株主は独法の鉄道建設・運輸施設整備支援機構のみであって、実質的には国有と考えられる。このような企業は、必ずしも一般的な意味で民間企業とは言えず、非常に公的な企業体と考えられる。

(3) 巨大投資型

1) 特徴

　道路、鉄道、港湾、空港、ダムなどのインフラストラクチャーは、一般的に極めて巨大な構造物であり、建設(用地取得、資材などの調達、労務、設計・監理などを含む)には1つのプロジェクトで数十億円以上の初期投資が必要である例が多く、中には数千億円規模のものさえ存在する。

　またインフラストラクチャー事業は、施設の建設に数年以上を要することが多く、その間は支出のみが発生し、事業収入は期待できない。このため、事業主体には初期段階で相当の資本が必要となる。以上の2点から、特に規模の大きなプロジェクト(以下、「巨大投資型」と呼ぶ)は事業主体に十分な資本と資金調達力がなければ成り立たない。

　資金調達力は信用力とほぼ同義であり、この点で政府はあらゆる民間企業を上回ると言ってよい。このため、巨大投資型のインフラストラクチャー事業は、政府の信用力を生かした資金調達力を備え、事業運営能力を持つ組織体が設立されて事業主体となることが通常である。株式会社となってはいるが、政府や自治体が資本金の過半を出資し、巨額の資金投入を可能としている例も少なくない。東京湾横断道株式会社はその典型である。

　このような事業主体は資金調達の一手段として民間借り入れを行うが、後述の通り、金融機関側もリスク分散のために複数の金融機関によるシンジケート(融資団)を組むケースが多い。

2) 事業主体

　国の信用力を背景として、事業の運営を目的に特殊法人など公的機関が設置され

る例が多い。例えば旧本州四国連絡橋公団、鉄道建設・運輸施設整備支援機構（旧日本鉄道建設公団）などのいわゆる特殊法人が該当する。従来はこうした特殊法人がインフラストラクチャーの建設から管理まで総合的に実施していたが、近年は機能が見直され、資金調達と設備資産の保有に特化する傾向にある。

3) 資金調達

　事業主体は様々な手段で巨額の資金を調達する。一般的に、行政機関によって設立される特殊法人などの事業主体は、資金調達の自由度において行政機関よりもはるかに柔軟に組織設計される。主な手法に以下のものがある。

① 起債

　事業主体による独自起債である。証券市場を通して発行されるものと、市場を通さないで引き受け手を決定する縁故債がある。インフラストラクチャー事業の場合、縁故債は受益が想定される地方公共団体などが引き受ける例が多い。証券市場を通す場合には、事業内容と見通しを不特定多数の投資家に説明する必要が生じ、経営の高い透明性が求められる。

② シンジケートローン

　事業主体は金融機関からの融資を受けるが、その際の金額が大きいためリスク分散の意味もあって複数の金融機関が融資団（シンジケート）を組成する。この融資団からの借り入れをシンジケートローン（Syndicated Loan）という。融資団に参画した金融機関は、それぞれ横並び・同一の条件で貸し出しを行う。シンジケートの取りまとめ役の金融機関をアレンジャーという。

③ 政府保証債務

　公共性の高い業務を行っている公法人の起債と借り入れに関しては、政府が保証を付す場合がある。資金調達の形態には、政府保証債と政府保証借入金がある。保証の限度額は、個別の法人ごとに国会の議決によって定められる。

　政府保証債には日本道路公団債券、首都高速道路債券、新東京国際空港債券などの事例が多数存在した。これらの債券は証券会社だけではなく、銀行にも引き受けが認められている点でも一般の社債とは異なっている。現状では高速道路を保有する独立行政法人日本高速道路保有・債務返済機構が20年債や30年債を発行して

いる。

④ **借入金(政府保証なし)**

　民間企業の借り入れには政府保証は付かない。公法人の場合でも、政府保証の限度額を超える、あるいは政府保証に頼らない借り入れなどを行う場合がある。ただし借り入れに当たっては、当該公法人は所管大臣の認可を受ける必要がある。

⑤ **財政投融資**

　政府が財政投融資特別会計国債(財投債)の発行などを通して得た資金を事業主体に融資するものである。一般会計などと同じく国会の議決を必要とする。かつては郵貯、簡保、国民厚生年金資金を原資としていたが、2002年の財政投融資改革以降それらの財源は用いられなくなった。現在の原資は専ら財投債で、建設国債とも呼ばれる。財投債は国債の勘定の1つであり、政府が用途を定めて国債発行を行うものである。

⑥ **開発金融(世界銀行、アジア開発銀行など)**

　資本蓄積が小さい開発途上国では、インフラストラクチャーへの需要はあってもその建設費に充当する資金を国内だけでは調達できないケースが多く存在する。このような場合には国際開発金融機関からの融資が大きな役割を果たす。

　日本も1950～1960年代には世界銀行(世銀)からの融資を受け、高速道路や新幹線の整備を進めた。この場合の融資の受け手(旧国鉄や旧日本道路公団、旧日本開発銀行など)は公法人であり、借り入れに当たっては当然ながら政府保証が付されていた。

4) 巨大事業における資金調達の実例

① **名神高速道路などの資金調達**

　日本の高度経済成長を支えた多くのインフラストラクチャーは、世銀からの融資を活用して建設された。当時の日本は大きな成長ポテンシャルを有していながら、国内の資本蓄積が不足しており、大規模プロジェクトの実現には海外からの借り入れが必要であった。

　世銀融資の第1号案件は1953年の関西電力、九州電力、中部電力の大規模火力発電所であり、借り入れは日本開発銀行を介して行われた。1950年代の世銀からの

融資対象は専ら発電所や大規模工場だったが、1960年代に入ってインフラストラクチャーに拡大した。例えば名神高速道路の建設に先立ち、日本道路公団が設立され、政府保証を付して総工費の3割に相当する額の融資を世銀から受けた。

世銀による我が国への融資は1966年まで、合計31のプロジェクトに対して行われた。借入総額は当時の金額で8億6300万ドル(当時のレートで約3100億円)に上り、我が国がその返済を完了したのは1990年であった。

② **本州四国連絡橋公団の資金調達**

本州四国連絡橋公団は、1970年に「本州四国連絡橋公団法」に基づいて設立された政府全額出資の特殊法人であった。設置目的は「本州と四国の連絡橋に係る有料の道路及び鉄道の建設及び管理を総合的かつ効率的に行うことなどにより、本州と四国の間の交通の円滑化を図り、もって国土の均衡ある発展と国民経済の発達に資すること」とされた(同公団法第1条)。

同公団の活動原資は、大きく分けて①国の出資金、②財政投融資による国の債権引き受け、③地方自治体の出資金および各府県などの縁故債引き受け斡旋、④金融機関引き受けの縁故債、⑤民間借入金、⑥事業収入——の6種類である。2000年度の事業報告によれば、調達資金の構成比は外部資金が6割、自己資金(資本金など)は4割であり、他の公法人と比較して自己資金の比率が高い。つまり、それだけ公的な補助の比率が高かったと言える。

本州四国連絡橋公団は、神戸淡路鳴門自動車道、瀬戸中央自動車道(瀬戸大橋)、西瀬戸自動車道(瀬戸内しまなみ海道)の3ルートの道路でプール制を計画していたが、全体的な採算に苦しみ、特殊法人改革において解散することとなった。業務は上下分離され、施設は日本高速道路保有・債務返済機構が保有し、運営は本州四国連絡高速道路株式会社に引き継がれた。後者は運営に特化し、現在では営業利益を計上し、債務の返済に充てている。

③ **鉄道建設・運輸施設整備支援機構の資金調達**

独立行政法人鉄道建設・運輸施設整備支援機構(鉄道・運輸機構)は、日本鉄道建設公団と運輸施設整備事業団の業務を継承する組織として2003年に設立された。根拠法は独立行政法人鉄道建設・運輸施設整備支援機構法である。

前身である日本鉄道建設公団は、旧国鉄などの鉄道建設事業を行っていた特殊法

人で、運輸施設整備事業団は旧国鉄の民営化時に新幹線保有機構として設立された組織を母体の1つとしている。すなわち、いずれも巨大投資型インフラストラクチャーの建設資金調達と保有という、民間企業では特に困難な部分を担ってきた組織の統合体である。

　鉄道・運輸機構の資金調達方法は独自起債から市中借り入れまで多様である。組織全体としては民間借り入れ49％（シンジケートローン37％、政府保証債9％など）、独自債券38％、財投借入金13％となっている。なお、支援対象とする事業の特徴に応じて、資金投入における調達方法の割合は個別に設計される。

5) 将来動向

　我が国では近年、巨大投資型のインフラストラクチャーへの政府関与が事業資金の調達と施設の保有に絞られてきた傾向がある。これは「民間ができることは民間で」という方向性に合致しており、自由主義経済体制下のインフラストラクチャー事業の在り方として望ましいと考えられる。

　また、近年においては国内の資本蓄積も比較的潤沢にあり、むしろ様々な民間の事業機会（投資機会）の創出こそが求められている状況にある。2014年末に着工したリニア中央新幹線のように、従来であれば国の信用を担保に資金調達が行われてもおかしくない巨大プロジェクトが、民間企業であるJR東海の独自投資によっての実施が検討されるといった事例も出てきている。しかし、これは一定の需要が見込める案件に限られる。

　今後の我が国で求められるインフラストラクチャーは、必ずしも効率性の追求や需要拡大への対応といった収益性が明快に予測できるようなものばかりではない。成熟した社会経済にふさわしく、安全性や環境、景観の改善・向上も同時に図ろうとした事業の比率が高まっていくことは確かだし、これを大都市中心部で行おうとすれば、これらが新しいタイプの巨大投資型プロジェクトになることは容易に想像される。例えば日本橋の首都高速道路地下化などは、そのような事例として考えられる。

　民間企業がこうした事業を担おうとした時に、資金調達は改めて大きな課題となる。このように、新しいタイプの巨大投資型インフラストラクチャーの整備に関しては、引き続き公的機関による資金調達力の活用が求められる場合が多いと言える。

(4) 地域支援型
1) 特徴
　インフラストラクチャー事業の中で、最も多くの社会的関心を集め、また検討課題も多く存在するのが地域支援型であると言える。需要が見込めず、収益性が期待できないにもかかわらず、なぜ大規模投資あるいは既存施設の継続運営を行わなければならないのかという議論が、既に多くのインフラストラクチャー事業を対象に行われてきた。そしてこの問題は、日本のみならず、世界中において今後も議論され続けるであろう。

　上記の問いに対する1つの回答は、たとえそれが低収益の事業であったとしても、その外部効果を考えれば、地域の社会経済の基盤として必須であるという社会的合意があるなら、何らかの形でそれを実現させなければならないというものである。そして次の問題は、どうすれば公的負担を最小化してその事業を成立させられるかということになる。

　地域支援型の問題は、必ずしもある過疎地の有料道路整備というような局地的なものだけではない。例えばかつて多くの地域で人々の交流を支えていた鉄道路線の多くが、モータリゼーションの普及や人口減少によって利用量が激減して、事業存続が危ぶまれている。地域支援型のインフラストラクチャー事業には、このような多くの地域の赤字鉄道路線をどうするかといった全国的な問題も含まれるのである。

2) 事業主体
　地域支援型のインフラストラクチャー事業には様々な事業主体がある。

　鉄道や高速道路のようなネットワーク性のあるインフラストラクチャーでは、従来は日本全国を対象とする巨大な事業主体（旧日本国有鉄道、旧日本道路公団など）が、地域支援型の路線整備も担っていた。その場合、全国合計での採算性を確保することが1つの経営目標であり、後述するように内部補助が行われてきた。

　しかし、現在ではこれらの巨大な事業主体は分割・民営化され、鉄道事業では、整備新幹線の整備に伴う並行在来線の事業主体も含め、各地に多くの第三セクター企業が生まれている。地方の小規模鉄道会社など、不採算事業を単体で運営する事業主体も多く存在するようになった。また、旧来からの水道事業者や公営交通事業

者など、行政機関が経営に関わる事業主体も数多く存在する。

3) 様々な事業手法

収益性がそれほど期待できない状況下で行う事業であり、純粋な民間事業としては成り立つ可能性が低いので、これまで世界各国で様々な工夫が行われてきた。その多くは、不採算部分に公的資金などを投入することを想定しつつ、その負担をいかにして最小化するかというものである。代表的な事業手法とその実例を以下に記す。

① 内部補助

インフラストラクチャー事業主体の内部で、高採算部分の収益によって不採算部分の損失を補填することを内部補助と呼ぶ。旧国鉄は都市部の通勤線などの黒字によって地方を中心とした赤字ローカル線の赤字を埋め合わせていた。また、旧日本道路公団は、本来であれば償還済みの路線からの収益を新規路線の建設費用に充当する「全国プール制」を採用していた。

このことは、路線別の受益と負担の観点から否定的に論じられることもあった。一方で、事業主体に全社的な採算性向上のインセンティブが生じる点で、内部補助制度をむしろ評価する見方もある。一般の民間企業であれば、好業績の事業がもたらす収益の一部を用いて、利益を生むものではないが何らかの理由で必要と認められる事業を補助する内部補助は当然であり、株主の理解さえ得られれば全く問題にならない。

② 水平分離

インフラストラクチャー事業のうち、採算性のある地域や路線は民間で運営し、不採算な地域や路線は公的機関が担う、あるいは別の手段によってサービスを継続するという区分を行うことがある。これを「水平分離」と呼ぶこととしたい。鉄道、高速道路・有料道路などネットワーク型のインフラストラクチャーで適用例が多い。例えば旧国鉄が分割・民営化された際、地方部の不採算路線の多くは廃止（路線バスなどへの転換）、あるいは地方の第三セクター鉄道会社による経営に移行した例が挙げられる。

水平分離は、経営条件の良い部分に限定して民間企業が事業を引き取るという外見から、「クリームスキミング（Cream Skimming：良いとこ取り）」と呼ばれ、否定的

に論じられることがある。しかし、事業経営の観点からは合理的な一面を持っていることも確かである。ただし、収益の良い路線から切り離されたため内部補助が期待できないなどの原因によって、経営が困難な第三セクターが多く生み出されてきた点は課題である。

③ 上下分離

インフラストラクチャーに関わる固定費の主な発生源である施設・設備の所有を公的機関が担い、運営は民間企業が担う形式が現在では多い。このように、所有と運営の事業を分離することを一般的に上下分離という。今日では高速道路事業、鉄道事業、港湾事業、上下水道事業などで見られる。北陸新幹線の例では、線路施設を公的機関である鉄道建設・運輸施設整備支援機構が保有し、車両はJRが保有して運行している。

インフラストラクチャーの所有を公的な機関が担うことは、高い信用力を背景として資金調達を容易にするとともに、固定資産税の減免、自然災害による設備損壊時のリスク対応力などの面でメリットが生じる。一方で、公会計を用いるため当該インフラストラクチャーは公物と見なされ、減価償却は適用されない。このため、施設・設備の更新時には改めて莫大な資金調達が必要となる。

④ 公的補助

需要が期待できず経営の成立が困難と考えられるインフラストラクチャーの建設と運営には、公的補助が行われる場合がある。地方部の私鉄などに多く見られるが、地方中核都市などでも公共交通機関に対する補助金の投入は決して珍しいことではない。

⑤ 複合化

インフラストラクチャーの事業主体が本来の事業とは別の事業を並行して営み、複合的な効果を生み出して全体的な収益向上を図ることがある。例として、鉄道事業者の不動産開発事業や小売販売事業がある。民間事業であれば当然の取り組みであるが、事業主体が官公庁などの場合は設置法などによって組織目的が絞られているため、必ずしも容易ではない。

⑥ コンセッション、PPP／PFIなど

1980年代以降、欧州で発展し世界に広まった民間活力活用の事業手法に、コンセ

ッション(Concession)やPPP(Public Private Partnership)／PFI(Private Financial Initiative)と呼ばれるものがある。

　これらは民間事業の低収益性部分を官が補完するというよりは、むしろもともと官の事業として想定されていたものについて、官側の初期投資の資金不足などを補うために民間資金を活用したり、経営効率を向上させるために民間の経営能力を導入したりするための方法論としての色合いが濃い。すなわち、事業主体はあくまで公共であることが出発点となっている点が前述の①～⑤とは異なる。しかし、高い採算性が必ずしも期待できない状況下で、地域に必要なインフラストラクチャーの整備を進める方法論としては共通点を持つため、本書ではこれらも「地域支援型」に分類して記す。ここでは施設の保有権の取り扱いと、資金調達の責任分担がポイントとなる。

　欧州諸国におけるコンセッション方式のインフラストラクチャー事業は、設計、資金調達、建設、事業運営の一部あるいは全てを民間事業者が行う。従って多くの場合、官側には事業予算を準備する必要はなく、しかるべき事業主体を選定し、適切な契約を締結することが官の役割となる。さらには公物管理の権利・義務まで民間に付与されることもある。従って、これは独占権を与えられた民間事業者による民間事業と見なすこともできる。

　一方で我が国におけるコンセッション事業は、官が既存施設の保有権を維持したまま、民間事業者にインフラ事業の運営に関する権利(公共施設等運営権)を有償で長期間にわたって付与する方式で、建設や更新まで民間に委ねる例はまだない。欧州における方式に比較すれば、現在のところ極めて限定的である。

　PFIは設計、施工、資金調達、建設、運営の一部ないし全部を官が民に委託する手法である。官に資金力や技術力がない(小規模自治体など)場合のインフラストラクチャー整備促進などに有効とされる。

　PFIにはいくつかのタイプがある。設備の所有権に着目した区分がBTO、BOT、BOOなどである。

　BTO(Build Transfer Operation)は、民が施設を建設した後に所有権を官に無償移転して運営する方法である。官にとっては施設の所有権を維持してこれを管理できるメリットがある。民には運営期間中の施設管理責任を負うことなく、また固定資産税などが減免されるメリットがある。

BOT（Build Operation Transfer）では、民間事業者が事業期間満了をもって官に施設の所有権を無償譲渡する。民には、運営期間中の固定資産税が減免されない場合があることや、施設の管理責任を負うため火災保険など施設のリスクマネジメントを自ら行わなければならないデメリットがある。半面、官側のメリットは大きい。

BOO（Build Own Operation）では、事業運営期間満了時点で民が施設の所有権を保持して運営を継続するか原状回復するかを判断するものである。BOTとほぼ同じだが、官への所有権移転を前提としない点が異なっている。

サービスに対する対価の支払いから区分すれば、PFI事業者が料金収入で事業を賄う「独立採算型」、官が民間事業者からサービスを購入する「サービス購入型」、民間事業者が料金収入と官からの補助金で事業を成立させる「混合型」などに分けられる。特にサービス購入型は、料金徴収ができない純粋公共型の事業であっても適用可能なので、画期的な事業手法であるといえる。例えば、英国の道路は有料橋や有料トンネル以外は原則無料であるが、道路事業においてもDBFO（Design Build Finance Operation）という名称でPFI手法が導入されている。ちなみに、官公庁が資金調達し、民間事業者に設計、施工、運営を包括的に委任する事業形態をDBO（Design Build Operation）と呼ぶ。

以上は民間活力の活用策の数例にすぎない。現実には、個々のプロジェクトの特性に応じて様々な契約形態があり、今後も新たな形態が数多く考案されていくことであろう。

4）様々な事業形態の実例

ここまでに述べてきた地域支援型の様々な工夫を凝らしたインフラストラクチャー事業形態が、実際にはどのように適用されているのか、いくつかの代表的な実例を以下で見てみることとしたい。

①上下分離・水平分離：日本道路公団の民営化と新直轄方式の高速道路整備

日本の高速道路はインフラストラクチャーを公的機関（独立行政法人日本高速道路保有・債務返済機構：以下、保有機構）が保有し、高速道路会社（株式会社）がそれを借りて運営する上下分離方式である。

日本の高速道路はもともと国が計画し、特殊法人（日本道路公団など4公団）が建

設・管理してきた。1970年代から全国ネットワーク整備のため高速道路網の収支を全国で一体管理する料金プール制を導入した。料金プール制の下で内部補助を行い、地域支援型の不採算な地方路線が多く建設された結果、公団の債務は大きく膨らみ、その抜本的な改革を目指して特殊法人改革の中で分割・民営化された。上下分離方式が適用され、運営は地域別に6つの株式会社によることとなった。債務は高速道路資産を引き継いだ保有機構に受け継がれた。高速道路会社は高速道路事業で収益を上げることが制度的に認められておらず、徴収した高速道路の利用料金はほぼ全額が施設利用料として保有機構への支払いに充てられ、保有機構はこれを債務の返済に充てている。このため高速道路会社の主な収益源は、サービスエリアやパーキングエリアでの販売収入などの関連事業である。

現在、新たな路線の整備は路線の収益性などから判断され、2つの方式によって進められている。有料道路方式を取る場合は高速道路会社が事業主体となり、借入金で新設、改築、修繕などを行い、料金収入をその債務返済と管理費に充当する。無料とする場合すなわち「純粋公共型」では、新直轄方式と呼ばれる方法を取り、国と都道府県および政令市が費用を負担する。国の負担率は、新設・改築の4分の3、維持・修繕の全額である。これによって、地域支援型として行われていた地方路線の整備は、採算の合う路線は「官民混合型(巨大事業型)」で、不採算路線は「純粋公共型」で実施されることになったと言える。

② **水平分離：JRと第三セクター鉄道**

日本の鉄道は明治中期に民間事業として全国に拡大したが、日清・日露戦争前後から軍事的要請により大部分の路線が国営化され、第二次世界大戦後はそれらが日本国有鉄道(国鉄)に引き継がれた。その後に本格化したモータリゼーションの進展などが鉄道事業の採算性を悪化させ、国鉄は1987年に膨大な債務を切り離して6地域の旅客会社と貨物会社1社の計7社に分割・民営化された。これらの新会社は全て株式会社であり、旅客鉄道会社は上下一体の運営方式を取る。貨物会社は旅客会社の保有する線路上を運行する運営会社である。

その後、本州と九州の旅客4社は株式の市場への上場を果たし、完全な民間企業となった。分割・民営化に当たり、旧国鉄の多くの不採算路線は廃止あるいは第三セクター会社などへの事業譲渡となった。

③上下分離と機能分化：EUの鉄道政策と仏独の特色

　欧州諸国はどこも、モータリゼーションによる鉄道経営環境の悪化に苦しんできた。1988年に、スウェーデンが鉄道と道路交通を同じ基盤に立たせるイコールフッティング(Equal Footing)を目指して上下分離方式を採用した結果、鉄道経営に改善が見られたことから、EUはこれを参考に「上下分離」、「オープンアクセス」を共通鉄道政策として構成国に義務付け、EU各国はこの指令に沿った政策を進めてきている。ただしその形態は以下に示すフランスやドイツの例のように、国ごとに特色がある。

　フランスの幹線鉄道は、上下分離されたが上下とも政府の外郭団体である公法人が事業主体となっており、全国規模の国営事業としての性格を色濃く残している。具体的には、施設の保有を公法人であるフランス鉄道線路事業公社(RFF：Réseau Ferré de France)が、鉄道の運行はフランス国鉄(SNCF：Société Nationale des Chemins de fer Français)がそれぞれ担う公設公営型の上下分離である。

　フランスの幹線鉄道網はもともと民間事業者を中心に発達したが、1930年代から各社の経営が悪化した。第二次世界大戦前の社会主義政権下でフランス国鉄が設立され、主な私鉄はここに統合された。1960年代以降も経営不振は深刻で、1990年代に上下分離策が取られた際には施設の所有と管理は長期債務とともにSNCFからRFFに移管されて現在に至っている。SNCFはRFFに施設使用料を支払い、RFFはこれを債務返済に充てるとともに借り換えなど金利のマネジメントを行っている。SNCFは運行業務に専念し、2社の役割分担は明確である。なお、幹線鉄道以外の地域鉄道は自治体財源により運営され、国が一部補助を行っている。

　ドイツの鉄道は持ち株会社制の地域分割・上下分離である。持ち株会社であるドイツ鉄道会社(DB：Deutsch Bahn AG)の株式は100％政府保有であり、実質的には国有鉄道である。DBの子会社には列車運行会社、貨物運行会社、インフラ保有会社、地域鉄道会社などがある。鉄道運営はEU指令に従い、外国の鉄道などDBの運行会社以外の鉄道会社の列車も乗り入れができるオープンアクセス方針を取る。

　ドイツは小さい領邦が集まった連邦国家であったので、もともと多数の私鉄や領邦立鉄道が並存していた。それが第一次世界大戦後、国有鉄道として一元化され、ナチス政権下で軍事活動を支えた。第二次世界大戦後は東西ドイツにそれぞれ国有鉄道が設置されたが、ドイツ再統一後にドイツ鉄道株式会社として一体化した。民営

化の背景には他国と同様にモータリゼーションの進展による厳しい事業環境がある。

　ドイツにおける幹線鉄道の上下分離の特徴は、前述の通り機能別に多くの子会社を設置して分権的な運営形態を取りつつ、持ち株会社の支配権を通じて全体的な経営権を連邦政府が保持している点にある。一方で地域鉄道(都市圏の鉄道)は州政府が管轄し、事業者を競争入札で選定して運行を委託する方式を採用している。

④上下分離・地域分割・民間委託と補助金政策：英国幹線鉄道のフランチャイズ制

　英国の幹線鉄道は、線路を公的機関が保有し、地域別に営業権を入札(フランチャイズ制)で決める公設民営型の上下分離である。また、列車の運営、車両リース、信号保守など機能別に多くの企業に分かれ、それぞれの機能分野で競争原理を適用し(オープンアクセス)、効率性を追求している点が非常に特徴的である。

　フランチャイズ方式とは、鉄道ネットワークを複数の地域に分割した上で、その地域の列車運行の事業者をいわば入札で選定する方法である。多くの路線は赤字が常態であり、その場合の入札では必要となる政府からの補助金が最も少ない企業が運営権(通常7年程度)を認められることとなる。

　英国では、第二次世界大戦後に発足した国有鉄道(BR：British Railways)が幹線鉄道の主たる事業主体であった。しかし経営は困難を極め、EU指令に従う形で1994年に地域分割・民営化された。鉄道インフラと車両調達、運行を分離し、旅客鉄道会社をフランチャイズ入札する方式が導入されたのはこの時である。旅客運送は地域別に25社、貨物は6社、その他の業務は信号管理14社、車両リース3社など機能別・地域別に細分化され、分割・民営化後の企業数は約100社に及んだという。

　オープンアクセス政策の結果として、外資の進出も進んでいる。車両リースの分野では日系企業が高いシェアを獲得している。フランチャイズ制で一部地域の鉄道運営は米国系などの企業が担っている。

　以上に見る通り、英国の幹線鉄道は前述の仏独と比較して極めて市場主義的な色彩が濃いものとなっている。様々な部分で競争環境を整備し、事業主体に経営効率の改善を促す仕組みが施されていると言える。

　ただし、インフラの保有は例外である。鉄道インフラは当初、民間企業であるレールトラック社が保有する形を取った。同社は株式上場したが、株主への高配当方針がもたらした維持管理の不徹底によって事故が多発し、補償金がかさんで倒産し

た。その後、非営利組織ネットワークレール社[8]が設立され、レールトラック社を買収して全国の鉄道設備資産を引き継いでいる。

⑤**上下分離、民設公営：米国の幹線旅客鉄道アムトラック**

英国とは逆に、インフラストラクチャーを民間企業が保有し、それを公共的な事業主体が利用する例もある。米国の貨物鉄道会社は自社保有の線路を公営の旅客鉄道会社であるアムトラック社(Amtrak)に貸し出して、経営の困難な旅客鉄道サービスを存続させている。

米国の幹線旅客鉄道は、民間の貨物鉄道会社9社が保有して自社運行に用いているインフラストラクチャーを、下部施設を保有しない公企業(アムトラック)が利用する、民設公営型の上下分離である。

米国の鉄道網整備・運営は、近年まで全て民間事業者によって行われてきた。政府の関与は極めて時限的かつ局所的で、例えば第一次世界大戦中、軍事的要請によって政府機関(USRA：United States Railroad Administration)が設置され、重複ダイヤの削減、車両の標準化などを推進して成果を上げた例があるが、同機関は戦争終了後の1920年には組織目的を達成したとして解散している。

戦後、モータリゼーションおよび航空ネットワークの発達によって鉄道経営が悪化して経営破綻が相次いだため、その救済のために2つの連邦出資会社が設立された。それがコンレール(Conrail：Consolidated Rail Corporation、1974年設立)と、前述のアムトラック(Amtrak：National Railroad Passenger Corporation、1971年設立)である。

貨物輸送を主とするコンレールは米国北東部の破綻した6私鉄を引き継ぎ、不採算路線の廃線などを進めて経営改善し、自らは民営化して、その後競合社に買収されて消滅した。鉄道貨物輸送は大陸国家米国における東西間長距離輸送において競争力を保持し、安定した経営を続けている。旅客輸送のアムトラックは営業継続しているが、経営は苦しく毎年10億ドルを超える損失を計上している。

⑥**上下一体、公設公営：ドイツの高速道路**

ドイツの高速道路は全額国(連邦)の負担によって整備・運営されている。連邦は

---

[8] 我が国での非営利組織(NPO)とは異なり、株主が存在しない組織形態として、利益を配当として資本流出させず、全て事業に再投資するという意味での非営利組織である。

鉱油税を財源とする連邦長距離道路整備の特定財源を持つ。高速道路の利用は原則無料だが、EUの市場統合に伴って他国との制度調和の必要性などから近年、大型トラックのみ有料化された。(つまり、料金のかからない乗用車や小型トラックにとっては、ドイツの高速道路は我々の分類によれば純粋公共型ということになる。)

　ドイツでは民間道路会社がハンブルク—フランクフルト—バーゼルを結ぶ有料道路ハフラバ道路を建設したのが始まりであるが、1920年代末の大恐慌を機にナチス政権のアウトバーン建設が開始され、公共財源による建設方式が導入された。

　アウトバーンの整備は第二次世界大戦による中断を挟んで、戦後に西ドイツにおいて再開される。建設の財源は自動車利用者などから徴収する鉱油税とし、高速道路の利用は無料とされた。1960年代以降、高速道路は急速に路線延長を延ばした。また、戦前の状態のまま使用されていた旧東ドイツのアウトバーンも東西ドイツの統一後、急速に改良が進められた。

　ドイツでも厳しい国家財政と増大する高速道路の改良費、維持補修費への対応としてPFI／PPPの導入を進めているが、現時点では橋梁やトンネルなど一部の事業にとどまっている。

⑦上下分離、公設民営：フランスの高速道路

　フランスの高速道路は、日本と同様に有料道路制度を軸として建設が進められてきた。

　現在のフランスの高速道路は、インフラストラクチャーを公的機関(フランス道路機構、ADF：Autoroute de France)が保有・管理し、コンセッション会社が運営する公設民営・上下分離型の有料道路である。ドイツなどと比較して高速道路整備の遅れたフランスでは、有料制の枠組みを規定した高速道路法(1955年)に基づき、1963年までに5社設立された半官半民の高速道路混合経済会社(SEMCA：Société d'Économie Mixte Concessionnaires d'Autoroutes)が中心となって整備を進めてきた。政府はこれらの会社とコンセッション契約を結ぶ形式だが、実際には計画から管理までの段階に様々な形で関与した。

　当時、高速道路の建設需要は多く、事業主体を拡大する必要性から、1970年にコンセッション会社の資格制限が撤廃された。国の関与も縮小し、例えば路線の詳細調査や用地買収はコンセッション会社が行うことになった。この政策変更を受けて

民間企業数社が参入した。

　その後、コンセッション会社間の経営格差が広がり、参入した民間企業の一部はSEMCAに吸収された。またSEMCAの資産を管理する公的機関（ADF）が設立されてフランスの高速道路は実質的に上下分離へと移行し、赤字の拡大したSEMCAが黒字経営のSEMCAに統合されるなどの過程を経て、2005年には全SEMCA株が公開され、コンセッション会社は形式上全て半官半民から民間会社となった。

⑧ 水平分離とPFI導入：英国の高速道路

　英国の高速道路は1959年に開通したM1モーターウェイが最初であり、米国やドイツに比べると建設着手が遅かった。高速道路の建設と管理は運輸省（DfT：Department for Transport）の執行機関（Agency）であるハイウェイズ・イングランド（HE：Highways England）が担っており、高速道路と幹線道路合わせて約7000kmを管理している。

　英国の高速道路は大部分が国費による整備で、原則無料で供用されている。しかし厳しい財政事情から、新設・改築を含む投資的な事業はDBFO（Design Build Finance Operate）手法で進められている。これは、高速道路の整備と運営を民間企業が一括して請け負い、政府が通行量に応じて利用者に代わって料金を支払うことで必要経費の大部分を補填（これをShadow Tollという）する方式で、利用者から通行料金は徴収しない。維持管理は全国を12ブロックに区分し、5年単位で民間企業に委託している。

　英国は高速道路事業のPPP／PFIの発祥地と言われる。背景には道路財源の不足がある。高速道路の管理者であるHEが、大規模改築とその後の長期的維持管理および必要な資金調達をまとめて民間に委ねる契約を交わした区間が高速道路2区間など8区間、延長600kmほどある。これらがDBFOの適用区間であり、利用料金は原則無料でShadow Toll方式によって運営されており、有料区間は一部の橋梁・トンネルとM6Tollと呼ばれる一部区間のみである。

⑨ 上下一体、自治体経営と国庫補助：米国の高速道路、日本の地方道路公社

　米国の高速道路は供用初期の20世紀初頭以来、主に州政府が計画・建設・管理を担ってきた。ただし州をまたがる、いわゆる「州際道路（Interstate Highway）」に関しては連邦の補助が認められる。利用はいずれも原則無料である。

州際道路の起源は、第二次世界大戦で軍事輸送上、州間での道路の接続問題が顕在化したことにある。このため、一定の規格を満たす州際道路の建設に連邦が自動車燃料税などを原資とする特別会計から補助を行うと定めた「連邦補助高速道路法(Federal-Aid Highway Act of 1956)」が成立して、全国統一規格でのネットワーク整備が始まった。

　同法に基づいて整備された州際道路は6万kmに及ぶ。「州際(Interstate)」と名付けられてはいるが、それらの建設と管理は州政府が行っている。道路規格は全米道路運輸行政官協会(AASHTO：American Association of State Highway and Transportation Officials)がガイドラインを提供し、これに適合する州の計画に連邦政府が補助金を付与する仕組みである。補助は連邦政府運輸省の執行機関である連邦道路庁(FHWA：Federal Highway Administration)が行う。有料道路は補助対象とならず、現状で有料道路の比率は各州とも10%を下回るほど低い。

　1950年代に建設された高速道路などの老朽化が問題となった1980年代以降、道路財源の不足を背景に、有料道路の拡大や民間資金活用による道路整備(コンセッションなど)の事例が現れ始めている。

　日本の地方公共団体が設立した道路公社は、設備を保有して運営する公設公営の上下一体型である。地方道路公社とは地方道路公社法に基づいて地方公共団体(都道府県および政令指定都市)によって設立される団体であり、有料道路と有料駐車場を設置、管理する。予算、決算は設立団体である地方公共団体の長による承認が必要である。設立団体は公社の債務保証を行うことができる。国からの補助は災害復旧に限定されている。

⑩ 公的補助：日本の地方私鉄

　今日の地方中小私鉄で、行政の援助を受けていない会社はほとんど存在していないと言ってよい。よく見られるケースは、列車運行による収益は鉄道会社が日常的な運営経費に充当し、車両を含めた設備の保守などにかかる経費を自治体などの公共が負担する形態である。また自治体が議会承認を受けてこうした公的支出を行う、いわゆる公式の助成金のほかに、自治体の外郭団体によるサポート(寄付や回数券のまとめ買いなど)も少なくない。

　最も大掛かりに公的補助が行われたのは、旧国鉄が民営化された際にJR各社か

ら切り離された地方鉄道であろう。これらの鉄道は地方第三セクター企業による経営に転換し、路線の距離に応じた転換交付金を受給している。この交付金は経営主体によって基金として運用され、その運用益で営業赤字を埋めることが計画されていた。しかしながらバブル崩壊や1999年以降のゼロ金利政策長期化により、基金の運用益は大きく減少し、経営支援としては十分機能していない。

5) 将来動向

　地域支援型のインフラストラクチャー事業は、世界中で試行錯誤が続いている。個々の事例の内容は様々であるが、大きな潮流としては官の比重を低下させ、様々な状況下における民間事業の成立可能性を探っている状況であると言えよう。

　需要の少ない地域では上下分離を行い、固定費負担を公的機関が担うという方策は、既に多くの国で定着してきた。次の課題は、一定のサービス水準を保ちながら運営費用を削減することだが、そのために競争原理を導入する方策として、英国鉄道ネットワークのフランチャイズ制度が注目される。本来、インフラストラクチャー事業は地域独占になりやすく、競争原理が働きにくい特徴があるが、一定期間ごとに入札を繰り返す前提を置くことで、疑似的に競争的市場環境(Contestable Market)を創出している。将来的には、さらなる経営効率化に向けて自動化やICT化などの方策がますます推進されるであろう。

　しかし、そうした経営の技術論も重要だが、何よりも求められるのは需要そのものの創出ではなかろうか。インフラストラクチャー事業は地域の活性化を支えるものだが、そのインフラストラクチャーを利用する需要の創出には、まだまだ多くの工夫の余地が残されているに違いない。

(5) 初期助成型

1) 特徴

　インフラストラクチャー事業はいわゆる装置型の事業であり、事業費に占める初期投資の比重が大きい。このため、平均費用逓減と呼ばれる特徴を持つ。

　平均費用は、サービス提供に要する総費用を利用量で除して求められる。総費用はおおむね初期投資の回収費用(借入金の返済など)と運営費用(人件費、燃料費な

ど）で構成される。装置型事業の例として水道事業を考えた時、水道の利用量が設備能力の範囲内であれば、利用量の変化が運営費用の増減に大きな影響を与えないことは容易に理解されよう。これは、例えばサービス業などの労働集約型の事業では運営費用とりわけ人件費が総費用に占める比率が高く、サービス供給量を増加させるためには運営費用を増加させなければならないことと好対照をなしている。

インフラストラクチャー事業は、一般に初期投資の規模が非常に大きいため、その返済負担が事業化のハードルとなる。そこで、初期投資あるいは事業が軌道に乗るまでの運営費を公共が担うことによって事業化を促進しようという考え方が生まれてくる。このようなタイプを「初期助成型」と呼ぶこととしたい。

インフラストラクチャー事業は長期にわたって運営されることが通例なので、初期段階において大きな需要が存在しない場合でも、当該インフラストラクチャーの整備などの外部効果によって受益地域に人口や産業の集積が進展し、徐々にインフラストラクチャーへの需要そのものの増大をもたらす場合もある。このような時、インフラストラクチャー事業の収益性はもちろん向上していく。

2) 事業主体

初期助成型は、事業の初期段階と成熟段階で事業主体の役割に変化が生じる。初期段階においては建設のための資金調達や、需要があまり期待できないなかでの運営費の負担などが課題となるため、公共の関与が求められることが多い。一方で事業が成熟し、初期投資が回収され、需要が拡大して事業の収益性が安定あるいは向上が見込まれる段階になれば、民間による事業運営が有力な選択肢となる。

3) 公営水道事業、公営交通事業における初期助成型の実例

様々なインフラストラクチャー事業で見られる「初期助成型」の中でも、事業の民営化までの具体的展開が検討・実施されている公営水道事業と公営交通事業の例を挙げたい。

① 公営水道事業

我が国では大部分の水道事業者は市町村営など地方公営企業であり、その総数は2000強（うち約800が簡易水道事業者）となっている。

全国的な上水道の普及率は98%に達し、設備投資はほぼ完了して維持管理中心の運営となっている。水道料金は総括原価主義に基づいて設定されており、費用回収のリスクは小さい。実際に多くの事業体では建設時に発行された企業債の償還も進展しており、近年の水道事業者の自己資本比率は平均で7割に達している。すなわち財務的には超優良企業並みの状況である。また、水道事業を運営する地方公営企業の9割は黒字経営を維持している。

こうしたことから、我が国における水道事業の多くはもはや初期投資の返済期間を終えた成熟事業であり、今後は経営効率の向上を重視して、可能な地域から公共施設等運営権制度（コンセッション）の活用など、民営化、民間化すべき時期に至っているという見方が出てきている。

一方、我が国の下水道普及率は約77%である。その整備においては初期助成の考え方がはっきり表れ、建設費は国庫補助金、自治体の税収および長期借入金（公営企業発行の企業債など）で、経常費は下水道利用料金収入および自治体の税収で賄うこととされている。経常費とは施設の維持管理費や減価償却費などである。

下水道財政には「雨水公費・汚水私費の原則」があり、雨水処理分経費は一般会計、汚水処理分経費は下水道料金収入が充当されている。

② 公営交通事業：大阪市営地下鉄

大阪市の最初の地下鉄路線は1933年開業の御堂筋線である。同線の建設には莫大な初期投資が必要となり、大阪市は起債や受益者負担の原則に基づく課税（開発利益の還元）まで実施して建設費を調達した（第2章第1節参照）。その後、長く建設費の償還のため赤字経営が続いたが、次第に御堂筋線の利用者数は増大し、償還後は高い収益性を持つ路線となった。その後の大阪市営地下鉄は、償却の完了した御堂筋線の収益で他路線の赤字を補填する、いわゆる内部補助を活用しつつ、新線の建設を進めた。

新線建設が一段落した2000年以降、経営する大阪市交通局の経営は好転し、2003年には全国9都市にある公営地下鉄の中で先頭を切って単年度黒字に転換。その後も年間200億円前後の経常黒字を計上し続け、2010年には累積欠損金を解消するに至った。2016年には大阪市が「地下鉄事業株式会社化（民営化）プラン（案）」を策定するなど、近い時点での民営化が予定される状況にある。

4) 将来動向

　インフラストラクチャー事業の世界的潮流は、公的負担の削減と経営効率の向上のため、民間事業として成立するものは民間で実施するという方向に向かっていると言える。こうした観点からは、初期助成型の事業が安定的な収益を期待し得る状況になった後でも官が担い続けるべきか、絶えず検討されなければならない。一方、「地域支援型」で見た通り、採算性が絶望的とも言えるようなインフラストラクチャー事業を、現在でも多くの第三セクター企業などが担っている現実がある。このように一種の矛盾ともいえる状況に関しても、いま一度、整理が必要と考えられる。

第4節
民間事業型

(1) 概要

1) 民間事業型の特徴

　収益性が期待でき、資金調達も民間企業において可能なインフラストラクチャー事業は、公的負担軽減および経営効率向上の面から、民間事業として行われることが望ましい。

　ただし、インフラストラクチャーサービスの市場には固有の特性があり、市場に委ねておくと弊害が生じる可能性があるため、必要に応じて公的な規制が行われる。なかでも①地域独占の可否、②競争条件の公平性、③地域の競争力の維持拡大——などの視点が重要である。

① 地域独占の可否

　インフラストラクチャー事業では地域で適正な競争環境が損なわれ、いわゆる自然独占(地域独占)の弊害が生じる場合がある。例えば事業主体が独占的地位を利用して超過利潤を追求し、料金を高額に設定するなどである。また、二重投資を避けるなどの目的で政府や自治体があらかじめ特定の事業主体に独占的な供給権を付与する場合がある。この時、地域独占の弊害を回避するために種々の公的規制が必要となる。

② 競争条件の公平性

　インフラストラクチャー整備に関連して、同種のサービスを異種の事業主体が同一地域内で供給するケースがある(例:電力とガス、鉄道と航空機など)。地域の厚生水準を維持しつつリダンダンシー(余裕度)を確保するためには、業種間の競争環境の平等化(イコールフッティング)などが求められることとなる。

③ 地域の競争力の維持拡大

　インフラストラクチャーの中には、国あるいは地域の競争力と深く、かつ直接的に関係し、国や地域の発展に大きな影響を持つものがある(例:ハブ空港、ハブ港湾)。この種のインフラストラクチャーに関しては、国の競争力強化策または地域の活性化策としてその強化が求められる場合がある。

2) 主な事業手法

　民間企業は行政機関や公法人、公企業などと異なり、一般的にステークホルダーが少なく、意思決定のスピードが速い。また活動の自由度が高く、組織目的が明快である。すなわち、利潤追求を是として、様々な事業機会を捉え、また創意工夫を発揮して新たな事業機会を創出し、その実現のために柔軟に行動することができる。そのような活動の中から、インフラストラクチャーに関連して、これまでにも公共ではできない多くの事業手法が生み出されてきている。その代表的な例として、①外部効果の内部化、②事業の複合化・多角化、③横展開――がある。

① 外部効果の内部化

　インフラストラクチャーはその公共的な性格から、その事業単体で高収益となるような料金設定を行わないよう、公的な規制が行われることが多い。これによって、利用者は利用料金を上回る便益を享受することが可能となる。

　利用料金を上回る便益はそのまま利用者に帰着するだけでなく、例えば鉄道駅前の地価上昇のような形でインフラストラクチャー事業の外部に発現する。これを外部効果という。

　公的な事業主体は設置法や条例などで事業範囲が厳格に定められるため、このように事業範囲の外部に発生する便益を取り込むことができない。一方で民間企業の経営するインフラストラクチャー事業では、例えば不動産業や流通業などに事業を多角化することで、交通条件の向上による商機を自社の売り上げ増とすることが可能であるし、むしろそのような活動を積極的に行うことで、総合的な収益の拡大につなげるための企業努力が重要となる。事例が豊富なのは民営鉄道（私鉄）事業である。

　一方で、道路沿いの排気ガス、空港周辺の騒音、鉄道近くの振動といった負の外部効果もある。こうしたマイナスの外部効果には、事業主体が補償を求められる可能性がある。

② 複合化・多角化

　インフラストラクチャー事業を核として、事業を様々に多角化し収益を拡大する試みも多く行われてきた。

　例えば大都市圏の民間鉄道事業者は多くの場合、自社鉄道が通勤手段になり得ることを生かして沿線で住宅開発を行い、不動産事業で収益を上げる（外部効果の

内部化)だけではなく、沿線に人口集積を促して一定規模の市場を形成し、この市場を対象に企業グループが多様なサービスを提供し、これらの事業間のシナジーを実現して総合的に採算を確保する戦略を取る。事例としてはバス事業、流通事業(デパート、ショッピングセンター、スーパーマーケット、コンビニエンスストア)、情報事業(ケーブルテレビなど)、教育事業(学校)、高齢者サービス(介護事業、高齢者住宅)、エンタテインメント事業(プロ野球のスタジアム、劇場、映画館)、エネルギー事業(電力供給)などがある。こうした取り組みは、第三セクター鉄道やJR各社の事業展開の先行モデルとなっている。また、鉄道のいわゆる「エキナカ」ビジネスは、当該インフラストラクチャーが一種の閉鎖空間を構成することを利用して、利用者を顧客として囲い込む有利な付帯的収益事業と言える。高速道路会社のサービスエリア(SA)・パーキングエリア(PA)事業もこうした事業に該当する。

　さらに、1つのインフラストラクチャーの事業を担っている事業者が他のインフラストラクチャーに進出することもある。米国の港湾事業者(ポートオーソリティー)の中には、港湾へのアクセス交通(道路、鉄道)の管理運営や、港湾区域の不動産開発、近隣の空港運営にまで多角化する事例がある(例：米国のPort Authority of New York & New Jersey)。

③ **横展開**

　民間企業は事業機会を追求する。あるインフラストラクチャー事業で獲得したノウハウは、他のインフラストラクチャー事業にも適用できると考え、積極的にその事業機会への参入を意図して活動する。

　例えば香港の港湾事業者を前身とするハチソン・ポート・ホールディングス社(HPH: Hutchison Port Holdings)は、その実績を生かして現在ではアジア、中東、欧州、北米およびアフリカなど世界26カ国、52港で319ターミナルを運営する世界有数のメガターミナルオペレーターとなった。

　港湾事業者の国際展開は、彼らにとってのリスク対策でもある。例えばHPHの本拠地である香港港は、1989～2004年の間、コンテナ取扱量は世界1位であったが、その後は伸び悩み、代わって中国本土の華南の諸港湾が急成長を遂げた。HPH社は華南の珠江デルタにおける広州港など主要港湾にオペレーターとして進出し、華南地域の港湾ネットワークを形成するとともに、この地域において既に香港港を超える

取扱量を担うに至っている。

　我が国の東急電鉄も、鉄道事業の運営と多摩田園都市の開発経験を生かし、ベトナムにおける新都市開発や、仙台空港のコンセッションへの事業展開に取り組んでいる。ベトナムの「ビンズン新都市開発」は、ホーチミン市の北方30kmで総面積1000ha、計画人口12.5万人、雇用40万人(いずれも2020年めど)の新都市を整備する計画で、東急電鉄は現地企業との合弁で開発主体となる企業を設立し、住宅開発やバス事業などへのノウハウを提供することになっている。

　仙台空港は、もともと国が管制塔と滑走路、第三セクター企業がターミナルビルの運営を担っていたが、我が国における空港民営化第1号案件として委託先が公募され、東急グループなどによるコンソーシアムが運営権を得た。東急電鉄は沿線地域開発の過程で様々な派生事業を展開してきたが、グループ内の不動産管理会社がこれまで他の空港の管理委託実績を積んできたことが新たな事業展開の鍵になったという。また交通事業と地域開発への総合的な取り組みの経験も、仙台空港の地元活性化に向けて期待されている部分である。

(2) 供給管理型

　インフラストラクチャー事業を自由競争の市場原理に委ねたとした場合、市場の失敗が起こる可能性としてまず指摘されるのが自然独占である。自然独占の弊害を排除するために様々な規制が行われる。このタイプのインフラストラクチャーを「供給管理型」と呼ぶこととする。

　初期投資が巨額で、長期にわたる安定的な需要が見込まれる市場において複数企業が自由な競争環境に置かれた場合、一方が他方を完全に排除して独占的な立場を形成しようとする傾向があるとされる。その結果として生じる独占状態のことを「自然独占」と呼ぶ。

　例えば米国の大陸横断鉄道建設の初期には、並行する路線を経営する複数の鉄道事業社の間で激しい顧客獲得競争や企業買収の応酬があった。競争に勝った事業者は、鉄道需要のある限り、競争に費やしたコストを長期にわたって回収することができる。逆に、敗退した事業者は巨額の初期投資が回収不能となる。その勝敗の明暗があまりにも極端であるため、インフラストラクチャー事業者間の競争は熾烈を

極め、赤字覚悟の激しい安値競争など「破滅的競争(Destructive CompetitionまたはCut-throat Competition)」を招きやすいと言われるのである。

また、こうした競争を勝ち抜き、独占的地位を占めた事業者は、超過利潤を得るために高額な料金設定を行い、利用者が限られて社会的厚生の最大化が阻まれる。このように、自由で競争的な市場の機能が阻害されることによって生じる社会全体の経済的損失のことをデッドウェイト・ロス(Dead Weight Loss：死荷重損失)という。

さらには競争に敗退して撤退する事業者が出た場合、その事業者が行った巨額の初期投資は回収不能となり、地域に残された資産の価値は著しく低下する(使われなくなった線路や鉄塔、トンネルや橋梁などは、利用可能性のない巨大な不良資産となる)。これは明らかに社会的な損失であり、埋没費用(回収できない費用：Sunk Cost(英))と呼ばれる。

自然独占は、このように様々な面で社会的に大きな損失をもたらす。このため、その恐れのあるインフラストラクチャー事業の分野においては、事業への参入・退出や利用料金に公的な規制が設けられるのである。

1) 事業主体

供給管理型の市場においては、参入規制が行われるとともに、事業主体は一定の公的性格を求められる。このため純粋な民間企業であっても、何らかの形で行政の影響力が行使される形態とされる。地域独占を許される一方で供給義務を課されていた電力会社や、多くは一般企業ではなく通例は自治体が地方公営事業として経営に当たっている水道事業者などが挙げられる。

2) 制度：参入・退出・料金規制
① 参入・退出規制

インフラストラクチャーの事業主体となるためには、民間企業といえども事業への参入、撤退に関して公的な規制が設けられる例が多い。例えば新規に鉄道を敷設して旅客や貨物の輸送サービスを始めようとする者は、所定の審査を受け、国土交通大臣の認可を受けなければならない。また電力、ガス、電気通信などの分野で操業する企業は、その事業から撤退する際には経済産業大臣から退出許可を得る必要が

ある。このような規制が必要とされるのは、前述の自然独占の弊害を除去するためと国民に対する供給義務があるためである。

　また、インフラストラクチャー事業は社会経済の根幹的な部分をなすことから、そのサービス提供には高い安定性が求められる。参入規制の実務的な運用においてはこうした責務を担えるだけの組織の資本力や規模、人員体制、技術力が事業主体に備わっているかも重要な審査項目となる。同じくその退出に関しても、インフラストラクチャー事業の社会的重要性から公的な審査が求められることは容易に理解されるであろう。

　このように、参入と退出が公的に管理されることは、自由主義経済の根本的な考え方とは相入れない。すなわち、そうした規制の存在は、市場機構による価格調整機能を阻害する。地域に必需的なサービスを独占的に供給する権利を得た事業主体は、参入規制に守られて競争を意識することなく、高額の料金設定をしたり、経営効率化を怠ったりする可能性も生じる。このことよって、参入・退出と次に述べる料金規制は相互に独立でなく、一体的なものとして考える必要がある。

② **料金規制**

　参入・退出に規制を設けられるインフラストラクチャー事業では、料金徴収が行われる場合、市場機構に価格形成を委ねることはできず料金は人為的に決定しなければならない。そして、料金には社会的な納得を得られるだけの根拠が必要である。

　理論的には、完全競争市場においては限界費用と等しい価格を料金として設定することが望ましいとされている。これを「限界費用価格形成原理」という。限界費用とは、利用量が1単位増加した時に必要となる追加的な供給費用である。限界費用価格形成原理が望ましいのは、この方式によれば「パレート最適」が実現されるためである。

　パレート最適とは、複数の構成員が存在する経済活動の範囲の中で、その中の誰かの効用を損なわずには他の者の効用を高めることができないような状態をいう。実際、ある施設に追加的な利用があった場合、それに見合う追加的費用さえ利用者が支払うならば、その施設の事業主体にも、他の利用者にも負の影響は生じない。その意味で限界費用が価格と等しければパレート最適は実現されると解釈される。

　しかし、インフラストラクチャーのように初期投資が大きく、かつ非競合性を有する

場合には、限界費用が著しく小さくなるため、限界費用価格形成原理を適用すると事業主体に損失が生じてしまうという問題がある。例えば計画交通量3万台の高速道路の利用料金を限界費用価格形成原理に基づいて設定するとしよう。利用量2万台から1台増加しても限界費用はほぼゼロに等しい。このことから利用料金をゼロに近い値としたなら、初期投資の回収は不可能であり、少なくとも民間事業としては成立しない。

なお、このように限界費用が極めて小さい事業を費用逓減産業と呼ぶことがある。費用逓減産業は、主として巨大な投資を行って固定資産形成を行い、その固定資産が稼働することでサービスを提供するという特徴を有する。このため、利用量が増大すれば平均費用(利用量1単位当たりの費用)が減少する。利用量の増加が平均費用の減少をもたらすことから費用逓減産業と名付けられるのである。

費用逓減産業は投資回収が巨額となる一方で、限界費用がほとんど生じないことは上記の高速道路の例からも明らかであろう。このため、費用逓減産業は、その料金を限界費用価格形成原理で決定すると事業主体には損失が生じてしまう可能性が高いことになる。

完全競争市場では理論的には理想とされる限界費用価格形成原理であるが、それをインフラストラクチャー事業に適用することにはこうした困難があるため、適正な規制料金の検討に当たっては、次善的な論拠に基づく議論が展開される。その際に論点となるのは、①事業主体の経営を成立させる価格体系であること、②その条件下で社会的余剰を最大化すること——の2項目である。①と②を満たすような料金設定をラムゼイ価格(Ramsey Pricing)と呼ぶ。ラムゼイ価格の実現に向けて、以下のような様々な考え方が編み出されてきた。

その一つは「平均費用価格形成原理」と呼ばれるもので、事業に要する全ての費用を想定される利用量で除し、適正と考えられる利益分を上乗せして販売単価を設定する方法である。実際、かつて電力事業などにこの考え方が適用され「総括原価主義」と呼ばれている。実際には、平均費用価格形成原理を参照して事業主体の経営的存立を目指す一方、インフラストラクチャーの幅広い活用を促す、利用しやすい料金水準が模索されることが多い。例えば輸送密度の低い地域における鉄道経営などは、平均費用価格形成原理を素直に適用すれば運賃は極めて高い水準になる。

これではインフラストラクチャーの持つ公共的な使命から問題があるので、利用料金は多くの利用者が支払い可能な水準に設定し、建設費や運営費に対する公的な補助を別途検討することとなる。

固定費と限界費用を明示的に組み合わせる方式に「二部料金」と呼ばれるものがある。これは、料金を基本料金と従量料金の組み合わせとするもので、おおむね基本料金は固定費部分、従量料金は限界費用に相当する金額とする。インフラストラクチャーの中でも、例えば電力のように、固定費部分が他のインフラストラクチャー事業との比較において相対的に小さい種類のものに、より適用しやすい考え方である。

独占企業の超過利潤追求行動を抑制し、経営効率を追求させる仕組みを導入する料金規制の考え方をインセンティブ規制と呼ぶ。これには、免許入札制、ヤードスティック方式、プライスキャップ規制などがある。

免許入札制とは、事業免許に有効期限を設けて仮想的な競争状態をつくり出す制度である。事業主体は、次回の入札に競合他社が参入することを恐れて超過利潤の追求を抑制し、経営効率を高め免許の継続を目指そうと考えるであろう。これは英国の鉄道運営で導入されているフランチャイズ入札などの理論的根拠となっている。

ヤードスティック方式とは、類似する条件下にある企業群に対して共通の評価指標を設定し、その指標に基づいて各企業の料金を規制する方式である。例えば複数地域の独占事業者相互間で経営効率の比較を行ったうえで規制料金を設定するなどの方法が取られる。こうすることによって、経営効率の良い独占企業は高収益、効率が悪い独占企業は低収益となるため、間接的にだが競争関係が生じて、効率化が促進されると考えるのである。

プライスキャップ制とは、上限価格を設定して利潤を全て企業に帰属させる方式である。企業は経営効率を向上させるほど多くの利潤を手にすることができることになる。適正利潤の範囲を想定しつつ上限価格を適宜、見直すことによって、ラムゼイ価格に近い水準が実現され得るとされる。

以上に見るように、参入・退出規制と料金規制との関係の要点は、破滅的競争や自然独占の弊害を除去するために参入・退出を規制しつつ、結果として独占的地位を得た事業体に経営効率向上を促すために、仮想的あるいは間接的な競争関係を創り出すような料金規制を行うことにある。

3) 上下水道や電力事業における規制
① 上下水道

　上水道は、特に都市部における人間の生存に必要不可欠な財である。そのため供給責任は公的機関が担うことが妥当と考えられ、実際に世界各国においても地方公共団体が主たる事業主体となってきた。

　日本では1887年に横浜市で初めての水道事業が開始されて以来、営々として全国的な整備が続けられ、現状では普及率98％となっている。残りの2％には、地下水が豊富で上水道整備の必要性がない地域が含まれており、実質的な普及率は100％と言ってよい状況である。

　水道法第6条で「水道事業を経営しようとする者は厚生労働大臣の認可を受けなければならない」、「水道事業は原則として市町村が経営するものとし、市町村以外の者は、給水しようとする区域をその区域内に含む市町村の同意を得た場合に限り、水道事業を経営できるものとする」と定められている。このため都道府県といえども、市町村の同意を得ない限りは水道事業を営むことはできない。これが参入規制であり、一方で水道料金は厚生労働大臣の認可を要することとなっている。

　しかし、インフラストラクチャーの整備が一定の水準を達成し、維持管理・運営が主となる時代となったことから、経営効率の向上が大きな課題として浮かび上がってきている。特に、我が国の一部の地方では人口減少や産業の衰退が進み、市町村単位で水道事業の収支を確保することが困難になってきており、水道事業においても広域化や民営化の議論が進展しつつある。

　広域化に関しては、複数市町村が流域水道企業団を形成する例や、指定管理者制度を用いるなどして都道府県が市町村から委託を受けて水道事業を担う例が現れてきた。下水道では外資系企業の進出も見られ、例えば世界各国で上下水道事業を営むフランスのヴェオリア・ウォーター社（詳細は後述）は、我が国でも手賀沼や印旛沼の下水処理場管理業務を行っている。

② 電力：地域独占と総括原価方式から発送電分離（自由化）へ

　従来の日本の電力料金は、総括原価方式で定められていた。すなわち経費を全て合算したうえに、事業報酬率と言われる一定の割合を乗じた額が収入として想定され、これを利用量で除して料金単価が設定された。総括原価方式の考え方は、事

業主体の利益を確保することが前提の料金設定であり、事業主体には設備投資や維持修繕などの長期的な計画が立てやすくなるメリットがある。電力会社には供給義務を負う代わりに地域独占が認められており、市場原理が働かないことからこうした方式が適用されていたのである。

日本で初めて電力事業について定めた法律は1911年制定の電気事業法であるが、ここでは料金は届け出制とされていた。1931年の改正でこれが認可制となり、1933年の再改正で総括原価方式が導入された。これは電力利用の普及によって、電力事業者の経営の安定が重視されていったことによるものと考えられる。

第二次世界大戦中は物価安定のため、電力の供給は国家管理下に置かれて、国策会社が発電と送電を一括管理した。戦後に電力事業は地域分割され、料金は再び認可制に戻ったが、総括原価方式は維持された。

しかしながら近年、先進国を中心に電力の自由化が進展している。背景にあるのは、国家の関与を減らして市場機能を導入することで、より適切な(安価な)電力供給が可能になるという認識の広まりである。

具体的には、1980年代以降のEUの動向が世界的に影響を及ぼしている。EUの基本的考え方は、電力供給のインフラストラクチャーは既に整備が一定の水準に達し、次は市場原理の導入による経営効率の改善が重要というものである。1997年に電力供給体制を競争部門(発電と小売り供給)と規制部門(送配電ネットワーク部門)に分離するEU指令が発効し、加盟各国において発電・送電・配電の分離、民営化、再編が進んだ。結果として、電力・ガスなどを総合的に扱う巨大パブリック・ユーティリティー(公益)企業が次々と誕生した。例えばドイツのE.ON社(E.ON SE)やRWE社(RWE AG)、フランスのEDF社(Électricité de France SA)、スウェーデンのヴァッテンフォール社(Vattenfall AB)などがその代表である。

我が国においても、同様の考え方から電力供給体制が見直されている。2016年4月から自由化された発電と配電には新規参入が相次いでいる。電力料金は2016年4月の小売り全面自由化によって自由な料金設定が可能となった。また、発電と送配電は2020年を目標に法的に分離される方向である。ここで競争原理が導入されることになったのは発電と小売の部門である。送配電はネットワーク・インフラストラクチャーであり、今後も許可制が残るが、その利用は新規参入を含めて発電事業者と配

電事業者に開放される。

4) 将来動向

　上水道の例を見れば、近年、先進各国ではインフラ整備が一定の水準に達し、建設よりも運営が上水道事業の中核になってきたこと、公的負担の削減のためには経営効率の向上が必須であるとの認識が高まってきたことなどから、事業主体を民営化したり、運営を民間企業に委託したりする事例が増えつつある。

　先鞭をつけたのは英国で、1989年に実施されたイングランドとウェールズにおける水道事業者の民営化である。またフランスでは、19世紀から独特な公設民営すなわちコンセッション方式による水道事業が存在していた。

　上水道の管理ノウハウは普遍性を有するため、管理事業者はその技術力を他地域の事業に横展開することが可能である。実際、民営化された英国の上水道管理会社、テムズウォーター (Thames Water Utilities Ltd) はアジア、南アフリカ、南アメリカなどで水道管理事業者として事業展開を行っている。フランスで長いコンセッションの歴史を有するヴェオリア・ウォーター社 (Veolia Water)[9]は、既に60カ国以上で上水道管理事業を行っている。

　このようなインフラストラクチャー管理事業者の国際的な事業展開は極めてスケールが大きく、また企業間の競争も複雑かつダイナミックである。例えば上記のテムズウォーター社は、ドイツの総合インフラ企業RWE社に買収されて一時期その傘下にあった(その後豪州企業に売却された)。RWE社はドイツ第2位の電力会社でありながら、積極的な企業買収によって事業範囲をガスや水道に拡大し、米国、中欧諸国、英国などに事業を展開している。

　ヴェオリア・ウォーター社も、水事業・エネルギー事業・廃棄物処理事業・交通サービスなどを手掛けるヴェオリア・エンバイロメント社 (Veolia Environment S.A.) が統括する企業グループに属する。同グループは全世界にサービス展開し、事業収入(売上)の過半は海外事業によるものである。

　このようにエネルギーや上水道などの供給管理型インフラストラクチャーでは、先

9　かつてのジェネラルデゾー (CGE: Compagnie Générale des Eaux)、近年までのヴィヴェンディー (Vivendi)。

進国を中心に事業運営を民間開放する動きが急速に進展している。ここで行われる参入・退出規制、料金規制は、その規制を満たすことができれば一定期間にわたって独占的な事業運営が認められるものであり、ノウハウを蓄積した企業にとっては安定的な収益が見込みやすい市場とも言える。こうした背景から、供給管理型インフラストラクチャーの市場開放で先行した欧州では、前述の通りエネルギーや水を対象とする巨大ユーティリティー企業が登場してきたのである。日本でも電力の供給体制が自由化される時代を迎え、今後はガスや水道の供給も担うユーティリティー企業の出現も想定される。

　これまで自然独占の弊害に関する議論は、米国の大陸横断鉄道などに見られた破滅的競争の事例などを参照して行われてきた。つまりは単一のサービス(鉄道)を特定の地域(北米)で提供する企業行動の観察に基づいて理論形成がなされたわけである。現在起きている事象は、こうした議論の枠組みを大きくはみ出しつつある。全世界に展開するような巨大パブリック・ユーティリティー企業がインフラストラクチャー事業の適切な運営すなわち社会的厚生の最大化という目的の実現に向けて、どのようなメリット・デメリットをもたらすのか、今後の考察に委ねられる部分が大きいと思われる。

(3) 競合調整型

　複数のインフラストラクチャー事業が同一地域内に存在する場合、何らかの公的な調整が求められることとなる。従来、異種のインフラストラクチャーが供給するサービスが競合する場合は、競争条件の公平化が必要との認識から、イコールフッティング(Equal Footing)が議論されることが多かった。

　しかし現実には、世界的なインフラストラクチャー事業の民営化の潮流の中で、競争環境の導入やユーザーにとっての利便性の向上など、イコールフッティングを含む様々な観点から調整が行われるようになってきている。

1) 様々な実例
①EUの鉄道政策
　欧州では、モータリゼーションの普及による鉄道輸送量の減少、鉄道事業経営の

悪化、結果として事業主体の累積債務拡大と政府補助の増加が加盟国共通の課題となった1970年代から、トラック輸送と鉄道輸送の競争条件に不公平があるのではないかとの議論が積み重ねられた。すなわち線路施設など固定費負担を賄う必要もある鉄道の利用料金が、公共が施設を提供する道路輸送のコストに比較して劣位にあるのは明らかで、競争基盤を統一しなければ鉄道は存続し得ないということであった。環境負荷なども考慮すれば、鉄道からトラック輸送へのシフトを一定の範囲内に抑制しなければならないことも明らかであった。

こうしたイコールフッティング論から導き出された政策が鉄道事業の上下分離であり、1988年にまずスウェーデンが実行し、効果を上げた。こうした実績に基づき、EUでは加盟国全体に上下分離を適用することにしたが、その主旨は必ずしも鉄道輸送のコスト面にとどまらず、トラック事業と同様に個々の鉄道輸送事業者が欧州域内を自由に往来する状況を創出することとされた。つまり、スウェーデン一国の範囲内では鉄道とトラックの料金面でのイコールフッティングが重要だったが、EU全域を対象とする場合には事業範囲のイコールフッティングをも目的とすることになった。

こうしたことから1991年のEU指令において、加盟国の鉄道事業者は輸送部門と線路事業部門を会計的に分離し、第三者に対して鉄道線路を開放することとされた。その後、鉄道事業免許に関する共通基準、線路容量の割り当ておよび線路利用料に関する規定が定められ、A国の鉄道列車がB国やC国に直通運転できる環境整備が進められた。

ただし、旅客鉄道は一般的に不採算であるため、事業権と補助金の獲得をセットで競争入札し、契約に基づいて事業者が一定期間サービスを提供する形態を採用する加盟国が多い。

② **首都圏の鉄道政策**

我が国の首都圏には多数の鉄道事業者が集中しており、相互の調整が必要なことは明白である。実際には、国がその調整の役割を果たしており、具体的には首都圏の鉄道計画は交通政策審議会(旧運輸政策審議会を母体の1つとする)において行われている。同審議会は国土交通省設置法に基づいて設置されており、国土交通大臣の諮問に応じて交通関係の重要事項を審議、答申する役割を担っている。

我が国の大都市鉄道の特徴の1つに、多くの相互直通運転を実現してきたことが

ある。JR相互間、JRと私鉄や第三セクター鉄道、私鉄と第三セクター、地下鉄とJRや私鉄など、その組み合わせも多様性に富み、利用者は高い利便性を享受している。そのもたらす便益は、機能を統合して付加価値を高めるという意味でエコノミー・オブ・スコープ（Economy of Scope：範囲の経済）と呼ばれる。相互直通運転は利用者の利便性を高めるだけでなく、交通事業者にとっても運営面において利益をもたらすものであった。都心に近いターミナル駅での折り返し運転に伴う運行効率の低下をなくしたし、車両基地を郊外の地価の安い土地に求め、余裕のできた都心側の用地を高層ビルなど都市的な用途に使えることなどである。このような相互直通運転の計画も、上記審議会において審議・検討の対象となり、それぞれの路線の計画段階から想定されていたものである。

料金に関しては1970年代から、大手民鉄に対してヤードスティック方式による運賃規制が実施されてきた。そして1997年以降は、大手民鉄・JR・地下鉄を対象に、体系的な料金算定方式が整備・適用され現在に至っている。

2) 将来動向

インフラストラクチャー事業に関わる世界的な潮流は、その整備水準が一定の段階に達したものについては、競争原理を導入し、経営効率を高めるというものである。また、並行して範囲の経済が追求されることは上記の実例に見た通りである。

こうした観点から現在の状況を見れば、例えば我が国の巨大都市をはじめ大都市圏における鉄道事業は事業性が非常に高く、公営企業の民営化は今後も想定されると考えられる。

(4) 地域戦略型

インフラストラクチャー事業の中には、そのインフラストラクチャーの機能が国あるいは地域の競争力と密接に関連するものがある。空港や港湾はその代表的なものである。このため、国策として特に主要な空港・港湾の機能強化を図る国は少なくない。

近年における空港や港湾の競争力強化政策は、運営主体の民営化が大きな軸になっている。これは、迅速な経営判断・経営効率の向上、利用者ニーズの取り込みが何よりも重要視されていることの証であろう。

さらに、地域戦略あるいは国家戦略の一環として民営化されたインフラストラクチャーの事業主体は、事業のノウハウを蓄積し、それを競争力として他地域あるいは他国のインフラストラクチャーの事業主体となっていく例が出てきている。すなわち地域戦略のために多くの経営的自由を付与された事業主体が、自らの事業戦略を立案・実行して他地域に展開していくのである。このような意味で「地域戦略型」という名称は、国際的に事業展開するインフラストラクチャー企業の1つの出発点を表すにすぎないのかもしれない。多数の事例があるが、以下ではシンガポールとフランスについて記す。

1）実例
①シンガポールの港湾政策

　シンガポールは国土面積と人口規模が小さく、資源も持たない国家である。元首相のリー・クアンユー氏は「港湾と空港は島国シンガポールの最枢要な施設である」として、国策として空港と港湾の整備を進めてきた。

　港湾の事業主体となったのは、1964年に設立された公的機関シンガポール港湾庁（PSA：Port of Singapore Authority）である。PSAは港湾に関わるインフラストラクチャーの整備全般を行ってきた。施設の整備が一定の進捗を見せた1997年、PSAは国際競争力の向上を目指して政府全額出資の株式会社PSAコーポレーション（PSA Corporation）に改組された。港湾監督業務などは政府の海事港湾庁（MPA：Maritime and Port Authority of Singapore）に引き継がれ、PSAの活動はターミナル運営など物流の管理と営業に特化された。

　PSAで特筆されるのは、コンテナ荷役に関する徹底的な情報化投資である。1989年の段階で貿易業者、税関、シンガポール政府の国際企業庁などとオンラインで結ばれ、通関の申請、審査、許可などは全てシステム上で行える環境が整備された。それまで書類回付によって1〜4日を要していた通関手続きはわずか10分に短縮されたという。ターミナル内の操作管理も全面的に情報化、自動化、集中管理化され、当時としては世界最高水準の効率的な港湾サービスを提供することになった。

　1997年のPSA民営化に当たって、シンガポール政府はPSA社の海外展開を明確に意図していた。現在、同社はシンガポールの港湾運営で養ったノウハウや技術を用

いて、アジア、米国、欧州の17カ国で約30の港湾を運営するに至っている。

② パリ空港会社の海外戦略

　パリ空港会社(ADP：Aéroports de Paris)はパリ地域の主要な3空港(シャルル・ドゴール、オルリー、ル・ブールジェ)と10カ所の一般航空施設およびヘリポート1カ所を所有・運営する公施設法人(日本の特殊法人にほぼ相当する)が前身である。

　フランスでは、歴史的に中央政府や地方公共団体が空港施設を保有し、地元地域の商工会議所などが管理・運営を担う形態を取ってきた。パリ周辺の主要空港は国が管理しており、建設から運営管理に至る実務を担ってきたのがパリ空港公団である。しかし、近年における航空輸送の拡大とこれに伴う国際ハブ空港の重要性の高まり、国際的な空港間競争の激化に対応するため、フランス政府は2005年にこの空港運営会社を株式会社化した。株式会社化の目的は、①公施設法人に課せられる事業規定を外して柔軟に事業を実施させること、②株式公開により民間資本を取り入れること――と説明された。当面は政府全額出資としたが、その後同社は上場して3割以上の株が売却されている。

　民営化後のADP社はシャルル・ドゴール空港の拡張など、日本円にして数千億円規模の積極的な投資を行い、民営化時点で5000万人ほどであった利用客数を5年間で8000万人にまで拡大させた。大規模国際物流企業フェデラル・エクスプレス社の欧州ハブ施設の誘致など、物流拠点としての地位も向上させている。さらに、実務経験を生かし中米、アフリカ、中東、アジアで20カ所近い空港の管理を受託している。

③ 日本における空港民営化

　我が国でも世界的潮流に対応して主要国際空港の経営効率向上が進められている。その代表例と言えるのが、成田空港の株式会社化と関西国際空港などの運営権委託である。

　成田空港は特殊法人である新東京国際空港公団が管理運営を担っていたが、経営責任の明確化と経営の効率性向上の観点から株式会社が望ましいとの国土交通省交通政策審議会航空分科会答申を受けて、まず特殊会社化され、いずれ上場(完全民営化)を目指すこととなった。現在の成田国際空港株式会社はいまだ非上場であり、株主は国土交通大臣90.01％、財務大臣9.99％と、国有企業と言ってよい外形である。しかし同社は、成田空港の管理運営の経験をもとに海外への事業展開を

志向しており、既に複数件の海外コンサルタント業務を実施しているほか、海外からの研修生受け入れなどを行っている。

関西国際空港は、伊丹空港（大阪国際空港）の周辺地域における都市化の進展などに伴う環境問題の深刻化や発着量の限界などから、泉州沖に埋め立て方式で整備された24時間運用の国際空港である。事業費の大半は借り入れで調達したが、事業主体である関西国際空港株式会社（政府が過半数の株式を保有する特殊会社）はその返済負担に苦しんだ。一方で、伊丹空港は関西国際空港開業後も運営を継続したことから、両空港を一体的に運営して事業価値を最大化することが検討され、結果としてコンセッション方式が取られることとなった。

2012年に両空港の管理会社として新関西国際空港株式会社が設立され、同社が運営権を民間の特別目的会社（SPC：Special Purpose Company）である関西エアポート株式会社に付与する形を取ることとなった。このSPCはオリックス、ヴァンシ・エアポート（フランスのVinci Airports SAS）などの出資により設立されたものである。SPCが支払う運営権の対価は関空の整備に要した債務の早期返済に充当される。

同社が空港を運営することで、航空需要の増加や旅客施設の新たな展開による大幅な収入増も期待されている。

2）将来動向

我が国もシンガポールと同様に島国であり、国力が自国の港湾と空港のレベルに大きく依存していることは明らかである。このため政府は国の競争力に大きく影響する主要空港・港湾を絞り込み、事業主体を強化してインフラストラクチャーの経営を改善しようとしている。この点は、日本もシンガポールやフランスと変わらない。

シンガポールとフランスの例で見た通り、これらの国の政府が地域戦略型のインフラストラクチャーの競争力を高めようとする時に採用した戦略が、民間的な経営力の強化、事業機会の拡大のための規制の撤廃であったことは示唆に富む。我が国でも主要国際空港の運営が民営化される動向にあることは、既に見た通りである。

空港と港湾をめぐる国際競争は今後もますます激化することが予想され、各国とも引き続きこうした重要インフラストラクチャーに関する経営能力と設備投資を競い合うことになるであろう。

第5節
インフラストラクチャー事業の資金調達

(1) 資金調達とは

1) 事業主体と資金提供主体

　既に前節までに見た通り、事業主体とは事業を計画し、実現に至る過程において中心的な活動を担う組織体である。そして事業主体は、事業実現のために必要な資金を調達することが必須である。資金の提供元は、事業主体である場合(民間企業が自己資金で事業を遂行する場合)もあるが、インフラストラクチャーの事業化は巨大な投資となるため、ほとんどの場合が外部からの資金調達を伴う。つまりインフラストラクチャーの事業化においては、多くの場合、事業主体とは別に資金提供主体とも呼ぶべき存在がある。

　純粋公共型のケースであれば、資金源は税収などの公金であり、予算の議会承認といった民主主義的な手続きを経ることによって必要な金額が事業に振り向けられる。この場合の資金提供主体は納税者と言ってよいであろう(別に国債発行による投資家からの資金調達などはある)。

　官民混合型や民間事業型のインフラストラクチャー事業では、外部の資金提供主体の姿はより一層明確となる。それは金融機関であり投資家である。自己資金を用いる場合は、最終的には事業主体である企業の株主の理解が必要となる。

　事業主体にとって、資金調達は常に最も大きな問題である。それはインフラストラクチャーの技術的側面のように、何らかの基準をクリアすれば良いというものではない。まして任意に自己決定できる事柄ではなく、資金の提供者との間における合意を形成しなければならない。第4章で詳述する投資評価の様々な工夫は、全てこの合意形成のために編み出されてきたと言っても過言ではないのである。

2) イニシャルコストとランニングコスト

　本書で繰り返し述べているように、資金調達の関門はイニシャルコストである。運営段階に入れば、料金徴収可能なインフラストラクチャーでは運営費用(ランニングコスト、少なくともその一部)は料金収入によって賄うことが想定できる。しかしなが

ら計画段階、建設段階においてこうした収入は当然ながら存在しない。純粋公共型以外のインフラストラクチャーの事業主体は、将来の料金収入などを期待して、あるいはそれらを担保にして、資金提供主体への働きかけを行い、資金調達を実現することが必要となる。

(2) 資金調達の形態

インフラストラクチャーの事業化における資金調達は、大きく以下の5種類に区分される。

①政府資金／公的資金(Government Budget)
②内部資金(Internal Fund)
③自己資本(Equity)
④他人資本(Debt)
⑤その他(Miscellaneous)

それぞれの項目の概略を下表に示す。その返済義務、金利の有無は事業に大きく影響する。

表3-1　インフラストラクチャー事業化における資金調達の各種方法

	概要	事例	備考
①政府資金／公的資金	行政機関がその権能(徴税権など)を行使して調達し、事業に投入	・一般歳出 ・特定財源 ・補助金 ・助成金	返済義務なし
②内部資金	事業主体が組織内部で自己調達	・内部補助 ・内部留保	返済義務なし
③自己資本	投資家がプロジェクト利益の配分を期待して資金投下	・新株 ・新株予約権付き社債 ・財政投融資(投)	返済義務なし 利益配分(配当)対象
④他人資本	金融機関や投資家が事業性を評価して融資	・市中借り入れ ・社債 ・財政投融資(融) ・開発金融	返済義務あり 金利あり
⑤その他	主に関係主体(地元自治体、住民など)が①〜④以外の方法で事業化推進	・地元負担金 ・受益者負担 ・寄付金 ・現物出資 ・減歩　など	—

1) 政府資金・公的資金

　事業主体に対して、公的機関(政府や地方公共団体)から提供される資金である。財源は一般財源(普通税など)、特定財源(目的税など)、公債発行などによる。予算として議会の議決を経ることが求められる。

　インフラストラクチャー事業の資金調達を目的として公債が発行される場合がある。我が国の場合、その信用力は自治体および国によって担保されていると言える。すなわち償還財源としては将来の税収が想定されている。一方で海外においては、事業そのものの将来的な収益を償還原資にプロジェクトファイナンスとして公債を発行する例もある。これをレベニュー債(Revenue Bond（英）)という。

2) 内部資金

　インフラストラクチャー事業の運営において、同じ企業の運営する収益性の高い事業から、その収益の一部を別のインフラストラクチャー事業に振り向けることがある。これは既出の通り内部補助と呼ばれるものである。

　また、事業主体が自ら保有する資金を当該インフラストラクチャー事業に振り向ける場合もある。民間企業は減価償却費や事業から得た利益の一部を利益剰余金などとして社内に蓄積する。新たなインフラストラクチャー事業にこの内部的な資金を投入することがあり得る。このような内部資金を内部留保と呼ぶことがある。ここでいう内部資金は、概念的には次項の「自己資本」に含まれるものである。

　内部補助、内部留保のいずれも、規模的にはそれによって新たなインフラストラクチャーの建設費全体を賄えることはまれである。

3) 自己資本

　自己資本とは、純資産とも呼ばれ、事業主体が返済する必要がない資金を意味する。前述の内部留保(利益剰余金など)も含まれるが、本来的には資金提供主体が事業主体の株式取得などを通じて行った出資、すなわち株主資本(Equity)が大きな位置を占める。

　事業主体の株式を取得した資金提供主体は株主と呼ばれる。事業主体は株主に対して出資金の返済義務を負わない。一方で、株主は出資によっていわゆる株主権

（株主総会での議決権、配当金などの利益配分を受ける権利、事業主体の解散などに当たり残った資産を受け取る権利）を取得する。出資額は株価の変動すなわち価格変動リスクにさらされるのでハイリスク・ハイリターンの投資と言える。なお、事業主体が倒産ないし解散した場合、残った資産の分配は他人資本が優先される点でもリスクが高い投資である。

4) 他人資本

　他人資本とは、事業主体が外部から調達した、返済義務のある資本(Debt)のことであり、負債とも呼ぶ。主なものに借入金と社債発行による調達資金がある。どちらも利息が生じるので有利子負債とも呼ばれる。社債を購入した資金提供主体は社債権者と呼ばれる。

　社債権者は株主とは異なり、経営に関与することができない。投資額は元本が保護され、事業主体の倒産または解散時には自己資本に優先して返済される。株式の取得に比較すればローリスク・ローリターンの投資と言える。

5) 融資：コーポレートファイナンスとプロジェクトファイナンス

　インフラストラクチャー事業の資金調達において、金融機関からの借り入れはしばしば用いられる手法である。ここでは、コーポレートファイナンスとプロジェクトファイナンスの概念が重要である。

　コーポレートファイナンスとは、事業主体の活動全体を引き当てとする融資と理解される。例えば複数の発電所を所有する電力会社が新しい発電所の建設に関わる資金調達を市中借り入れで行おうとした時、金融機関は電力会社の保有資産や収益力などの信用力を担保として評価し、融資金額と貸出金利を定めることになる。

　プロジェクトファイナンスとは、上記の例で言えば、電力会社の信用力ではなく、新たに建設される発電所が生み出すと予想されるキャッシュフローを返済の原資と見なして行われる融資のことである。担保も対象となる事業（ここでは新規建設の発電所）に限定される。

　我が国ではインフラストラクチャーの事業化において行われる融資のほとんどがコーポレートファイナンスである。一方、海外ではプロジェクトファイナンスの手法が盛

んに利用されている。

6) その他

上記のほかにもインフラストラクチャーの事業化に当たっては様々な資金調達方法が考案・実践されてきた。

不採算が予想されるインフラストラクチャー事業であっても、地元に誘致の熱意がある場合、寄付金や現物出資（土地など）はよく見られる方法である。また土地区画整理の手法が適用された場合、地元の土地所有者が減歩に応じるなどによって実質的な資金調達に資することがある。

また、これは1)の公的支出に分類すべき項目だが、まれな例として、インフラストラクチャー整備がもたらす開発利益を課税などによって吸収し、事業費に充当する例もある。これには、受益地域を特定して固定資産税や売上税を増額する方法などの事例がある。米国では、地方自治体が実施する地域開発などのプロジェクトに、TIF（Tax Increment Financing）と呼ばれる固定資産税などの税収増を担保とする債券（TIF BOND）を発行することで調達した資金を充当することが多い。

(3) 資金調達の実際
1) 仙台市営地下鉄東西線：自治体によるポートフォリオ組成

仙台市営地下鉄東西線は、全長13.9km、13駅の区間を26分で結ぶ路線である。計画段階で見積もられた総事業費は2300億円（1km当たり165億円）、1日当たりの利用者数は8万人であった。

利用料金は200～360円の範囲で想定されており、仮に全ての利用者が上限の360円を支払ったとしても年間収入は105億円にすぎない。こうした前提から事業主体である仙台市交通局が算定した支出可能額（運賃収入を償還財源とする企業債の発行額）は740億円で、総事業費の3割ほどであった。

この差額を埋めるために考え出された案は、仙台市が1040億円を負担し、加えて国庫補助520億円を得て総事業費2300億円を賄うというものであった。

仙台市は地方交付税交付金680億円に市債発行による360億円を加えて、上記金額を調達した。このような資金ポートフォリオを組んだことによって、仙台市交通局

の有利子負債を支払可能額の範囲内に収めつつ、運賃を当初計画通り利用しやすい水準に抑えることが可能となった。

2) サンフランシスコ湾岸高速鉄道：開発利益の還元

　サンフランシスコ湾を取り囲む地域、いわゆる「ベイエリア」の自治体は1940年代から湾岸地域都市間輸送システム（BART：Bay Area Rapid Transit）と呼ばれる鉄道の建設構想を進め、1961年に住民投票によって建設着手が承認された。同鉄道

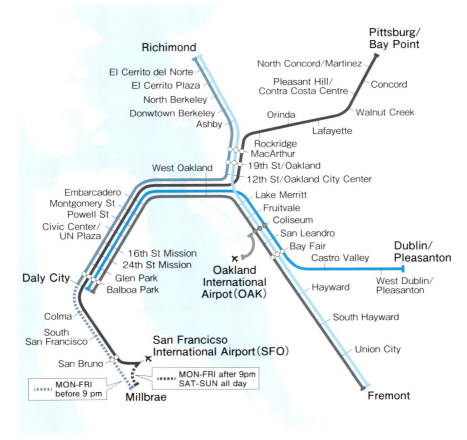

図3-3　BARTのネットワーク
図：Bay Area Rapid Transitの資料を基に作成

は1964年に着工し、1976年に全線開通した。

　建設費は16億1900万ドル(当時の固定レート1ドル＝360円で換算すると約5800億円)、財源は公債の発行(一般財源債)、連邦補助金およびレベニュー債であった。レベニュー債の償還財源はBARTの受益地域内における売上税の増税分とされた。

　大変面白いことに、米国では特定目的の自治体を設立し、その自治体に徴税権を行使させる例がある。BARTのケースでは、計画・建設・資金調達・運営を行うとされたのはカリフォルニア州法によって設立された「湾岸高速鉄道特別区(Bay Area Rapid Transit District)」という、いわば仮想の自治体である。

　この特別区は、サンフランシスコ市と周辺の複数の郡から構成された。特別区は行政機関として独自に売上税を徴収し、この収入を担保としてレベニュー債を発行し、得られた資金をBART建設に投入したのである。

　米国ではこのように、開発利益の還元によってインフラストラクチャーの事業費を調達している事例がしばしばある。例えばロサンゼルス市の地下鉄建設では駅周辺の事業所から便益賦課金を徴収して総事業費の1割ほどを調達したという。またデンバー市のLRT(Light Rail Transit：軽量軌道交通)建設では受益地域に資産課税し、その賦課金収入を償還税源としてレベニュー債を発行し資金調達している。

3) 道の駅・指宿：PFIと指定管理者制度の併用

　鹿児島県の道の駅「指宿」は、我が国で初めてPFI方式で整備された道の駅としてよく知られている。

　この道の駅は都市公園(1万2000m²)、地域交流施設(鉄骨2階建て、延べ床面積809m²)と24時間利用の駐車場(26台)、トイレおよび道路情報案内装置から構成された複合施設であり、全体面積は1万4600m²、総事業費は12.3億円であった。このうち都市公園は公費による整備(総事業費3.6億円。内訳は国庫補助2億円、起債2.1億円、一般財源0.7億円)が行われ、駐車場などは国が整備した(国土交通省鹿児島国道事務所、整備額3.8億円)。

　PFI方式が建設と運用に適用されたのは地域交流施設である。地域交流施設には観光案内所、地元特産品や農産物の販売店、飲食施設などが配置されている。

　PFIはBTO方式で行われた。すなわち計画敷地内に民間事業者が自らの資金で

地域交流施設を建設し、完成後に所有権を指宿市に移転した。市は施設の建物代金と道の駅の維持管理・運営費を15年間の分割で民間事業者に支払い、イニシャルコストの負担を回避した。一方で民間事業者は施設借用料を市に支払い、施設の運営により収益事業などを行っている。加えて、民間事業者は指定管理者制度の適用によって併設されている都市公園の管理も併せて行っている。契約期間は16年(建設1年、運営15年)である。

　PFI方式を適用したことにより、市の試算によれば、15年間の市の負担額は2.9億円から1.8億円へと37％の削減になったという。これがPFI方式を検討する際に用いられるVFM(Value for Money)である。

　なお、民間事業者のインセンティブを確保する施策として、市は地域交流施設内で販売された土産品などの売り上げの20〜40％を、販売手数料として民間事業者の収入とすることを認めたという。

4) ミヨー高架橋：民間資金による地方インフラ建設

　ミヨー高架橋(Viaduc de Millau(仏)、Millau Viaduct(英))は、パリと南仏を結ぶ高速道路A75の一部をなす橋長2460mの大規模な斜張橋である。橋塔の最高部の高さが343mで、世界で最も高い高架橋として知られている。

　ミヨー高架橋の建設と運営はコンセッション方式で行われた。すなわちフランス政府が事業者を選定して一定期間の事業実施権を付与し、選定された事業者が資金調達、建設および運営を担い、事業期間終了後に所有権を政府に移転するというBOT方式である。政府から事業権を獲得したのは、地元フランスの大手建設業者エファージュ社(Eiffage)であった。

　エファージュ社の100％出資によって事業主体となる特別目的会社(SPC)が設立された。高架橋の総事業費は約4億ユーロ(約400億円)であり、このSPCは欧州投資銀行(EIB：European Investment Bank)から全額を借り入れた。この融資は、将来の事業収入を原資とした償還を見込んだプロジェクトファイナンスである。

　フランス政府とSPCとの間で結ばれたコンセッション契約期間は78年間で、うち3年間が建設、75年間が運営である。通行料金はSPCの裁量で決めることができ、現状では夏季繁忙期が8.2ユーロ、それ以外の時期は6.4ユーロ(いずれも乗用車)で

ある。1日当たりの交通量は2万台程度あり、建設投資の償還はコンセッション契約期間を待たずして実現するともみられている。政府は、2045年以降、SPCが過剰利益を追求できないように、建設投資の償還が見通せた時点で事前通告によってコンセッション契約を終了することを事業者に要求できる。

　本件は巨額かつ長期の投資であり、事業者側もリスク対策には慎重である。例えば資金計画は2つのフェーズに分けられている。第1フェーズは設計、建設および運営の最初の5年間であり、この期間中に限りエファージュ社はSPCの事業リスク(完工リスクおよび不安定な開業当初の運営リスク)を無条件に引き受けることとなっていた。その代わり、第2フェーズすなわち運営6年目以降は、委託者である政府に通知すればエファージュ社はSPCの株式を49.9％まで自由に売却することができるとされている。すなわち同社は、運営開始後の5年間で事業を軌道に乗せれば、それ以降、SPCの株式の値上がり益(キャピタルゲイン)を得られる取り決めになっている。こうしたメリットが組み込まれた契約なので、エファージュ社はSPCの初期段階における事業リスクを負担(保証)する意思決定をしたのである。

　この事例から分かるのは、リスクとリターン(収益)を適切に配分することによって、様々な資金調達の形態が設計できるということである。

第3章　参考資料

第1節
- 土木学会編「交通整備制度 —仕組と制度— 改訂版」(土木学会)、1991

第2節
- 鈴木守「現代日本の公共政策 —環境・社会資本・高齢化—」(慶應義塾大学出版会)、1997
- 山本陽介・安堵城勝俊「港湾法と港湾の管理運営、特集・港湾の管理、『港湾』」、2016.10
- 原龍之介「公物営造物法(新版)」(有斐閣)、1982
- 雄川一郎・塩野宏・園部逸夫編「現代行政法体系9 公務員・公物」(有斐閣)、1983

第3節
- 高橋伸夫「鉄道経営と資金調達 —経営破綻を未然に防ぐ視点—」(有斐閣)、2000
- A・C・リトルトン(片野一郎訳)「会計発達史(増補版)」(同文館出版)、1978
- ジェイコブ・ソール(村井章子訳)「帳簿の世界史」(文藝春秋)、2015
- Blackford, M. G, Kerr, K. A「Business Enterprise in American History, Houghton Mifflin」、1986
- Chandler Jr. A. D「The Visible Hand; the Managerial Revolution in American Business」(Harvard University Press)、1979
- 山内弘隆ほか「運輸・交通インフラと民力活用 —PPP／PFIのファイナンスとガバナンス—」(慶應義塾大学出版会)、2014
- 鉄道・運輸機構鉄道助成部「EU及び英国の鉄道整備とその助成制度、『鉄道・運輸機構だより No.2』」、2004
- 小役丸幸子「イギリス鉄道におけるフランチャイズ制の現状と課題、『運輸と経済 第70巻第3号』」、2010.3
- クリスチャン・ウルマー(坂本憲一監訳)「折れたレール —イギリス国鉄民営化の失敗—」(ウエッジ)、2002
- 漆中泰雄・西川昌宏・橋本浩良「米国の道路構造基準を通してみる連邦、AASHTO、州、郡、市町村の関係、『道路』」、2011.3
- 公益事業学会「日本の公益事業 —変革への挑戦—」(白桃書房)、2005

第4節
- 山内弘隆・竹内健蔵「交通経済学」(有斐閣アルマ)、2002
- 岡野行秀・杉山雅洋「日本の交通政策 —岡野行秀の戦後陸上交通政策論議—、『日本交通政策研究会研究双書』」(成文堂)、2015
- 藤井弥太郎・中条潮「現代交通政策」(東京大学出版会)、1992
- 植草益「公的規制の経済学」(NTT出版)、2000
- 土居丈朗「入門 公共経済学」(日本評論社)、2002

第5節
- 仙台市「仙台市の財政状況」、2015.10
- 小林康昭「最新 建設マネジメント」(インデックス出版)、2008
- 加賀隆一「プロジェクトファイナンスの実務 —プロジェクトの資金調達とリスク・コントロール—」(金融財政事情研究会)、2007
- 砂川伸幸「コーポレート・ファイナンス入門、日経文庫」(日本経済新聞社)、2004

第4章

インフラストラクチャーの計画と意思決定

「交通の持ち来す変革は水のように、
あらゆる変革の中の最も弱く柔かなもので、
しかも最も根深く強いものと感ぜらることだ。
その力は貴賤貧富を貫く。人間社会の盛衰を左右する」

島崎 藤村

明治期の文豪。小説「夜明け前」の中で木曽の
街道の宿場の駅長、青山半蔵の語る言葉

第1節
インフラストラクチャーの投資計画

(1) 投資計画作成の目的と意義

　投資計画はインフラストラクチャー事業の構想に関し、実際に投資を行うか否かを意思決定するための基礎資料である。従って、投資計画は以下のような目的を持って作成される。

- 社会的意義の確認：当該投資が社会的意義を有していることの明示
- 事業内容の確定：最適と考えられる事業内容および投資額の明示
- 投資効果の評価：投資額に見合う収益／便益が生み出されることの明示
- 配慮事項の把握：事業実施に致命的な阻害要因がないことの事前検討

　また投資計画は、自治体や民間企業などが事業主体となるインフラストラクチャー投資に対して、補助などの公的支援を意思決定する際の基礎資料にもなる。この場合、上記に加えて、当該投資が公的支援を行うに値することを様々な観点から明示することも目的になる。

(2) 投資計画の合意形成と意思決定

　インフラストラクチャー投資の意思決定をする際には、利害関係者(ステークホルダー)との合意形成が必須である。具体的なステークホルダーとしては、事業主体の意思決定権を有する利害関係者と、事業が実施される地域の利害関係者の2種類がある。

　前者は、民間企業(株式会社)では株主が該当する。公共(国や自治体など)では、納税者であり有権者である国民や地域住民、および有権者を代表する議員や、議員で構成される最高意思決定機関である議会が該当する(以下では、「最終意思決定権に係るステークホルダー」と呼ぶ)。

　後者は、事業の実施に必要となる用地の権利関係者(地権者や賃借人など)や、事業から直接的な影響を受ける周辺住民(道路の沿線住民など)、および地域において発言力を持つ有力者や住民代表としての議員が該当する(以下では、「事業実施上のステークホルダー」と呼ぶ)。なお、本章では断りがない限り、「最終意思決定権に係

第4章 インフラストラクチャーの計画と意思決定

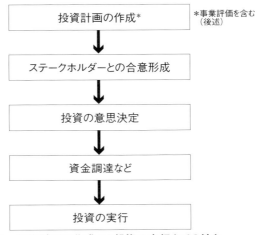

図4-1 投資計画の作成から投資の実行までの流れ

るステークホルダー」を単に「ステークホルダー」と呼ぶ。

　投資計画を作成する際には、ステークホルダーとの合意形成が円滑に図られるように、その内容はステークホルダーにとって関心が高い事項に重点を置く必要がある。すなわち、民間企業が事業主体の場合、株主にとっての関心事である投資収益性がポイントとなる。公共が事業主体の場合、地域住民などにとっての関心事である社会的厚生（インフラストラクチャー投資がもたらす社会、経済、生活への効果・影響の総体）の向上がポイントとなる。

　ステークホルダーとの合意形成が図られれば、当該投資計画に基づいてインフラストラクチャー投資の意思決定手続きを行う段階に入る。インフラストラクチャー投資の意思決定は、民間企業では取締役会で投資に係る議案が可決されることをもって行われる。公共では、関係議会で予算案（公的支援を含む）が議決されることなどをもって行われる（詳細は第6節参照）。

　インフラストラクチャー投資が意思決定されれば、事業主体は実際に必要な資金を調達し、設計などの建設準備を行い、投資を実行（事業化）する。

　以上より、投資計画は、事業主体がインフラストラクチャー投資の社会的意義、事業内容、投資額、投資効果を提示し、ステークホルダーの納得を得て、投資の意思決定を行うための合意形成ツールであると言える。

(3) 投資計画と事業評価

　ステークホルダーとの合意形成では、民間事業型では主に投資収益性が評価される。純粋公共型では、主に社会的厚生の向上および経済効率性が評価される。混合型では、両者の側面が合わさって、投資収益性と、社会的厚生の向上および経済効率性によって評価される。「経済効率性」の評価では、「社会的厚生の向上」のうち、貨幣換算が可能な効果を定量的に計測して合算する。これを「便益」と呼ぶ。そして、この便益と投資額とを比較評価する。

　このように投資計画では、投資がどれだけの収入や便益を生み出すかを定量的に提示することが重要となる。しかし実際には、そこには大きな困難がある。特に、便益の計測は難易度が高い。現在の評価技術の下では、必ずしもあらゆる効果を便益として計測できるわけではない。計測可能なものであっても、それは一定の仮定の下で便益を計測しているにすぎない。そのため、便益の計測においては、様々な共通的な仮定やルールがマニュアルなどで定められている。

第2節
投資計画の内容

　投資判断やステークホルダーとの合意形成のための基礎資料として、事業主体は目的に応じた効果が適切に得られるように、インフラストラクチャー整備の概略の5W1H（何を、なぜ、いつ、どこで、誰が、どのようにつくるか）を想定したうえで、概算スケジュールや概算費用を明確にした投資計画を作成する。ここで作成する投資計画は、投資が決定した後には各種の詳細な検討のベースにもなる。

(1) 基本的な記載事項

　インフラストラクチャーの投資計画に記載すべき基本的な事項は、①事業の意義、②投資内容、③期待される効果・影響、④配慮すべき事項——の4項目である。

　事業の意義は、社会的課題の解決、または事業主体が民間企業である時は新たな収益機会の実現などとなる。投資内容は、上記目的の達成手段としてのインフラストラクチャー投資の内容、投資額およびその資金調達の方法などである。期待される効果・影響は、インフラストラクチャーの供用で得られる社会的厚生の向上および民間事業の場合では投資収益性などである。配慮すべき事項は個々の事業で異なるが、環境への配慮や地域共生などの観点から留意すべき点について特記する。

　事業主体が投資の意思決定をするためには、これらに関して一つひとつ判断する必要がある。すなわち、①ステークホルダーにとって事業の意義は十分にあるか、②投資内容（施設計画、資金計画など）は妥当か、③所期の効果は期待できるか、④重大な阻害要因はないか——などが投資判断（意思決定）の構成要素となる。

　適切な意思決定を行うためには、それぞれの項目に関する客観的な評価結果を参照しなければならない。例えば当該事業の費用対効果の水準が高いのか低いのかを知るためには、実際にその値を算出し、代替案や他の類似事業との比較などを行うことが有用である。その種の作業は、実際には投資計画の策定過程で事業主体によって行われる。すなわち意思決定の材料となる投資計画には、一定の事業評価結果が反映される。その意味で投資計画と事業評価とは一体的なものと言うことができる。

このような考え方は、事業主体が民間企業である場合には疑問の余地はないが、公共事業(本書では、純粋公共型事業と官民混合型事業の双方を指すものと定義する)を対象とした場合には、若干の補足説明が必要であろう。

例えば行政機関が作成したインフラストラクチャーの投資計画に対して、第三者としての学識経験者などが意見を述べ、費用対効果の算出結果やその背景にある算出手順および代替案比較などに関して、様々な議論が行われる場合がある。これらの外部意見を評価と呼ぶこともある。ただし、そのような場で得られる様々な知見や修正意見などはいずれも事業主体によって投資計画に反映され、最終的な意思決定の対象となる。すなわち計画策定段階における外部からの意見(評価)は、大きく見れば社会的な合意形成・意思決定に向けた投資計画策定プロセスの一部を構成しているのである。

(2) 投資計画の内容に関する官民による異同

容易に推察されるように、事業主体が民間企業か公共主体かによって、そして公的支援の有無によってステークホルダーの関心事は異なるため、投資計画の内容には異同が生じる。

事業主体が公共であっても民間企業であっても、インフラストラクチャー投資によって社会課題の解決を企図している点は共通している。そして公共の狙いは、ステークホルダーである地域住民などにとっての関心事、すなわち社会課題の解決を通じた社会的厚生の最大化と経済効率性にある。一方、民間企業の狙いは、ステークホルダーである株主にとっての関心事、すなわち社会課題の解決を通じた利益の最大化(財務効率性)、または企業価値つまり株式価値の最大化にある。

これらを踏まえ、以下に官民共通事項および官民で異なる事項について記す。

1) 公共型と民間型事業での共通の事項

背景や目的、期待される効果・影響など、なぜ当該インフラストラクチャー投資が必要なのかの大義名分を示す。そして、そのインフラストラクチャーを取り巻く外的な条件の下で、どのような性能を発揮することが求められるか(要求性能)を示す。そして、これを実現するための計画内容、投資額、資金調達方法を示す。

次に、これらの妥当性を判断し、投資の適切な意思決定を行うための事業評価の結果を示す。そこではまず、需要予測によって当該インフラストラクチャーの利用者数を推定する。また、利用者を含め、その多様な効果・影響を受ける者の数、すなわち受益者数を推定する。ここで推計された利用者数や受益者数は財務評価や経済評価に用いられる。

　例えば私鉄の新線整備事業の財務評価では、利用者数を用いて運賃収入を推計し、財務効率性を評価する。一般国道の整備事業の経済評価では、利用者数を用いて所要時間の短縮や走行費用の節減など利用者が受ける便益(利用者便益と呼ばれる)を推計し、経済効率性を評価する。河川堤防などの治水事業では、個人が治水目的で河川堤防などを自ら能動的に利用したり、利用をやめたりすることはできないため、需要予測は行われない。一方で、河川が氾濫したときの家屋などの浸水被害や、経済活動の停止による被害などが河川堤防などによって防止される便益を、氾濫区域内に住宅や事業所、農地などを持つ受益者数などを用いて推計し、経済効率性を評価する。

　また、当該投資を行ううえでの大前提として、当該インフラストラクチャー事業が円滑に実施できる環境にあるか(事業実施環境)や、これを踏まえた円滑な事業の実施に向けてあらかじめ配慮すべき事項(配慮事項)も示される。

2) 純粋公共型

　ステークホルダーである国民や地域住民にとって、インフラストラクチャーへの投資が税の使途として妥当性であると示すことに重点が置かれる。具体的には、社会的厚生の向上と経済効率性である。

　例えば、一般国道の整備を行う場合、そもそも料金を徴収しないため財務効率性は論点にならない。一方で、国道の利用者にとって都市間の移動がどれだけ便利になるか、防災や渋滞などの地域の課題解決にどれだけ寄与するか(社会的厚生の向上)、そしてそうした効果が投資に見合っているか(経済効率性)が、意思決定に当たっての論点になる。なぜなら、社会の役に立たない国道の投資を決定すれば、税の使途として納税者の納得は得られず、政府は税金の無駄遣いのかどで、国会をはじめ社会的な批判を浴びかねないからである。そのため、あらかじめ新規事業採択時

評価[1]において投資の必要性や意義、経済効率性、社会的厚生の向上が評価され、有識者などで構成される委員会など(例えば国土交通省では、各地方整備局における事業評価監視委員会)で審議されることになっている。

3) 民間事業型

ステークホルダーである株主にとっては、インフラストラクチャー投資によって社会課題が解決されるか、収益が確保されるか、その収益率はどの程度の水準であるか、そして企業価値向上にどう寄与するかが主たる関心事項である。

例えば、私鉄が新線の建設投資を行う場合、いくら沿線住民にとって移動が便利になったとしても、投資に見合った収益(財務効率性)が見込めない限り、私鉄の経営者は新線建設投資を決定しないだろう。なぜなら、そうした投資を決定すれば、経営者はステークホルダーである株主から厳しい批判を受ける恐れがあるからである。ただし、その収益は、必ずしも鉄道から得られる運賃収入だけでなく、例えば商業施設やホテル、観光施設など、私鉄企業が並行して進める関連事業や、別に経営している既存事業において見込まれる収入増も含めて検討される(外部効果の内部化と呼ばれる)。

4) 官民混合型

官民混合型では、純粋公共型と民間事業型の双方の特徴が現れてくる。すなわち、公的資金の投入の度合い(金額や割合)が大きいほど、あるいは、許認可が国民、地域住民に与える影響が大きいほど、事業主体の株主の関心事である財務効率性に加え、国民、地域住民の関心事である社会的厚生向上や経済効率性を示すことに、より重点が置かれる。

例えば、道路公社が有料道路の建設投資を行う場合には、民間企業としての側面と公共事業の側面の双方が重視される。すなわち、ステークホルダーとの合意形成に

---

[1] 公共事業の評価制度では、インフラストラクチャーの投資判断のために「新規事業採択時評価」によって、投資が税の使途として妥当であるか否かがチェックされる。加えて、投資が決定された後も、税の使途としての妥当性があるかどうかをフォローする仕組みがある。すなわち、事業の開始から一定の期間を経過しても着工に至っていない、あるいは長期間を経ても供用に至らない事業を対象に、事業の必要性や経済効率性などを再確認するために実施される「再評価」や、供用後に当初の評価内容を検証するために実施される「事後評価」がある。

第4章 インフラストラクチャーの計画と意思決定

当たっては、財務効率性の観点と、社会的厚生の向上や経済効率性の観点の双方が投資の意思決定の論点になる。

以上に述べた投資計画の内容を整理すると表4-1の通りとなる。ここで、純粋公共型と民間事業型にまたがって記述されている項目は、双方の共通事項であることを

表4-1 インフラストラクチャーの投資計画に記載される事項

項目		投資計画における記述内容（例）	
		純粋公共型	民間事業型
①社会的意義	背景と目的	背景として、国や地域が直面している社会課題とその原因を示し、目的がその課題解決にあることを示す	
	達成目標	上記の社会課題の解決を通じてもたらされる直接的な効果・影響（数値目標）を、KPI（Key Performance Indicator）として明記する	
	外的条件	市場環境、安全確保、環境保全、景観・歴史文化の視点から、当該インフラストラクチャーを取り巻く外的条件を整理する	
	要求性能	上記の外的条件に基づき、当該インフラストラクチャーに求められる性能（要求性能）を明記する	
②投資内容	計画内容	要求性能に基づき、施設・設備計画、建設計画、供用目標年次、耐用年数（サービス提供期間）、維持管理計画、運営組織計画などを明記する	
	投資額	総額、年度別の投資額（イニシャルコスト、ランニングコスト）	
	資金調達方法	税、公債発行、補助などの構成。PFIの適用可能性。国、都道府県、市町村などの費用負担割合およびその妥当性*	自己資本、借入金・社債発行、補助などの構成。借り入れの条件（金額、借入期間、金利、返済方法など）およびその妥当性、返済可能性。補助要件
③事業評価	需要予測	受益者数の推定	料金設定と利用者数の推定
	財務効率性	―	財務分析に基づき事業の採算性や投資に対する収益の水準を示す（投資収益性）。当該事業単体だけでなく並行して進める関連事業や既存事業への効果も含めた複数事業群での財務分析も重要
	社会的厚生の向上	当該投資の効果や影響を、広く定量的あるいは定性的に示す	―
	経済効率性	経済分析に基づき、投資に対する社会的便益の水準を示す	―
	実施環境	地域の同意や法手続きなどの状況（事業の実行性）、上位計画や他事業との関連（事業の成立性）、技術的難易度などについて記述	
④配慮事項	配慮事項	事業実施上のステークホルダーに想定される反応を考慮し、環境や景観・歴史文化などへの影響と対策、地域への貢献方策、地域住民との合意形成施策など、地域社会への配慮事項を示す	
	その他	代替案との比較評価結果を示すことが望ましい	

*インフラストラクチャー整備事業では、受益者負担の原則に基づいた制度として、あらかじめ関係主体間の費用負担割合が決められていることが多い

意味している。また、官民混合型では、共通事項と、純粋公共型および民間事業型のそれぞれに記載されている項目の双方を記載する必要がある。

(3) 項目別の記載内容

1) 背景と目的

　当該インフラストラクチャー投資の背景として、直面する社会的課題およびその課題解決の社会的重要性を示す。そして、投資の目的がその課題解決を図ることにあることを示す。

2) 達成目標

　投資の目的を達成するための目標として、インフラストラクチャー投資の狙いとする効果・影響を表す指標となるKPI (Key Performance Indicator) を設定する。そして、そうした効果・影響がどのように発現して、投資の目的である課題解決にどう貢献するかを定量的、場合によっては定性的に提示する。KPIは指標と目標値の組み合わせで表現される。例えば、「渋滞の解消により××区間の所要時間を〇〇分短縮する」、「△△年確率降雨に対して洪水を安全に流下させる」、「□□地域の全ての居住者に安全な水を安定的に供給する」などである。

　KPIは、当該インフラストラクチャー投資の達成目標をステークホルダーに確約するものであり、公的資金が投入される場合には、その妥当性を示す1つの根拠ともなる。従って、KPIはインフラストラクチャー投資の計画(Plan)、実施(Do)、効果検証(Check)、改善(Action)のPDCAマネジメントサイクルにおいて一貫して計測され、利用される。

3) 外的条件

　当該インフラストラクチャーを取り巻く外的条件を整理する。これは4)において、当該インフラストラクチャーに要求される性能、すなわちサービス供給、安全確保、環境保全、景観・歴史文化などに係る性能を明らかにするための準備作業である。

①事業環境

　サービス供給に係る要求性能を明らかにするため、関連する地域の人口や産業、

土地利用や立地規制などの状況を整理する。そして、関連するインフラストラクチャーとして、当該インフラストラクチャーとともにネットワークを構成する他のインフラストラクチャーや、相互補完関係あるいは競合関係にある既存または計画中のインフラストラクチャーの現況および将来見通しなどを整理する。

②**安全確保**

安全性に係る性能には、インフラストラクチャーの構造上の安全性(長期的な経年劣化を含む)、利用する場合の安全性、大規模自然災害などを想定した防災といった視点がある。

これらを明らかにするには、自然環境(地勢・地形の現況および変遷、地質、気象・海象など)や、想定される大規模自然災害(地震・津波、火山、風水害、急傾斜地崩落など)、利用者による負荷、その他安全性に影響をもたらす要素を整理する。なお、平時の利用安全性については、インフラストラクチャーの種別や特性ごとに、法制度やガイドライン類で一定のルールが規定されていることが多い。このため、平時の利用安全に影響する特別な条件(地形、気象など)がある場合を除き、計画段階で個別的な検討を必要としない場合も少なくない。

また、インフラストラクチャー自体が災害時に利用者の安全に直接、間接に影響を与える可能性や、周辺地域に防災上の貢献を果たす可能性についても把握しておく。例えば、東日本大震災において仙台東部道路の盛り土区間は、内陸への津波の浸入を食い止めるとともに、津波からの避難場所として機能し、多くの貴重な人命を救った。これは高速道路に求められる本来の性能ではないが、こうした付随的な性能を備えることが技術的に可能であり、地域からも望まれる場合にはこのような性能を付加することも検討に値する。

③**環境保全**

環境保全に係る性能を明らかにするために、②で示した自然環境のほか、関連する地域の大気、水質、土壌、地下水位、植生や生態系の現況などを整理する。

④**景観・歴史文化**

景観・歴史文化に係る性能については、インフラストラクチャーの整備によって、風景など地域の共通価値を破壊することなく適切に維持することや、整備されたインフラストラクチャーの姿が地域の風土に適合して受け入れられることが求められる。こ

れらを明らかにするために、地域の人々のつながりやまとまり、地域の人々が過去から大切に守ってきた共通価値やその経緯などを整理する。投資決定前の段階では、地域に入り込んでの調査は困難なことが多いため、主に文献調査によって行う。

また、埋蔵文化財の保護への配慮も必要である。そのためには、インフラストラクチャーが整備される場所が、文化財保護法上の埋蔵文化財の存在が知られている「周知の埋蔵文化財包蔵地」(全国で約46万カ所)に該当するかどうかを把握する必要がある。これは市町村教育委員会に照会することで把握できる。

4) 要求性能

3)で明らかにした外的条件に基づき、サービス供給に係る性能、安全性に係る性能、環境保全に係る性能、景観・歴史文化への配慮など、当該インフラストラクチャーに求められる性能を明らかにする。

5) 計画内容

4)で明確化した要求性能を満たすように、ある程度具体的な規模や配置、仕様、工法などを想定し、これに基づいておおむねの5W1H(何を、なぜ、いつ、どこで、誰が、どのようにつくるか)を明らかにする。すなわち、概略の施設・設備計画と建設計画を策定する。そこでは、供用目標年次や工程管理上の中間目標期日(マイルストーン)を含む全体の概略スケジュールも設定される。ここで設定された概略の計画は、投資の実施を決定した後に、本格的に詳細な検討を行うベースにもなる。

また、供用後のサービス提供期間(耐用年数)を設定し、その期間中にインフラストラクチャーが要求性能を満たし、機能し続けていくための概略の維持管理計画や運営組織計画なども明らかにする。

6) 投資額

5)の計画内容に基づき、概算のイニシャルコスト(設計・建設)と将来にわたるランニングコスト(運営・維持管理)を年次別に設定する。ここで設定した概算の年次別の費用を集計することで、概算の投資総額の設定ができる。また、年次別の費用は、投資の実施が決定した後に本格的な詳細費用を検討するベースにもなる。

7）資金調達方法

　6）で設定した投資額をどのように調達するかを想定する。純粋公共型では、事業主体となる国や地方公共団体の税収からの支出や公債の発行、あるいは他機関からの補助や負担金などをどう組み合わせて調達するかを示す。民間企業からの資金調達によって実施するPFIの適用可能性についても検討する。また、国、都道府県、市町村、利用者などの負担割合が妥当であるか否かも検討する[2]。

　民間事業型では、事業主体の自己資金、市中金融機関や政府系金融機関(日本政策投資銀行など)からの借り入れ、社債の発行、行政からの補助や負担金、利子補給金などをどう組み合わせて調達するかを検討する。その際、借り入れ先別の借入額、借入期間、金利、返済方法などの借り入れ条件(社債の場合には発行条件)が妥当か、返済が可能であるかを慎重に検討しなければならない。事業主体の信用や保有資産を担保とするコーポレートファイナンスでの資金調達が困難な場合には、当該インフラストラクチャー投資が生み出すキャッシュフローを担保とするプロジェクトファイナンスでの資金調達を検討する。

8）事業評価

　上記の計画に従って投資を行った際に得られる効果・影響について示す。また、その大前提である「地域の同意や法手続きなどの状況(事業の実行性)」、「上位計画や他事業との関連(事業の成立性)」、「技術的難易度などの事業の実施環境」についても記す。そして、これらに基づく事業評価を示す。

　事業評価には次の3つがある。1つ目は、事業主体にとっての収入・支出を対象に行う評価(財務評価)、2つ目は、一定の仮定の下、貨幣価値で計測可能な計量的効果(tangible effect)を対象に行う評価(経済評価)、3つ目は、現在の便益評価技術の下では貨幣価値で評価することが困難な非計量的効果(intangible effect)や事業実施環境なども対象に含めて行う評価(総合評価)である(図4-2)。これらの評価の対象の広がりを概念的に示すと図4-3のようになる。

　財務評価と経済評価については第3節で、総合評価については第4節で詳述する。

---

[2] インフラストラクチャー整備事業では、受益者負担の原則に基づいた制度として、あらかじめ関係主体間の費用負担割合が決められていることが多い。

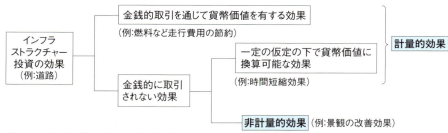

図4-2　計量的効果と非計量的効果

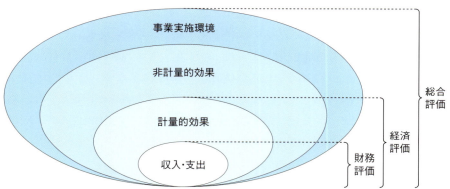

図4-3　財務評価、経済評価、総合評価が対象とする効果など

9) 配慮すべき事項

　事業の実施環境を踏まえ、特に、地域の同意を得ていくために検討されるべき地域社会への配慮事項を示す。具体的には、当該インフラストラクチャー投資を事業実施上のステークホルダーがどのように受け止めるかを想定したうえでの、環境や景観・歴史文化などに対する影響への対策、地域への貢献方策、地域住民との合意形成施策などが挙げられる。これらは第5節で詳述する。

10) その他

　上記の投資計画については、技術的な代替案や、それぞれのステークホルダーの立場で最適と考えられる代替案などと比較評価した結果を示すことが、円滑な合意形成と意思決定を図るために望ましい。代替案評価については、第3節の中で詳述する。

第3節
財務評価と経済評価

　以下では、インフラストラクチャーの投資に関する適切な判断と意思決定を行うための事業評価のうち、計量的効果(tangible effect)を評価の対象とする財務評価と経済評価の要点を整理する。

(1) 基本的考え方
1)インフラストラクチャー投資の効果体系と官民の着目点

　インフラストラクチャー投資の事業評価で、通常、投資判断に最も大きな影響を与えるのは投資効果に関わる部分である。投資効果の内容は、インフラストラクチャーの種類、建設対象地域の特性、事業主体の在り方などにより千差万別で、これまでも様々に分類、体系化が試みられてきた。本書では、インフラストラクチャーの事業主体が多様化(主に官から民への展開)していることを重視し、まずは図4−4に示す大枠の分類で説明する。

①事業効果と施設効果

　インフラストラクチャー投資の効果は、投資によって行われる建設などの行為そのものがもたらす経済的な波及である事業効果と、供用された施設が稼働することによって発生する施設効果に大きく区分できる。事業効果とは、例えば橋を架けるために資材を購入したり、建設作業を行う人たちを雇用して給与を支払ったりすることなどから次々と派生する経済活動の連鎖の総称で、フロー効果または経済波及効果とも呼ばれる。事業効果は、たとえインフラストラクチャーが出来上がらなくても、お金の動きさえ生じれば、その効果は急速に発現する[3]。逆にこれが完工し、お金の動きが途絶えたり小さくなったりすると、その効果は急速に縮小する。

　施設効果は、インフラストラクチャーが稼働することによって生じる効果であり、スト

3　この即効性のため、景気浮揚を狙いとして政治的に公共事業が行われることもある。1929年の大恐慌の際に米国では、英国の経済学者ジョン・メイナード・ケインズの理論に基づいて、ニューディール政策と呼ばれる大規模な公共事業(財政政策)を行って景気を改善し、大恐慌に対処した。我が国でも景気対策として、1932年から1934年にかけて時局匡救事業として各地で土木工事が行われた。このような景気変動を調節するために行われる財政政策はケインズ政策と呼ばれる。

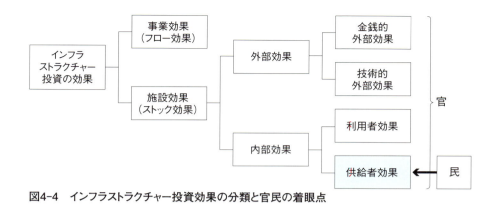

図4-4　インフラストラクチャー投資効果の分類と官民の着眼点

ック効果とも呼ばれる。これは内部効果と外部効果に大別される。

②**内部効果と外部効果**

　内部効果は、当該インフラストラクチャー投資の対象とするサービス市場の内部で発現する効果である。例えば鉄道の新線投資では、交通サービス市場において鉄道利用者にもたらされる時間短縮などの利用者効果や、鉄道サービスの供給主体にもたらされる利益などの供給者効果が挙げられる。

　外部効果とは、投資の対象とするサービス市場の外部で発生する効果である。例えば、高速道路のインターチェンジ建設によって各地へのアクセス性が向上した周辺地域において、立地の優位性が高まって地価が上昇する(住宅・不動産市場)といったイメージである。

　外部効果は、市場機構を通して伝播する金銭的外部効果と、それ以外の技術的外部効果に区分される。金銭的外部効果の典型例は、鉄道駅が新設されて開発利益が生じたことに伴う駅周辺の土地価格の上昇である。開発利益は、鉄道利用者の享受する消費者余剰(移動の利便性の評価額から運賃負担を差し引いた利潤などに相当)が土地市場に反映されたものと考えられる。技術的外部効果には、鉄道の新線ができることで、自動車利用者が鉄道を利用するようになり、既存の道路で騒音や振動、大気汚染(NO_xなど)が減少するなどの環境改善効果がある。一方で、新線沿線での騒音、振動の発生といった負の効果もある。その他、高架橋による日照の遮蔽なども含まれよう。ただし、こうした負の技術的外部効果に関して事業主体

が金銭的に補償する場合には、外部効果は内部化され、負の供給者効果として計上されることになる。

③官民による着眼点の違い

図4-4のようにインフラストラクチャー投資の効果を分類することの利点は、投資計画の評価に関する事業主体による着眼点の違いが理解しやすくなることにある。

民間事業の場合には、供給者効果の中でも、金銭的に取引される収入や支出のみに着目した財務評価が主となる。なお、私鉄やそのグループ企業が鉄道駅において商業施設を展開するなど、関連事業や既存事業において、その効果・影響を積極的に取り込もうとする取り組みは、外部効果を企業グループ全体で内部化する取り組みであるとも言える。関連事業や既存事業を含めた複数事業群での財務評価は、評価対象とする事業の範囲を企業グループ全体としての複数事業群に拡大することで、外部効果の一部を内部効果(供給者効果)として計上して評価するものである。

公共事業の場合には、社会的厚生の向上に基づく評価を主としている。すなわち、考慮し得る限り広範な効果・影響に着目し、計量的効果を中心とした財務評価(料金徴収が行われる場合)や経済評価が行われたり、非計量的効果や事業実施環境をも含めた総合評価が行われたりする。

2) 評価の原則

インフラストラクチャー投資が純粋公共型、民間事業型、官民混合型のいずれで行われても、投資計画の評価において以下の事項は共通の原則である。

①With-Without比較

インフラストラクチャー投資の評価は、インフラストラクチャー投資が行われる前後比較(Before-After比較)ではなく、インフラストラクチャー投資の有無比較(With-Without比較)で行わなければならない。

例えば、バイパス道路が新たに整備されれば、将来、渋滞は改善され、ラッシュ時における当該区間の所要時間は短縮されることが期待される。しかし、道路投資が行われなければ、将来、渋滞はさらに悪化して、ラッシュ時の所要時間はさらに長くなり、ラッシュもより長時間化することが想定される。このような道路投資について、現状とラッシュ改善後のBefore-After比較で評価すれば、確かに道路投資後の渋

滞の改善は評価されるものの、道路投資が行われなかった場合の渋滞の悪化は評価に考慮されない。すなわち、過小に評価される。適正に評価を行おうとすれば、将来の各時点において、道路投資が行われて渋滞が改善される状況(With)と、道路投資が行われずに渋滞が悪化する状況(Without)とを比較するWith-Without比較で評価しなければならない。もちろん、費用についてもWith-Without比較で評価しなければならない。

②貨幣価値での評価

インフラストラクチャー投資の効果・影響は、料金収入のように金銭的に取引され、それが金銭的にいくらであるかが明確なものだけではない。しかしながら、インフラストラクチャー投資の経済効率性を評価しようとする場合には、金銭的に表される投資の金額と共通の尺度で効果・影響を比較評価しなければならない。このため、貨幣価値が共通尺度として採用されている。すなわち、インフラストラクチャー投資の効果・影響が貨幣価値でいくらに相当するかを、一定の仮定の下で便益として計測し評価しなければならない。

③現在価値での評価

インフラストラクチャー投資においては、長期にわたって収入と支出が経時的に発生するので、財務的評価や経済的評価に当たっては、以下に述べる通り、基準となる時点を設定し(評価時点とすることが多い)、各年次の収入や支出、便益などを、基準時点での価値に換算しなければならない。

民間企業が事業主体となるインフラストラクチャー投資においては、事業主体は一般に金融機関からの借り入れや株式によって調達された資金を用いて、事業活動を通じて収入を得る。調達した資金には、返済が完了するまで資金調達コスト(借入金利や要求配当)がかかる。例えば、借り入れに係る資金調達コストすなわち年利が $r=5\%$ であるとすると、現時点で調達した $x=100$ 万円には、その時点では $x=100$ 万円の返済義務しか生じないが、来年には $x \times (1+r) = 105$ 万円の返済義務が生じる。これは、現時点の $x=100$ 万円は1年後の $x \times (1+r) = 105$ 万円の価値を持つことを意味する。逆に言えば、1年後の $x=100$ 万円は現時点の $x/(1+r) = 100/105$ 万円 ≒ 95万円の価値しかないことになる。つまり、将来時点の資金よりも、現時点の資金の方が大きな価値を持つことになる。これを時間選好という。

第4章 インフラストラクチャーの計画と意思決定

このように1年後の資金の現時点での価値は$1/(1+r)$で割り引くことで換算される。そしてn年後の資金の現時点での価値は、複利計算により、$1/(1+r)^n$で割り引くことで評価される。資金調達コストrを割引率(discount rate)といい、$1/(1+r)$のことを割引因子(discount factor)という。また、将来時点の資金を割引率で割り引いた現時点での価値を現在価値(present value)といい、現在価値に換算する操作を現在価値化という。

割引率は資金調達コストrである。事業主体は様々な手段で資金を調達するので、割引率rは当該事業主体にとっての平均的な資金調達コストとする必要がある。このため、調達資金に占める各種の借入金や資本金の割合w_i(i:資金調達手段)を重みとして、金利や株主要求利回りr_iの加重平均である加重平均資本コストWACC(Weighted Average Cost of Capital)が割引率rとして用いられる。これは次式のように表される。

$$r = WACC = \sum_{i=1}^{n} w_i r_i \quad (n:資金調達手段の種類)$$

収入や支出と同様に、効果・影響を貨幣価値として評価した便益についても現在価値化しなければならない。便益の評価にも時間選好の概念を導入する理由は様々あるが、最も分かりやすい理由の1つは次のようなものである。将来時点に(たとえ1カ月後や1年後であったとしても)、自分が確実に生存していると言い切れる者は誰もいない。このため、将来時点に発生する便益を享受することができない可能性がある。従って、将来時点で享受できるかどうか不確実な便益よりも、現時点で確実に享受できる便益の方が大きな価値を持つことになる。

ここで問題になるのは、現在価値化に用いる割引率の決定方法である。事業主体が利用者その他の関係主体と直接的な金銭取引を行うことで発生する収入や支出とは異なり、便益は多様な主体が享受するうえ、必ずしも金銭取引を通じて発現するとは限らない。このため、WACCのような考え方で算出される割引率を用いることはできない。個々人や個々の企業の時間選好ではなく、社会的な時間選好が反映された社会的割引率(Social discount rate)を用いる必要がある。

社会的割引率の理論的な設定方法には諸説があるが、実務的には市場利子率(社

会的機会費用率)、すなわちリスクを取らずに得られる利子率(risk-free rate)を社会的割引率として用いる。これは長期国債に投資して得られる利子率と擬似的に考えることができる。そこで我が国では、社会的割引率(社会的機会費用率)は10年もの国債実質利回り(リスクフリーレート)を参考に設定されることになっている。

社会的割引率が過大に設定されれば、将来便益は低めに評価され、本来は実施されるべきインフラストラクチャー投資が実施されない恐れがある。逆に、社会的割引率が過小に設定されれば、将来の便益は大きめに見積もられ、本来は実施されるべきでないインフラストラクチャー投資が実施されてしまう恐れがある。近年、10年もの国債の実質利回りは低下傾向にあるが、旧運輸省(1999年)[4]において公式に社会的割引率として設定された4%が、厳しい財政状況の下、2017年時点においても継続的に用いられている。

なお、CO_2排出削減効果など環境質に関する効果については、効果が長期継続的に発現するため、便益評価に当たっては適用する社会的割引率をより小さな値にすべきとの議論もある。

また、事業主体にとっての支出と社会的費用が名目ベースで同額であっても、財務的評価と経済的評価では適用される割引率が異なるため、現在価値ベースでは異なった金額になることに留意しなければならない。

④ダブルカウントの排除

インフラストラクチャー投資の効果・影響には、その狙いとする効果・影響のほかに、副次的に周辺環境や地球環境に及ぼす効果・影響(技術的外部効果)や、直接効果が波及して、他の財・サービスの市場での需要や供給に影響して間接的に様々な効果・影響を生み出すものもある(金銭的外部効果)。金銭的外部効果は、さらに別の市場を介して連鎖的に別の金銭的外部効果を生み出すこともある。

便益評価には、効果・影響が発生するこのような連鎖の始点に着目して行う発生ベースの評価と、効果・影響が最終的にどこかに帰着する連鎖の終点に着目して行う帰着ベースの評価の2つがある。現在の評価技術の下では、便益推定は発生ベースで行われることが多い。これは発生ベースの方が、便益推定を容易に行うことが

4　運輸省「運輸関係社会資本の整備に係る費用対効果分析に関する基本方針、1999年」

できるケースが多いためである。

　連鎖の途上にある金銭的外部効果には、直接効果および先行する連鎖における金銭的外部効果の一部または全てが含まれる。このため、直接効果と連鎖の途上にある金銭的外部効果を合算して便益を評価すれば、効果・影響が二重計上（ダブルカウント）され、過大評価される恐れがある。従って、便益を評価する際には、ダブルカウントを排除するため、直接効果と金銭的外部効果を合算してはならない。なお、直接効果と技術的外部効果を合算してもダブルカウントにはならないため、両者を合算して便益を評価する。

　例えば、農産物の生産地と遠隔にある消費地が高速道路の整備によって結ばれると、消費地での農産物価格が低下し、消費者が安価で農産物を購入できるようになる効果が見られる。この効果の発生から帰着までの過程を輸送費に着目して分析してみよう。

　高速道路の整備によって、生産地から消費地への農産物輸送に要する時間が短縮される。これによってドライバーの労務費が削減される（時間短縮便益）。また、実際の輸送距離が短縮されたり走行速度が向上したりして燃費が改善されることで、燃料費が節約される（走行費用削減便益）。これらは発生ベースでの便益であり、輸送事業者の輸送原価を低下させる。この輸送事業者の輸送原価の低下分の一部または全部が、消費地での小売店における農産物の仕入れコストに反映され、さらにその一部または全部が農産物の小売価格に反映されることで、消費地の消費者の購入価格が安くなる。すなわち、高速道路整備によって生み出された発生ベースでの便益（時間短縮便益と走行費用削減便益）の一部または全部が、輸送事業者の輸送費原価、小売店での仕入れコスト、および小売価格の低下を経て、消費地における消費者にとっての農産物の購入価格の低下という帰着ベースでの便益に反映されるのである。従って、発生ベースでの便益と連鎖の途上にある便益あるいは帰着ベースでの便益を合算すれば、便益がダブルカウントになることが分かる。

　なお、事業の特性によっては、帰着ベースで便益評価を行うこともある。例えば、多種多様な内部効果、外部効果をもたらす土地区画整理事業や市街地再開発事業などである。そこでは、インフラストラクチャー投資の便益は、一定の条件の下では全て地価の上昇に帰着するという仮説（キャピタリゼーション仮説という）に基づいて、

住宅地価などの変化から便益を評価するヘドニックアプローチが用いられる。これらの事業に関する国土交通省の費用便益分析マニュアル（案）では、ヘドニックアプローチによって帰着ベースで評価することになっている。

⑤ **評価対象期間**

インフラストラクチャーは、いったんつくられれば、そのままで永久に存在して機能を発揮し続けるわけではない。たとえ計画通り適切に維持管理を行ったとしても、物理的・化学的な外的作用などを受けて劣化するため、物理的な使用に耐え得る年限がある（物理的耐用年数）。投資計画の評価は投資の実行前に行われることから、評価対象期間は事業実施期間（建設期間）に耐用年数を考慮した供用期間とされる。具体的には、道路事業では建設期間＋40年、河川・ダム事業では建設期間＋50年、港湾事業および空港整備事業では建設期間＋50年、鉄道事業では建設期間＋30年および＋50年[5]とされている。

⑥ **ライフサイクルコスト**

投資計画の評価において想定する費用は、初期投資だけでなく、評価対象期間にわたる運営や維持管理、大規模修繕、あるいは除却などの費用を含めたライフサイクルコスト（LCC：Life Cycle Cost）とする。

(2) 需要予測

財務評価と経済評価の出発点となるのが、インフラストラクチャーの利用者数を推定する需要予測である。地域独占的なインフラストラクチャー（電力、ガス、上下水道など）では、影響範囲の人口推計を基に利用者数を推定できることが多い。しかし、幹線交通プロジェクトなどでは、利用者数は当該幹線交通施設が結ぶ地域間の移動ニーズの量だけでなく、所要時間や料金水準、競合する交通機関の状況などで大きく変わる。このため、利用者数を推定するためには複雑なモデルを用いた需要予測

5　「鉄道プロジェクトの評価手法マニュアル」では、評価対象期間（計算期間）として30年と50年の双方が用いられている理由として以下の記述がある。「計算期間は、耐用年数などを考慮して決められるべきであるが、本マニュアルにおいて計算期間を30年と50年を基本とした理由は、(1)鉄道整備事業の財務分析においては、慣習的に計算期間として30年が用いられていること、(2)近年、技術的耐久性が向上して耐用年数が長くなりつつあり、寿命が50年程度の施設構成要素が多くなってきていること、(3)31年以上50年未満の計算期間については、30年と50年の結果を内挿することによって、ある程度、評価結果を推測することが可能であることなどである。いずれにしても、事業のライフサイクルを勘案して適切に設定されるべきものである」。このように、インフラストラクチャーの技術革新が進むなか、計算期間についても実態を踏まえた試行錯誤が行われているのである。

が行われる。

　評価対象期間における各年次について需要予測によって利用者数を推定するには、人口やGDP成長率など、利用者数に影響を及ぼす指標に関する将来シナリオを外生的に設定する必要がある。また、料金徴収を行うインフラストラクチャーでは、利用者数は料金設定によって変化するため（需要の価格弾力性）、料金設定と需要予測は一体的に行われる。

1）将来シナリオの設定

　インフラストラクチャーの利用者数を予測するために必要なパラメータ（将来人口などの外生変量）について、評価対象期間における将来シナリオを設定する。そうしたパラメータとしては、地域の人口や経済成長率（GDP増加率）などが挙げられる。どのようなパラメータについて将来シナリオを設定すべきかは、インフラストラクチャーの種別によって異なる。

　例えば、幹線交通プロジェクトの需要予測では実務的には「四段階推定法」（図4-5）が用いられる。この方法ではまず、全国においてあらゆる交通手段によって生み出される移動の量（トリップ数）を年間合計した生成交通量を推計し、これに基づいて、発着地ゾーン別に生み出される移動量（発生・集中交通量）、発着地ゾーン間

図4-5　四段階推定法の手順
図：(公財)鉄道技術総合研究所「鉄道の需要予測、2010年」

の移動量(分布交通量(OD交通量))、交通機関別移動量(交通機関分担)、路線別の移動量(経路配分)へと段階的に案分して、当該交通プロジェクトの利用者数などを予測する。需要予測のおおもとの生成交通量は、総人口と経済成長率を説明変数とする回帰式で推計されるのが通例である。このため、生成交通量の推計に当たっては、評価対象期間にわたって総人口および経済成長率の将来シナリオを設定する必要がある。総人口については、将来50年分が推計・公表[6]されている国立社会保障・人口問題研究所の「日本の将来人口推計」(出生中位・死亡中位)を用いることが多い。経済成長率については、内閣府「中長期の経済財政に関する試算」などを用いることが多い。

電力、ガス、上下水道では、利用者数を推定するため、サービス供給区域内の人口、世帯数、従業者数などの将来シナリオを設定する。サービス供給区域は必ずしも行政区域と一致しないため、人口や世帯数の将来シナリオを設定するためには、自らコホート分析を実施しなければならない場合もある。すなわち、同一の年齢階層に属する人口の社会・自然増減を基に域内の人口を推計するのである。従業者数の将来シナリオは、将来の産業動向の想定に基づいて設定する。

2) 料金の設定

料金を徴収する事業では、利用者数は料金水準によって大きく左右されるため、料金をどのような水準に設定するかは利用者数の推定に当たって極めて重要である。ただし、第3章で述べた通り、多くのインフラストラクチャーは料金規制の対象となっているため、必ずしも事業主体にとって収益性を最大化する料金を設定できるわけではない。このため料金水準は、規制に基づく料金設定式や、既存の同種インフラストラクチャーの料金を参考に設定する。

3) 利用者数、受益者数の推定

利用者数、受益者数の推定方法は、インフラストラクチャーの特性に応じて個別に開発されている。

---

6 参考推計としてその後50年分(合計100年分)も推計・公表されている。

例えば、幹線交通施設の利用者数の推定は、実務的には前述の四段階推定法によって行われる。そこでは、適切な料金設定の下で、他の交通施設や路線の利用者数の推計も含めて一体的に行われる。電力、ガス、上下水道では、過去の用途別(生活用、業務用、工場用など)の使用量の実績値の分析に基づいて原単位(1人1日当たり使用量など)を設定している。これにサービス供給区域内の人口・世帯数、従業者数、産業の動向などの将来シナリオを適用して、将来の使用量を推定する。

(3) 財務評価

前述の通り、民間企業の投資計画は主に投資収益性によって評価される。投資収益性は、年次別の費用と収入を用いて計算される。

収入の推定は、需要予測を通じて得られた料金と利用者数を用いて年次別に推定することができる。割引率(WACC)を用いてこれを現在価値化し、評価対象期間全体にわたって合算することで、現在価値での総収入を推定することができる。

また、評価対象期間にわたる初期投資および維持管理費や大規模修繕費などの年次別費用を、割引率を用いて現在価値化し、評価対象期間全体にわたって合算することで現在価値での総費用を推定することができる。

この総収入と総費用を用いて、財務分析に基づく投資収益性の評価を行う。

1) 財務分析

事業開始の年次を1年目(基準時点)とし、事業主体の割引率(WACC)を r として、計算期間 T 年間の第 t 年目($1 \leq t \leq T$)に当該インフラストラクチャー投資について生じる収入 R_t および費用 C_t を現在価値化して合計した総収入および総費用の現在価値を、それぞれ次式で算出する。

$$\text{総収入の現在価値} R = \sum_{t=1}^{T} \frac{R_t}{(1+r)^{t-1}} \quad \text{総費用の現在価値 } C = \sum_{t=1}^{T} \frac{C_t}{(1+r)^{t-1}}$$

このとき、純現在価値(NPV:Net Present Value)は、総収入の現在価値と総支出の現在価値の差として次式で算出される。なお、割引率は事業主体のWACCである。

表4-2 純現在価値および財務的内部収益率の計算例

(割引率 r=5%)

年次	1年目	2年目	3年目	4年目	5年目	28年目	29年目	30年目		合計
年次収入 Rt	0	0	30	40	50	50	50	50	総収入 R=	1370
年次支出 Ct	150	100	2	2	2	2	2	10	総支出 C=	330
年次収支 Rt-Ct	-150	-100	28	38	48	48	48	40	全体収支 R-C=	1040
年次収入 RtのPV	0.0	0.0	27.2	34.6	41.1	13.4	12.8	12.1	総収入 RのPV=	682.66
年次支出 CtのPV	150.0	95.2	1.8	1.7	1.6	0.5	0.5	2.4	総支出 CのPV=	283.88
年次収支 Rt-CtのPV	-150	-95.2	25.4	32.8	39.5	12.9	12.2	9.7	NPV=	398.8
									FIRR=	10.1%

(注)PVは現在価値(Present Value)を意味する

$$NPV = R - C = \sum_{t=1}^{T}\frac{R_t}{(1+r)^{t-1}} - \sum_{t=1}^{T}\frac{C_t}{(1+r)^{t-1}} = \sum_{t=1}^{T}\frac{R_t - C_t}{(1+r)^{t-1}}$$

また、割引率をWACCではなく、次式のように総収入の現在価値と総費用の現在価値が一致する、すなわちNPVがゼロとなるように算出した割引率 r' が財務的内部収益率(FIRR:Financial Internal Rate of Return)である。

$$\sum_{t=1}^{T}\frac{R_t}{(1+r')^{t-1}} = \sum_{t=1}^{T}\frac{C_t}{(1+r')^{t-1}}$$

純現在価値および財務的内部収益率の計算例を表4-2に示す。FIRRを解析的に求める式(閉形式解)は存在しないが、Microsoft Excelや一部の高機能な関数電卓などには内部収益率を計算する関数が組み込まれているため、容易に算出することができる。なお、財務分析では、当該インフラストラクチャー単体の財務分析だけでなく、同時に行う事業(商業、住宅など)との複合事業としての財務分析や、既存の関連事業への影響などを含めた財務分析も考慮される。

2)投資判断基準

当該インフラストラクチャー投資が財務的な観点から是認されるためには、

表4-3　財務効率性(財務分析)に係る投資判断基準

指標	算出方法	投資判断基準(閾値)
純現在価値 (NPV)	フリーキャッシュフローの現在価値 (NPV＝収入の現在価値－費用の現在価値)	純現在価値がプラス (NPV＞0)
財務的内部収益率 (FIRR)	収入の現在価値と費用の現在価値が一致する割引率	財務的内部収益率が割引率より大(FIRR＞WACC)

　表4-3に示す純現在価値(NPV: Net Present Value)と財務的内部収益率(FIRR: Financial Internal Rate of Return)に係る投資判断基準が満たされる必要がある。ただし、これらの2つの基準は、一方が満たされればもう一方も満たされる同値関係にある。

　なお民間事業の場合、財務的内部収益率FIRRはその値が事業規模の大きさに依存せず、資金調達コストWACCとの比較も容易であるため、極めて重視される。FIRRについては、自社で投資適格な収益率の水準としてハードルレートを設定している企業もある。本書執筆の時点では、ハードルレートはWACCなどを参考に5％程度とする企業もあれば、収益性の高い事業を行っている企業では7〜8％、外資系企業では10％や12％といった値を設定する場合もある。

　将来の収入や費用の予測には、当然不確実性が伴うため、3)で述べる感度分析によって財務分析の結果の頑健性を確認する必要がある。

3) 感度分析と仮定などの記録

　インフラストラクチャーの投資計画においては、計画段階で明確にならない様々な事項について各種の仮定や想定に基づき数値が設定される。要求性能を規定する外的条件や、スケジュール、費用、料金や利用者数などである。もちろん、そうした設定値には、一定の考え方や根拠に基づいてもっとも確からしい値が設定される。しかし、そこには必然的に不確実性を伴うため、現実に生じる値とは異なるものになることが多い。

　そこで、投資収益性に大きな影響を及ぼす設定値について、その値が変化したときに投資収益性がどう変化するかを把握して、評価結果の頑健性を確認する必要がある。これを「感度分析」という。感度分析の結果は、意思決定の判断材料の1つにもなる。

感度分析の方法には、投資収益性に大きな影響を及ぼす設定値の1つを個別に変化させるか、主要なもの全てを同時に変化させるかによって、主に表4-4に示す2つがある。実務では、要因別感度分析によって、利用者数などを±10％変動させた場合に、投資収益性などがどの程度変化するかを把握することが多い。また、それらの値をどこまで変動させると損益がゼロになるかを把握する損益分岐点分析もよく行われる。なお、現実には1つの設定値のみが想定と異なることはあり得えず、あらゆる設定値が想定と異なってくる点に留意が必要である。

　こうした仮定や想定に基づく設定値や、各設定値について感度分析で変化させた割合や値については、その背景にある考え方や根拠などとともに記録しておく。これらの記録は、以降の段階において、当初の投資計画から差異が生じた場合に、要因分析の有益な材料の1つとして利用することができる。また、将来、類似のインフラストラクチャー投資を検討する際に、仮定や想定、数値などを設定する指針あるい

表4-4　感度分析の方法

感度分析の手法	各手法の概要	アウトプット
要因別感度分析	主要な設定値のうち、1つだけ（例えば初期投資額のみ、供用年次のみ、料金のみなど）を一定の割合（±10％など）あるいは一定の値だけ変動させた場合の、分析結果への影響を把握する手法	1つの設定値が変動したときの分析結果が取り得る値の範囲（当該設定値の変動が分析結果にもたらす影響）
上位ケース・下位ケース分析	主要な設定値の全てを変動させた場合に、分析結果が最も良好になる場合（上位ケースシナリオ）や最も悪化する場合（下位ケースシナリオ）を設定し、分析結果の幅を把握する手法	主要な全ての設定値が変動したときの分析結果が取り得る値の範囲

図：国土交通省「公共事業評価の費用便益分析に関する技術指針（共通編）、平成21年6月」を基に作成

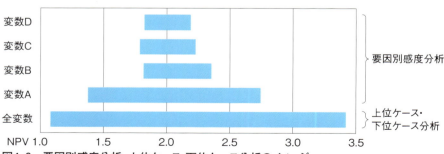

図4-6　要因別感度分析、上位ケース・下位ケース分析のイメージ
図：国土交通省「公共事業評価の費用便益分析に関する技術指針（共通編）、平成21年6月」を基に作成

は参考値として有益な資料になる。

4) 代替案比較

　投資計画の検討過程では、要求性能を満たす様々な代替案比較が行われる。立地や規模、配置、構造、工法などの物理的な代替案もあれば、不確実な需要を見極めながら投資を進める段階的整備などの整備プロセスに関する代替案もある。意思決定者やステークホルダーが想定するであろう代替案について、真摯(しんし)に検討して起案することも円滑な合意形成を図るうえで重要である。なお、この場合のステークホルダーには、最終意思決定権に係るステークホルダーだけでなく、事業実施上のステークホルダー（特に反対する可能性のある関係主体）も含まれる。

　ただし、限られたリソース（予算、人員、時間）の中で、全ての案について投資計画を立案して比較検討することは困難で、効率的でない。そこで、起案の過程で概略の比較検討を行い、明らかに劣後する案は除外する。そして、残った案について、他の案と差別化を図ることを念頭に置きつつ、メリットを強化し、デメリットを補うようさらに検討を進め、ブラッシュアップする。

　代替案比較では、ブラッシュアップされた各案について、課題解決への有効性、技術的な難易度、コスト、地域住民の受容可能性など多様な視点から定性的な比較評価を行い、そのメリット・デメリットを明らかにする。そして最も優れた案として主提案を選定し、詳細な投資計画の立案を進める。

　代替案比較の意義は、他に想定された案(代替案)との比較を通じて、主提案を計画案として選定した根拠が明確になり、意思決定の透明性が向上する点、そして主提案が代替案に劣後する事項を中心として、主提案における今後の検討課題も把握できる点にある。

5) 補助金などの確保可能性検討

　財務分析の投資判断基準が満たされないというだけの理由で、インフラストラクチャー投資案を棄却することは必ずしも適切ではない。当該インフラストラクチャー事業が社会経済的に高い意義を持つことが後述の経済分析によって認められるならば、国や自治体から補助などを確保したり、税制優遇を受けたり、あるいは政策金

融機関から低利融資を確保したりできる可能性があるからである。

　補助金などを確保できれば、事業主体にとっての支出を削減することができる。低利融資を確保できれば、インフラストラクチャーに充当される資金調達コスト（WACC）は小さくなるため、財務分析で用いる割引率を引き下げることができる。これらは純現在価値（NPV）を増大させたり、FIRRの投資判断基準となる閾値（WACC）を低下させたりするため、当該インフラストラクチャー投資計画案が財務分析の投資判断基準を満たすようになる可能性がある。

　もちろん、補助や低利融資に伴う利子補給は公的負担となるが、こうした費用負担割合の変更は経済分析の結果には影響を与えない。つまり、インフラストラクチャー投資が経済分析において社会経済的に是認される限り、補助や低利融資などの導入による費用負担割合の変更を通じて、事業主体にとっての財務分析の結果を改善することができる。

(4) 経済評価

1) 事業効果（フロー効果）の評価

　事業効果（フロー効果）は、産業連関表を用いた産業連関分析によって算出する。以下では、理解を図るために最も単純化した産業連関表の例を用いて、その考え方を説明する。

　産業連関表は、国内あるいは地域における産業部門間での取引高を表形式で示したものである。仮想的な地域内の建設業とその他産業の2部門についての取引高を整理した最も単純な産業連関表の例を、表4-5（取引基本表）、表4-6（投入係数表）に示す。取引基本表の産業部門の列は、各産業部門の財・サービスの生産に投入された中間投入（原材料など）に要する産業部門別の費用（費用構成）である。建設業では、250億円の建設生産物の生産（例えば10kmの高速道路の建設）に当たり、建設業に100億円、機材購入のためその他産業に50億円を投入し、100億円の粗付加価値（雇用者所得や営業余剰など）が加えられている。また行は、各産業部門で生産された財・サービスの産業別の販売額（販路構成）が示される。例えば、250億円の建設生産物は、建設業に100億円、その他産業に100億円を中間需要として販売し、最終需要として50億円販売している。次に、投入係数表は、産業部門の列につ

表4-5 取引基本表

(単位:億円)		中間需要		最終需要 F	生産額 X
		建設業	その他産業		
中間投入	建設業	100	100	50	250
	その他産業	50	150	300	500
粗付加価値		100	250		
生産額		250	500		

表4-6 投入係数表

		中間需要A	
		建設業	その他産業
中間投入	建設業	$0.4\left(=\dfrac{100}{250}\right)$	$0.2\left(=\dfrac{100}{500}\right)$
	その他産業	$0.2\left(=\dfrac{50}{250}\right)$	$0.3\left(=\dfrac{150}{500}\right)$
粗付加価値		$0.4\left(=\dfrac{100}{250}\right)$	$0.5\left(=\dfrac{250}{500}\right)$
生産額		$1.0\left(=\dfrac{250}{250}\right)$	$1.0\left(=\dfrac{500}{500}\right)$

いて、各産業部門への投入額を当該部門の生産額で除した係数（投入係数）を表形式で示したものである。これは、各産業部門の1単位の生産のために投入される産業部門別の費用構成を表す。例えば、建設生産物1単位の生産には建設業に0.4単位、その他産業に0.2単位を投入している。

さて、建設業に1単位の新たな最終需要（新規需要）が発生した場合に、その生産のために必要とされる財・サービスの需要を通して、各産業部門の生産がどれだけ発生するかを考えよう。例えば、建設業の建設生産物が新規に1単位発生した場合、建設業の生産そのものが1単位増加する（直接効果）。この投入係数表に基づけば、そのためには中間投入として建設業に0.4単位、その他産業に0.2単位の生産増が発生する（第1次間接波及効果）。そして、建設業の0.4単位およびその他産業の0.2単位の生産増のために、さらに建設業およびその他産業の生産増が必要になる（第2次間接波及効果）。このような投入係数を介した連鎖的な波及を産業部門別に集計して表形式で表したものが逆行列係数表である（表4-7）。

これがなぜ逆行例係数表と呼ばれるかを以下で説明する。いま、表4-6における建設業とその他産業の中間投入と中間需要についての2×2行列をA、表4-5の最終

表4-7 逆行列係数表

	建設業	その他産業
建設業	1.842	0.526
その他産業	0.526	1.579
列和	2.368	2.105

需要の列ベクトルをF、生産額の列ベクトルをXとする。すなわち、

$$A = \begin{pmatrix} 0.4 & 0.2 \\ 0.2 & 0.3 \end{pmatrix} \quad F = \begin{pmatrix} 50 \\ 300 \end{pmatrix} \quad X = \begin{pmatrix} 250 \\ 500 \end{pmatrix}$$

である。表4-5の中間投入の2行はこれらの行列とベクトルを用いると、次式で表される。

$AX + F = X$

これをXについて解くと、

$X - AX = F$

$(I - A) X = F$

$X = (I - A)^{-1} F$

となる。ここで、Iは単位行列$\begin{pmatrix} 1 & 0 \\ 0 & 1 \end{pmatrix}$であり、$(I-A)^{-1}$は行列$(I-A)$の逆行列である。

いま、Fとして、上記に代えて$F = \begin{pmatrix} 1 \\ 1 \end{pmatrix}$と置いたとき、$X = (I-A)^{-1}$となる。

すなわち、この逆行列は各産業部門(建設業とその他産業)で1単位の需要増があったとき、どの産業部門の生産がどれだけ誘発されるかを示している。これが表4-7が逆行列係数表と呼ばれるゆえんである。

実際に$(I-A)^{-1}$を計算すると、

$$(I-A)^{-1} = \left(\begin{pmatrix} 1 & 0 \\ 0 & 1 \end{pmatrix} - \begin{pmatrix} 0.4 & 0.2 \\ 0.2 & 0.3 \end{pmatrix} \right)^{-1} = \begin{pmatrix} 0.6 & -0.2 \\ -0.2 & 0.7 \end{pmatrix}^{-1}$$

$$= \frac{1}{0.6 \times 0.7 - (-0.2) \times (-0.2)} \begin{pmatrix} 0.7 & 0.2 \\ 0.2 & 0.6 \end{pmatrix} = \begin{pmatrix} 1.842 & 0.526 \\ 0.526 & 1.579 \end{pmatrix}$$

となり、表4-7の逆行列係数表における建設業とその他産業それぞれの2×2行列が求められる。

この逆行列係数表を用いることで、建設業およびその他産業にそれぞれ1単位の

新規需要が発生すると、直接効果の1単位を含め、産業全体でそれぞれ2.368単位および2.105単位の波及効果が生じることが分かる。

産業連関分析は、この考え方に基づいて、インフラストラクチャー投資額を産業連関表の産業部門別に分割した産業部門別の投入額P（ベクトル）として、逆行列係数を乗じることで、当該投資による生産誘発効果を$(I-A)^{-1}P$として算出する分析手法である。また、先の例では示さなかったが、各産業部門の最終需要が新たに1単位増加した場合に、各産業部門で必要となる労働力需要の大きさを示す労働誘発係数もある。労働誘発係数を用いることで、インフラストラクチャー投資の雇用創出効果を算出することもできる。

事業効果（フロー効果）を、全国ベースで算出して投資が全国的にもたらす効果を求めることを目的とするか、都道府県ベースで算出して投資が地域経済にもたらす効果を求めることを目的とするかによって、用いる産業連関表は異なってくる。前者では全国産業連関表を用い、後者では都道府県別産業連関表を用いる。

なお、産業連関表は、使用用途に応じてレベルの異なる産業部門分類のものが用

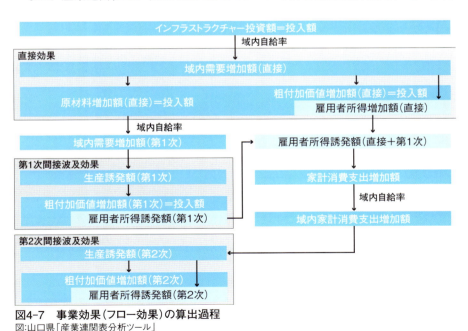

図4-7　事業効果（フロー効果）の算出過程
図：山口県「産業連関表分析ツール」

意されている。全国産業連関表では、13部門分類、統合大分類(37部門)、統合中分類(105部門)、統合小分類(184部門)のものがある。インフラストラクチャー投資の経済波及効果を算出する場合、通常、建設部門という大くくりの産業部門に投資額を投入して産業連関分析を行うため、それほど詳細な産業部門分類の産業連関表を用いる必要はなく、統合大分類のもので十分と考えられる。

産業連関分析による事業効果(フロー効果)の算出過程を図4-7に示す。

2)個別の施設効果(ストック効果)の評価

インフラストラクチャー投資の経済効率性は、年次別の費用と便益を用いて計算される。便益の計測方法は、インフラストラクチャーの特性や、便益計測の対象とする効果・影響の特性によって大きく異なる。

便益の発現形態は様々であり、容易に金銭的に評価できるものもあるが、そのままの形では経済評価の対象とならないもの(非計量的効果)が多いため、それらを何とかして貨幣価値で評価するための工夫が積み重ねられてきた。いくつかの事例を示す。

交通系のインフラストラクチャー整備事業(例:渋滞する市街地を迂回するバイパス道路)では、これがもたらす移動時間の短縮効果を貨幣価値で評価するために、「時間価値」という概念が広く用いられている。「時間価値」は文字通り、移動時間の短縮によって節約された1時間の貨幣価値である。この値を得る方法として様々な算定方法が提案されているが、我が国では節約された時間を生産に充てた場合の獲得金額(時間当たり賃金など)を指標として計算している。この算定方法は選好接近法と呼ばれる。

公園などの施設が新たに整備されると、そうした施設を利用する住民のうち、新たな施設の方へのアクセス時間が短縮される住民は時間短縮便益を受けることになる。こうした便益も時間価値を用いて計算される。これはトラベルコスト法(TCM:Travel Cost Method)と呼ばれる。

なお、現在の便益評価技術の下では、3)で述べる費用便益分析において総便益に計上できるのは、精度上、上記のレベルまでである。

堤防などの整備で自然災害による被害が減少する便益は、インフラストラクチャー

の有無別に洪水のシミュレーションを行い、浸水被害を受ける家屋などの戸数や農地面積を推定し、それらに原単位(平均的な復旧費用など)を乗じて被害額の減少分を求めている。これは原単位法(UCM:Unit Cost Method)と呼ばれる。

　公園やリバーフロントの整備によって快適性が向上する便益や、道路整備や交通事故対策によって交通事故が減少したり、防災対策によって防災性が向上したりすることで心理的な安心が高まる便益については、心理的なものである以上、便益として貨幣価値で評価することはなかなか困難である。そこで考案された方法として、そうした便益に対する人々の支払い意思額(WTP:Willingness to Pay)をアンケート調査によって尋ねることで計測するものがある。例えば、「地域内に公園がつくられ快適性も向上するなら、そのためにあなたはいくらを支払ってもよいと思いますか?」といった質問のアンケート調査である。これは仮想評価法(CVM:Contingent Valuation Method)と呼ばれ、市場で取引されていない便益を計測する手法である。

　以上のような発生ベースで個別の便益を計測する方法のほか、帰着ベースで様々な便益をトータルに計測する方法もある。多様な計量的／非計量的な便益が発現する土地区画整理事業などでは、個別の便益をそれぞれ計測するのではなく、(1)2)④で述べたキャピタリゼーション仮説に基づくヘドニックアプローチによって、トータルの便益を地価の変動という帰着ベースで計測するのが一般的である。

　これらの手法の精度などに関しては懐疑的な意見もある。しかし、インフラストラクチャー投資に関する社会的合意形成の議論に際しては、非計量的効果の計量化が有用であることは言をまたない。それぞれの手法の一層の高度化、信頼性の向上も期待されるゆえんである。

3) 経済分析

　各効果項目別に算出された個別の便益を年次別に合算した年次便益 B_t (t :年次)を、社会的割引率 r を用いて現在価値化し、評価期間全体($1 \leq t \leq T$)にわたって合算することで、次式の通り現在価値での総便益 B を推定することができる。

$$B = \sum_{t=1}^{T} \frac{B_t}{(1+r)^{t-1}}$$

一方、初期投資および評価対象期間にわたる運営費や維持管理費、大規模修繕費などを年次別に合算した年次費用C_tを、社会的割引率を用いて評価対象期間全体にわたって合算することで、次式の通り現在価値での総費用Cを推定することができる。

$$C = \sum_{t=1}^{T} \frac{C_t}{(1+r)^{t-1}}$$

　この総費用と総便益を用いて、財務分析で行うのと同様に経済分析による経済効率性の評価を行う。
　純便益(NPV:Net Present Value)は、現在価値での総便益Bと総費用Cの差分として次式で算出する。
$$NPV = B - C$$
　費用便益比(CBR:Cost Benefit Ratio)は、現在価値での総便益Bを総費用Cで除したものとして次式で算出する。
$$CBR = B/C$$
　経済的内部収益率(EIRR:Economic Internal Rate of Return)は、割引率を社会的割引率ではなく、次式のように現在価値での総便益と総費用が一致する、すなわちNPVがゼロとなるように算出した割引率r'である。

$$\sum_{t=1}^{T} \frac{B_t}{(1+r')^{t-1}} = \sum_{t=1}^{T} \frac{C_t}{(1+r')^{t-1}}$$

　なお、EIRRはFIRRと同様に、Microsoft Excelや一部の高機能な関数電卓などを用いることで容易に算出することができる。

4) 投資判断基準

　当該投資が投資額に見合ったものであるかを経済分析によって評価する。インフラストラクチャー投資が社会経済的な観点から是認されるためには、表4-8に示す純便益(NPV)、費用便益比(CBR)、経済的内部収益率(EIRR)に係る投資判断基準が満たされる必要がある。

表4-8 経済効率性(経済分析)に係る投資判断基準

指標	算出方法	投資判断基準(閾値)
純現在価値 (NPV)	便益の現在価値と費用の現在価値の差 (NPV=B－C)	純現在価値がプラス (NPV>0)
費用便益比 (CBR)	便益の現在価値と費用の現在価値の比 (CBR=B/C)	費用便益費が1より大 (CBR>1)
経済的内部収益率 (EIRR)	便益の現在価値と費用の現在価値が一致する社会的割引率	経済的内部収益率が社会的割引率より大(EIRR>社会的割引率)

ただし、これらの3つの基準は、どれか1つが満たされれば残りの2つも満たされる同値関係にある。なお、純現在価値および費用便益比は社会的割引率を用いて算出されるが、社会的割引率を厳密に設定することは困難である。そこに、社会的割引率を直接的に用いることなく算出できる経済的内部収益率EIRRを投資判断基準に用いる意味がある。

将来の便益や費用の予測には当然、不確実性が伴うため、5)で述べる感度分析によって経済分析の結果の頑健性を確認する必要がある。

5) 感度分析と仮定などの記録

経済効率性(経済分析)の評価結果が、事業環境の不確実性を考慮しても、なお投資に値するものと言えるかは感度分析によって評価される。すなわち、(3)3)と同様に、経済効率性に大きな影響を及ぼす設定値について、その値が変化した時に経済効率性がどう変化するかを把握して、評価結果の頑健性を確認し、意思決定の判断材料の1つにする。

また、こうした仮定や想定に基づく設定値や、各設定値について感度分析で変化させた割合や値は、その背景にある考え方や根拠などとともに記録しておく。

6) 事業のリスク評価

感度分析によって投資効率性(経済分析)の評価結果が頑健でないことが判明した場合には、主要な設定値の不確実性に対してどのように対処するかを規定することで不確実性に対する頑健性を高めるほか、必要に応じて投資の内容を修正または見直すことになる。インフラストラクチャー事業に関わるリスクの体系に関しては第6章を参照されたい。

7）代替案比較

（3）4）で述べた通り、要求性能を満たす様々な想定に基づく代替案を比較検討したうえで、最も優れた案として主提案を選定し、詳細な計画立案を進める。そこでは、民間資金の導入によって、費用低減と公共の財務的な負担軽減を図るPFI（Private Finance Initiative）方式の適用など事業実施方法に係る代替案についても比較検討することは有益である。

国土交通省所管公共事業では、2012年度から計画段階での事業評価「計画段階評価」において代替案比較を実施するものとされている。

(5) 留意事項

1）時代の要請に応じた評価

公共投資の評価は、ステークホルダーである国民、地域住民などの納得を得て合意を形成するためのツールである。評価体系や評価方法などは、国民や地域住民の多様な価値意識が反映されるように設定する必要がある。国民や地域住民の価値意識は、時代背景や社会システム、社会が抱える課題によって変化し、また技術動向などからも影響を受ける。従って、第4節で詳述する総合評価も含め、評価体系や評価方法などは、時代の要請に対応させるために、適宜、柔軟に見直しを図る必要がある。実際に、評価の方法や重きを置く評価項目は我が国でも過去から変化しているし、国によっても異なる。

例えば、我が国では高度経済成長期において、活発な社会経済活動によって各種のインフラストラクチャーへの需要が旺盛に生み出された。これに対して、限られた財源の下で公共投資による供給が追い付かず、評価や合意形成以前にインフラストラクチャーの迅速な量的拡大が至上命題になっていた。経済成長の成功もあって、本来のステークホルダーである国民、地域住民は、国や自治体を信頼してインフラストラクチャーの投資の意思決定を委ねていた。公害問題やオイルショックを経て、国民の環境や成長に対する意識は変化したものの、インフラストラクチャーの投資意思決定は国や自治体を信頼して委ねておけば大丈夫だ、という意識は大きく変化しなかった。このため、我が国のインフラストラクチャー投資の評価は、一部で経済波及効果など定量的な効果が示されることはあったものの、多くはいかに多様な効果・

影響があるかを定性的あるいは定量的に整理して提示することに終始している未成熟なものであった。

　1990年代後半になると、我が国の経済がバブル崩壊からなかなか立ち直れず、長引く不況にあえぐなか、国民から「ムダな公共事業」への批判が高まった。これは、公共投資に投資効率性という視点を欠くことへの批判であった。そこで、これに対応するために、1997年に当時の橋本龍太郎首相が公共事業の再評価システムの導入を指示した。その後、各種の公共事業について、費用便益分析に関するマニュアル類の整備が進み、投資効率性の視点からの評価が広く行われるようになった。特に費用対便益による投資効率性の評価は、単純明解な数値指標で結果が示されるうえ、社会経済的な投資基準が理論的にも明確で分かりやすい。また、国・自治体の膨大な債務が問題視されているなかで、投資効率性に基づく投資基準の適用は財政の健全化にも寄与する。このため、費用便益分析による投資効率性が公共投資の評価の中心的な評価項目として位置付けられる傾向にあった。

　近年ではようやく、より広範囲での効果・影響と投資効率性、事業実施環境のバランスが図られて評価されるようになりつつある。

　海外に目を転じると、ニュージーランドにおいては、費用便益分析をはじめとした公共投資の評価システムについて先進的な取り組みが行われている。ニュージーランドでは、かつては財政難の下で、社会から求められるインフラストラクチャー整備事業が多数存在し、投資可能な規模を超える状況にあった。これに対処するため、投資効率性に基づく一元的な評価に沿って事業の採択を行っていた。具体的には、費用便益比（B／C）の高い事業から順に、予算の範囲内で実施可能なインフラストラクチャーの投資が行われた。実際に投資が行われたインフラストラクチャー整備事業の費用便益比の最低ラインはおおむねB／C＝3〜4程度であったという。そうした評価が行われていたため、多様な効果をできる限り便益として評価できるよう評価技術の開発・改良が積極的に行われた。このようなニュージーランドのインフラストラクチャー投資の評価技術は、我が国における公共投資の評価にも大きな影響を与えた。しかし、便益評価の技術的な限界などもあり、現在のニュージーランドでは、事業の費用便益比が1を超える（B／C＞1）ことを前提として、多様な効果・影響を含めた総合評価が行われている。

また、近年の英国やフランスにおける道路事業の評価においては、多様な効果・影響を含めた総合評価が行われており、費用便益比が1を下回る（B／C＜1）ものでも採択可能とされている。また英国では、若者をはじめとする高い失業率が社会的な問題になっていることから、雇用創出効果や税収効果、域内経済波及効果（域内GDP増加）にも着目して評価が行われている。

2）経済評価（費用便益分析）の技術的限界

　インフラストラクチャーの多くは、国民が納めた貴重な税金などを原資とする予算を基に、巨額の投資を行うことで整備される。限られた予算は国民にとって最も有意義に用いなければならないことは当然で、予算制約の下で最大の成果（効果）が上がるように予算の使途を決める必要がある。あるインフラストラクチャーを整備するために予算が投入されれば、そこには実施できなかった他の事業（別のインフラストラクチャーの場合もあれば、教育や福祉、防衛など他の分野の事業もある）が必ず存在する。もし、そうした事業に予算を使った方がより国民にとって有意義であれば、予算が効率的に使われたとは言えない。従って、真に効率的な予算の使途を決定するためには、あらゆる事業を分野横断的に比較評価することが理想である。

　そうした効率性の評価尺度としては、いまのところ費用便益分析に基づく経済評価が最も有力である。しかし、現在の評価技術では便益評価が困難な評価項目は少なくなく、便益評価が可能であっても、評価項目間で精度が大きく異なるものもある。このため、バイパスの整備（道路交通の効率性向上）と道路の無電中化の推進（景観の向上）など、同じ分野の事業であっても、経済評価で一元的に比較評価して優劣をつけることが困難な事業も少なくない。ましてや、バイパスの整備と教育のICT化推進、特別養護老人ホームの整備、戦闘機の購入など、異なる分野の事業では経済評価による比較評価は不可能であることは言うまでもない。ただ、バイパスの整備事業相互や無電中化事業相互など、同種事業間であれば、経済分析の結果（B／Cなど）に基づく相対的な比較評価は可能であろう。

　前述の通り、インフラストラクチャーによっては、現在の評価技術では狙いとする効果を便益評価することが困難だったり、部分的にしか便益評価できなかったり、評価の精度に課題があったりする効果項目は少なくない。このため、経済分析に基づ

いてインフラストラクチャー投資の効率性を評価する場合は、評価技術の限界を認識し、経済分析に便益が計上されていない効果項目の存在も考慮する必要がある。

例えば、インフラストラクチャー投資の狙いとする効果の便益評価が困難な場合、便益評価が可能な効果項目に限定して経済分析を行えば、社会的に明らかに必要とされているインフラストラクチャーであっても分析結果が閾値(しきい値)を超えないこともあり得る。この結果をもって、当該インフラストラクチャーの投資は効率的ではないと評価することは妥当だろうか。

効果の便益評価が技術的に困難であることは、効果が存在しないということではない。しかし、経済分析の結果のみを見て投資の効率性を評価することは、便益評価が技術的に困難な効果は、効果として存在しないと言うに等しい。そして、そのような評価によって、社会的に必要とされているインフラストラクチャーの投資が実施されなければ、それこそが社会的な損失である。従って、経済分析による効率性の評価は、閾値に基づく絶対基準として捉えるのではなく、評価技術の限界を認識しつつ、あくまでもインフラストラクチャー投資に関する効率性という限られた側面を確認する評価項目の1つとして活用することが適切であろう。

3) 評価の客観性、合理性、公正性、意思決定プロセスの透明性

公共の投資計画では、多様な価値観、利害関係を有する納税者や住民に正しく必要な情報が提供され、適切な理解が得られることが重要である。そのためには、科学的な手法に基づいて評価の客観性や合理性、公正性を担保し、意思決定プロセスの透明性が確保されることが必要である。

効果・影響や経済効率性の評価手法については、国土交通省、農林水産省、経済産業省(工業用水道)、厚生労働省(上水道)のホームページにおいて、省内横断での共通事項や事業ごとの詳細なマニュアル類が公開されており、個別の事業に関する評価結果の概要を掲載している。これによって、一般国民や地域住民が評価方法や個別事業の評価結果をチェックできるようになっている。しかし、効果・影響や経済効率性については、専門知識を持たない者が理解し、投資の社会経済的な妥当性を判断することは困難である。このため、有識者などで構成される審議会や委員会で検討されることが多い。

第4節
総合評価

　以下では、インフラストラクチャーの投資に関する適切な判断と意思決定を行うための事業評価のうち、非計量的効果(intangible effect)や事業実施環境をも評価対象に含めた総合評価の要点を整理する。

(1) 多次元評価

　公共事業として実施されるインフラストラクチャー投資に対して、ステークホルダーである国民、地域住民の中には、税の使途としての投資の経済効率性を重視する者もいれば、直面する社会課題の解決に対する有効性を重視する者、環境や景観・歴史文化への影響を懸念する者もいる。

　また、公共事業であろうと民間事業であろうと、事業の実施において、技術的にどのような困難を伴うか、関係主体との合意形成が図られているか、地元の理解・協力が得られているか(例えば地域住民からの反対・支持、用地取得への協力状況)など、事業が円滑に進む環境が整っていなければ、財務評価や経済評価でいくら望ましい結果が得られていても、それは机上のものにすぎない。

　インフラストラクチャー投資(特に公共事業)の評価においては、こうしたステークホルダーの多様な価値観に対応し、投資の大前提である事業実施環境をも考慮した、多元的な視点から評価を行うことが求められる。その方法としては、表4-9に示す2つがある。

　以下では、このうち総合評価について詳しく述べる。

表4-9　多元的評価の方法

多元的評価の方法	概要
評価結果の分かりやすい提示	全ての評価項目の評価結果を、定型的な一覧表形式などの分かりやすい形式で提示することで、ステークホルダーや意思決定者が投資の実施可否を総合的に判断することを支援する
総合評価	全ての評価項目について5段階評価などの評価点を付けるとともに、評価項目間に重みを設定して、評価点の総合評価点(加重平均や加重和など)を算出することで、ステークホルダーや意思決定者が投資の実施可否を総合的に判断することを支援する

(2) 総合評価の方法

　総合評価では、評価対象とする評価項目の体系を明確化したうえで、全ての評価項目について評価指標をどう設定するか、評価点をどう統一的に付けるか、および評価項目間の重みをどう設定するかが重要になる。

1) 評価体系の明確化

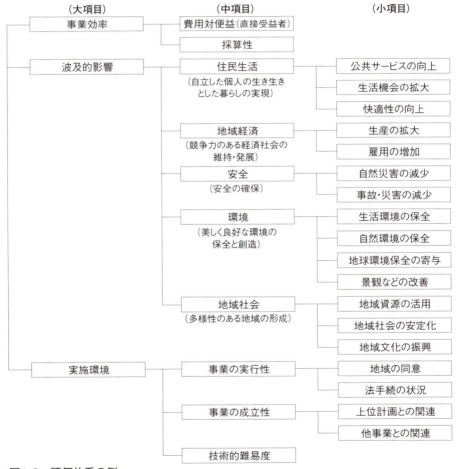

図4-8　評価体系の例
図:国土交通省「公共事業評価の基本的考え方、平成14年8月」

評価の対象とする評価項目を階層的かつ体系的に整理する。そこでは、上位の評価項目を適切に評価できるよう、下位の評価項目が網羅されているかを確認する。また、評価体系全体において、同一階層に位置する評価項目のレベル（概念としての抽象度）がそろっているかを確認する。評価項目の体系の例を図4-8に示す。

2）評価指標の設定

　評価指標としては、当該評価項目について、投資の効果・影響を最も分かりやすく表すことができるものを設定する。

　例えば道路整備事業において、小項目「自然災害の減少」に対する評価指標として、当該道路が密集市街地における延焼防止空間機能を向上させるか（幅員25m以上）、あるいは地震などの災害時の避難地として活用できるか（広幅員の緑地帯などの整備）といった評価指標を設定することができる。

　1つの評価項目に複数の評価指標を設定することも可能であるが、その場合、1つの評価指標しか設定されていない評価項目に比べ、その項目に倍あるいはそれ以上の重みが設定されることになる。この点は、評価項目間の重みの設定において調整を図るなど留意する必要がある。

3）評価点の付け方

　評価点の付けけ方については、満点、評価基準および基準点の設定が重要である。満点は、5段階評価など、各評価点（1点、2点、…、5点）を明確に切り分ける評価基準を設定することができ、分かりやすい評価が可能になるように設定する。

①評価基準

　評価基準を設定することで、インフラストラクチャー整備によって想定される状況や変化と各評価点を対応付けることができる。各評価項目に定量化可能な評価指標を設定できる場合に、その数値の変化の程度で幅を示すことができる。また、定量化困難な評価指標の場合は、記述的な表現（例：非常に大きい、大きい、どちらともいえない、小さい、非常に小さい）を使って効果としての状況の変化を複数のレベルで示したり、期待される効果をリストとして列挙し、その該当数で評価したりする方法などが考えられる。

② 基準点の設定

評価基準の設定を検討するうえでは、基準点の設定の考え方を明確化することが重要である。基準点の設定の考え方には次の2つが考えられるが、評価項目ごとに適切なものを選ぶ。1つは、事業実施後も事業実施前と同じ状態である場合を基準点(例えば3点)とする考え方である。もう1つは、事業の主たる目的に照らして、最低限達成すべき効果を達成している場合を基準点(例えば3点)とする考え方である。

先に例として挙げた道路整備事業における「自然災害の減少」は、本来の道路整備の狙いとする効果ではないため、あれば望ましいという意味で、事業実施前と同じ状態を基準点(3点)とすることは妥当である。そして、延焼防止空間機能の向上と避難地としての利用の両方が該当する場合に5点、どちらか一方のみが該当する場合に4点、どちらも該当しない場合に3点という該当数を評価基準として評価点を付けるという方法が考えられる。

4) 評価項目間の重み付け
① 階層分析法(AHP)による重み付けの概要

評価項目間の重み付けは、ステークホルダーや意思決定者にとって、各評価項目がどの程度重要であるかを想定して設定する。その方法としては、評価項目間に直接的に重みを設定する方法もあるが、評価項目が多くなると、その重要性に整合した定量的な重み付けが困難になる恐れがある。より客観性が高いと思われる重みの付け方としては、階層分析法(AHP: Analytic Hierarchy Process)がある。

AHPでは、同じ上位評価項目の下に位置する評価項目(例えば図4-8の評価体系では、事業の実行性の下にある地域の同意と法手続きの状況の2項目など)の重み付けを、②で述べる一対比較法によって行う。そして上位階層の評価項目(例えば、実施環境の下にある事業の実行性、事業の成立性、技術的難易度の3項目、最上位階層の事業効率、波及的影響、実施環境の3項目)についても、同様に定量的な重みを設定する。各評価項目の重みは、評価項目が含まれる全ての階層の重みを掛け合わせることで算出することができる。例えば、地域の同意の最終的な重みは、最上位階層での事業の実効性の重みと、第2階層での実施環境の重み、そして第3階層での地域の同意の重みの積で算出される。

②一対比較法による重みの算出方法

一対比較法では、評価項目の全ての組み合わせについて、どちらがどれだけ重要であるかを、「同程度」、「やや重要」、「重要」、「かなり重要」、「絶対的に重要」などと定性的に評価する。この定性的な重要度にはあらかじめ点数が割当てられており、どちらが何倍重要であるかが評価される(一対比較値)。

例として、図4-8の評価体系における最上位階層の事業効率、波及的影響、実施環境という3つの評価項目の重みを一対比較法によって仮想的に求めよう。まず、定性的評価の「同程度」には1、「やや重要」には3、「重要」には5、「かなり重要」には7、「絶対的に重要」には9という点数を割り当てるものとする。次に、評価項目間の一対比較を行う。ここでは、波及的影響は事業効率に対して「重要」(3倍重要)、実施環境は事業効率に対して「絶対的に重要」(9倍重要)、実施環境は波及的影響に対して「やや重要」(3倍重要)と評価したとしよう。逆の組み合わせについては、重要度の倍数は逆数になる。例えば、事業効率は波及的影響に対して3分の1重要と評価される。また、当然、同じ項目との重要度は「同程度」であり、重要度は1倍である。

これらの評価項目間の全ての組み合せについて、評価項目 i に対する評価項目 j の重要度 x_{ij} (一対比較値)は、表4-10に示す一対比較表として整理される。

表4-10 一対比較表の例

j \ i	事業効率	波及的影響	実施環境
事業効率	1	1/5	1/9
波及的影響	5	1	1/3
事業実施環境	9	3	1

表4-11 各評価項目の重みの算出例

i \ j	事業効率	波及的影響	実施環境	幾何平均	重み
事業効率	1	1/5	1/9	$\sqrt[3]{1 \times 1/5 \times 1/9}=0.281$	0.281/4.467=0.063
波及的影響	5	1	1/3	$\sqrt[3]{5 \times 1 \times 1/3}=1.186$	1.186/4.467=0.265
事業実施環境	9	3	1	$\sqrt[3]{9 \times 3 \times 1}=3.000$	3.000/4.467=0.672
				合計 4.467	1.000

また、一対比較値x_{ij}を要素とする次式の行列Xを一対比較行列という。

$$X = \begin{pmatrix} 1 & 1/5 & 1/9 \\ 5 & 1 & 1/3 \\ 9 & 3 & 1 \end{pmatrix}$$

事業効率、波及的影響、実施環境のそれぞれの重みは、表4-11に示す通り、各行の一対比較値の幾何平均(データの値を乗じて、データ数の累乗根をとった値)を算出し、その合計が1になるよう正規化することで求められる。

重みを一対比較値の幾何平均によって算出する方法は、一対比較値に誤差が存在するものと仮定し、この誤差を対数最小二乗法によって最小化することで重みを推定していると解釈できる。重みの算出方法には、一対比較行列の固有ベクトルを求める方法もある。評価項目が3つの場合(一対比較行列が3次元行列の場合)には、一対比較行列Xの固有ベクトルは一対比較値の幾何平均と一致することが知られている。

5) 総合評価点の算出

全ての評価項目iについて重み(w_i)と評価点(s_i)が設定されれば、総合評価点は次式の通り、評価点に重み付けして合計した加重和を取ることで求められる。

$$総合評価点 = \sum_{i=1}^{T} w_i \cdot s_i$$

(3) 総合評価の事例

高速道路(自動車専用道路)の建設において、高速道路会社が行う有料区間と国が整備する無料区間(新直轄区間)を決定する際に、外部効果の評価に総合評価が用いられた。この事例について、幾分か修正した形で表現したものを図4-9に示す。なお、この事例では、経済評価や財務評価の結果は一定の閾値(しきい値)を超えるか否かで、高速道路の事業主体を高速道路会社(民間事業)とするか国とするかを暫定的に振り分ける。そのうえで、外部効果の総合評価によって優先順位を付け、優先して実施すべき事業(優先事業)については国が補助金を投入して高速道路会社が事業主体となって実施することとして(官民混合型インフラストラクチャー)、その

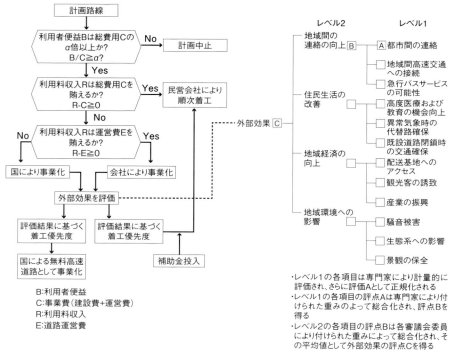

図4-9　高速道路事業公団民営化の際に適用された総合的評価の例
図:中村英夫「19世紀フランスのエンジニア・エコノミストとJules Dupuitの業績,『道路』、2016年9月号」

他は追加的に実施すべき事業(追加事業)として国が事業主体となって無料高速道路として実施することとしている(純粋公共型インフラストラクチャー)。

　以下に、図4-9に示される方法について説明を加えておくことにする。

　この事例では、その目的を満たすために次の4段階に分けて評価を行っている。すなわち、

① 利用者の得る便益Bが事業の費用Cのa倍であるかを評価し、B／C≧aの区間のみに投資する。B／C＜aなら事業化しない。この事例ではa＝1としたが、先のフランスの例で述べたように一般にはa＝0.8というような閾値をとることもあって良い。

② 事業者収入Rがその事業の費用Cを賄えるかを判定し、R／C≧1なら高速道路会社がこの事業を進める(民間事業型)。R－C＜0なら国が関与して道路会社が事

業化するか、あるいは国が無料高速道路として事業を進める。

③事業者収入で費用が賄えない場合（R−C＜0）、事業者収入Rが道路の運営費Eを賄えるかを判定し、R／E≧1なら国が補助金を投入して道路会社が事業化する（民間事業型の初期助成型）。R／E＜1なら国が無料高速道路として事業を進める（純粋公共型）。

④各路線のもたらす外部効果を複数項目の評価の加重平均を用いて評点化することで総合化し、その結果に基づいて、各路線の事業化の着工順位を決める。

　外部効果として、図4-9に示されているようにレベル2の段階の4つの効果、すなわち地域間の連絡の向上、住民生活の改善、地域経済の向上、地域環境への影響を取り上げ、そのそれぞれがさらにレベル1として示されている3つの項目の効果から構成されるものとしている。各路線のもたらすこのレベル1の効果は、専門的な立場から1〜5点の5段階で評価され、さらに合計の10点を各項目に配分する形で複数の評価者によって付された重みを用いて総合化され、レベル2の項目の評点とされる。そして、レベル2の各項目にも合計10点を配分する形で重みが決められる。この重み付けは異なる立場を代表する複数の評価者によってまず行われ、その平均としてレベル2の項目の重みが求められる。そこでは最高、最低の重みの点数は極端な値として排除する。こうして求められたレベル2の項目の重みを用いて、この路線のもたらす外部効果の総合的な評価値としている。

　前述の一対比較による重みの算出を行うこともなく、単純に評価者の観点に頼る重み付けによるこのような評価は、科学的な客観性という立場から見れば疑問が残るが、統一的な評価尺度をつくることができない効果を総合的に評価するには1つの便法として認めることもできよう。こうした方法は、例えば学校への入学者選抜試験において異なる科目の成績を総合化する場合のように、社会では往々に用いられており、容認されている方法とも言えよう。

第5節
地域の合意形成

(1) 地域との合意形成

　インフラストラクチャー投資によって社会課題を解決し、これを通じて社会的厚生の最大化(純粋公共型)や利益の最大化(民間事業型)を達成するためには、地域の合意を得ることが大前提である。

　インフラストラクチャーは、基本的には地域社会全体の社会的厚生の向上に資するもので、その整備は地域において歓迎されるべきものである。しかし、たとえ地域全体にあっては必要不可欠で、喜ばれるべきものであっても、そのインフラストラクチャーが近隣に建設され、またその稼働の影響を間近に受ける住民にとっては直ちに歓迎できるものではない。生活環境が損なわれ、場合によっては資産価値の減少にもつながりかねないからである。下水処理場や廃棄物処理場などはその心理的、環境的な影響から特に嫌われるし、鉄道、高速道路、港湾などの輸送施設も歓迎されないのが一般的である。これらはNIMBY (Not In My BackYard：私の裏庭には置かないで) 施設とも言われる。

　このようなインフラストラクチャーの建設に当っては、特に構想の初期段階から近隣地域住民との密接な対話を続け、地域住民の懸念に応じて構造上や運用上の変更を行うことも必要であるが、さらにこれらの施設の嫌悪感を打ち消すに足る施設など(例えば公園の併設)を設けて、困難な合意形成を図ることもある。

　NIMBY施設でないインフラストラクチャー投資を行う場合でも、事業実施上のステークホルダーの関心事にも配慮して、環境や景観・歴史文化などへの影響と対策、地域への貢献方策など、配慮事項(地域社会への配慮)に関する施策を的確に講じ、地域の合意形成を図る必要がある。

　環境や景観・歴史文化は、個々の地域社会において、様々な経緯で形成され、共通価値として大切にされてきたものが多いため、一律の技術的な方策で対応するのは困難である。そのため、文献調査や地域の自治会長へのインタビュー調査などによって、地域の人々のつながり・まとまり(コミュニティー)や、地域の人々が過去から大切に守ってきた共通価値やその経緯などを丁寧に整理したうえで、住民ワークショ

ップの開催などを通じて、地域住民との対話の中で解決策を見いだしていく必要がある。地域住民の意見を把握し、これを設計などに適切に反映することは、インフラストラクチャーの整備に対する地域の合意形成を円滑にするばかりでなく、そのインフラストラクチャーを地域の新たな共通価値として大切に守ってもらえるようにするためにも重要である。

近年のインフラストラクチャー整備事業に向けられる国民の厳しいまなざしや、SNSなどのパーソナルな情報発信・共有機能の著しい発展と浸透を考慮すれば、地域社会への配慮を的確に行うことはさらに重要になっている。

民間企業が事業主体の場合、こうした配慮を的確に行うことで、事業の円滑な実施が図られるだけでなく、企業の評判（レピュテーション）を高め、企業価値の向上に寄与することもあり得る。

(2) 許認可権者との合意形成

インフラストラクチャー投資を実現するうえでは、事業の適正実施や、秩序ある開発や土地利用、周辺住民の生活への影響などの観点から、法制度として定められた様々な許認可を国（大臣）や自治体（知事や市町村長）から取得することが必要な場合が多い。例えば、民間企業が行うインフラストラクチャー整備によって、一定規模以上の土地の区画形質の変更（開発行為）を伴う場合には、都市計画法に基づいて知事の開発許可が必要になる。また、用地として農地転用が必要な場合には、農地法に基づいて知事または指定市町村長の許可が必要になる。埋め立てを行う場合には、公有水面埋立法に基づいて知事の埋立許可が必要になる。また、鉄道事業を行おうとすれば、事業主体は鉄道事業法に基づいて国土交通大臣から鉄道事業の許可（第1種〜第3種鉄道事業）を取得することが必要となる。

許認可には、許認可を与えるための一定の客観的要件が定められているものの、具体的に当該インフラストラクチャーがその要件に合致しているかの判断には、担当部局に運用上の裁量が存在する場合もある。そのため、許認可に係る審査に時間を要することも多い。また、許認可を行う国や自治体の政策動向にも依存する。例えば、自然環境の保全を政策として強く打ち出している自治体では、許認可要件を満たしていても、インフラストラクチャー投資が自然環境を大きく改変する開発を伴う場

合には許認可されない可能性がある。

　許認可取得を円滑に進めるには、関連する政策動向を把握するとともに、これを踏まえ、早い段階から余裕を持って担当部局に相談し、当該インフラストラクチャー投資の目的や意義、課題解決としての有効性、効果など、投資計画の内容を根拠とともに説明し、許認可に値する事業であることを理解してもらうことが重要である。そうした理解を通じて許認可の大筋合意が図られれば、後はいかにして許認可要件を満たすかを検討することになる。許認可の大筋合意が図られていれば、担当部局から許認可要件を満たすための様々なアイディアが提供されることも期待できる。

第6節
事業投資の意思決定

(1) 事業主体の意思決定

1) 民間企業の意思決定

　民間企業においては、投資対象のインフラストラクチャーの所管部署の企画担当者が当該投資の投資計画を起案する。そして、組織形態にもよるが、用地買収や維持管理などの事業部門や、経営企画や広報などのコーポレート部門の関連部署との社内調整を行う。円滑な意思決定と、投資決定後の円滑な事業実施を図るために、こうした関連部署に投資計画の内容を認識してもらうとともに、関連部署からの意見などを踏まえ、必要に応じて投資計画の内容を修正する。

　当該投資の起案書は経営計画に反映され、予算化される。業務執行の意思決定機関である取締役会において、予算(投資計画)の可否についての審議・決定が行われる。

2) 公共の意思決定

①計画の意思決定

　かつては「道路整備五箇年計画」をはじめ、河川や、港湾、空港など9本の事業分野別に長期計画が策定され、着実な事業の推進が図られてきた。しかしながら、これらの長期計画については、計画が縦割りで事業間の連携が不十分である、分野別の配分が硬直化している、予算獲得の手段となっているといった指摘がなされていた。

　そこで、2003年に施行された社会資本整備重点計画法では、これらの事業分野別計画を社会資本整備重点計画(計画期間：5年間)に一本化し、計画期間中の社会資本整備について、どのような視点に立ち、どのような分野に重点をおいて事業を行おうとするのか、投資の方向性を明確に示すものとして策定されることになった(本書執筆時点では、2015～2020年度を計画期間とする第4次社会資本整備重点計画が策定されている)。

　具体的には、計画期間における社会資本整備事業の実施に関する重点目標、重

点目標の達成のために、計画期間において効果的かつ効率的に実施すべき社会資本整備事業の概要、社会資本整備事業を効果的かつ効率的に実施するための措置などが定められる。そこでは、従来の事業費ではなく、事業の実施によって達成されるべき成果(アウトカム)が重点目標(KPI:Key Performance Indicator)として設定される。

　また、社会資本整備重点計画に基づいて、北海道から沖縄まで全国の10ブロックにおいて、各ブロックの特性に応じて社会資本を重点的、効率的、効果的に整備するために、ブロック別の広域地方計画と調和を図りつつ、社会資本整備の具体的な計画として、地方ブロックにおける社会資本整備重点計画が策定される。これは、各ブロックにおける将来像の実現に向けて、ブロックごとの指標と具体的な事業などをプロジェクトとしてまとめたものである。そこでは、現状と主要課題、目指すべき将来の姿と社会資本整備の基本戦略、社会資本整備の重点目標とプロジェクトが記載される。

　地方ブロックにおける社会資本整備重点計画には、次の3点の特徴がある。
- プロジェクトにおける主要な取り組みについて時間軸を明確化
- プロジェクトを進めることで期待されるストック効果を見える化
- 主要な取り組みについて、「既存施設の有効活用とソフト施策の推進」、「選択と集中の徹底」、「既存施設の集約・再編」に分類

ア)社会資本整備重点計画

　社会資本整備重点計画の策定は、これまでの長期計画のように国が一方的に計画を決めるのではなく、情報公開を図り、透明な手続きを通じて、公共事業改革など社会資本整備の取り組みの方向や重点目標の内容などに関して、国民のニーズや地方の実情、要望に十分対応することが重要であるとの認識に立って行われる。

　具体的には、国土交通大臣から有識者などで構成される社会資本整備審議会および交通政策審議会(以下、単に「審議会」と呼ぶ)に、社会資本整備重点計画の見直しについて諮問が行われることによって始まる。

　まず、国土交通省の事務局が作成した社会資本整備重点計画(素案)について、審議会の計画部会で実質的な審議が行われる。そこでの審議を踏まえ、社会資本整備重点計画(原案)が作成される。そして、社会資本整備重点計画法第4条第4項

に基づき、国土交通省のウェブサイトでこの原案を公開し、一定の期間を取って、広く国民からこの原案に対する意見を聴取する(パブリックコメント)とともに、都道府県からの意見も聴取する。そこでの意見を踏まえ、審議会の計画部会で審議が行われるとともに、関係府省との協議を経て、社会資本整備重点計画(案)が作成される。これは審議会の計画部会、関係分科会、そして審議会において審議およびオーソライズされて、国土交通大臣に答申される。そして、これが国土交通大臣によって閣議に付され、閣議決定されて政府の計画としてオーソライズされる。

イ) 地方ブロックにおける社会資本整備重点計画

地方ブロックにおける社会資本整備重点計画は、閣議決定された社会資本整備重点計画に基づいて策定される。

まず、国土交通省の各地方整備局において、都道府県・政令市、経済界、有識者などから意見を聴取する。次に国土形成計画法に基づくブロック別の広域地方計画などと調和を図るとともに、各地域で策定される計画とも連携し、即地性の高い計画となるように検討を進める。そして、各地方整備局の事務局が各地方ブロックにおける社会資本整備重点計画の原案を作成する。これを各地方整備局のウェブサイトで公開し、一定の期間を取って、広くブロック内の国民からこの原案に対する意見を聴取する(パブリックコメント)とともに、市町村からの意見も聴取する。そこでの意見を踏まえ、各地方ブロックにおける社会資本整備重点計画が国土交通大臣・農林水産大臣によって決定される。

② 事業の意思決定

公共における個別のインフラストラクチャー事業実施の意思決定では、地方ブロック別社会資本整備重点計画やブロック別広域地方計画、その他インフラストラクチャーの種別ごとに策定される事業計画や自治体の総合計画などにおいて既に位置付けられているもの、および緊急に整備が必要なものが優先される。

具体的な事業の意思決定の手続きは国も自治体も類似している。すなわち、検討対象とするインフラストラクチャーの所管府省担当課(自治体では所管課、以下カッコ内では自治体での内容を示す)が投資計画を起案する。投資計画には、有識者などから構成される委員会などでの議論を経た事業評価結果も含まれる。そして、必要に応じて、当該投資についてパンフレットの配布やインターネット上での情報発信

によって、一般の人々にパブリックコメントという形で意見を求める。また、事業実施上のステークホルダーへの説明会や検討ワークショップを行い、計画段階での投資への理解促進や計画への関与を求める取り組み(パブリックインボルブメント(PI))を図ることも多くなってきている。

　事業の投資計画が確定すれば、予算獲得の手続きに入る。課内、局内(部内)そして省内(庁内)で、他の投資案件や必要な経費との予算調整を経て、所管府省(庁内)の概算要求(予算原案)を作成する。この概算要求(予算原案)に基づき、所管府省担当課(所管課)は財務省(予算担当部署)への説明を繰り返し、当該事業への投資に対する理解を求める。財務省(予算担当部署)では査定を経て、政府(庁内)の予算案を作成する。そして、予算案が国会(地方議会)で審議・議決されると、当該投資計画の予算が確保される。ただし、国会(地方議会)での審議・議決は、予算科目において予算の目的や機能、投資の方向性を示す款・項のレベルで行われる。すなわち、必ずしも個別インフラストラクチャー事業のレベルでの審議・議決が行われているわけではない。

　予算議決の後、地方整備局や事務所といった事業執行を担う地方支分部局など(担当課)において、予算科目における目・細目レベルで当該投資計画の予算について実施計画を作成して、財務省(予算担当部署)の承認を得て予算が執行されることになる。

　インフラストラクチャー事業の予算の執行は、地方支分部局など(担当課)において、当該事業を取り巻く状況に応じて、計画通りに粛々と進めたり、緊急性や政策的な優先性などに鑑み、同種インフラストラクチャー事業の予算を流用し(目レベルでの予算流用は国会(地方議会)での議決を経なくても認められている)、早期供用を目指して重点化されたりする。

(2) 金融機関、投資家の意思決定

　融資を行う金融機関は、利益はあらかじめ契約で規定された金利での利息として確定しているため、融資資金が回収できずに損失となる貸し倒れリスクを回避し、融資回収の確実性を高めることに主眼を置く。逆に、投資を行う投資家はリスクを取って利益追求を図る。

1）コーポレートファイナンス

　民間企業がコーポレートファイナンスによってインフラストラクチャー投資に必要な資金を金融機関から調達する場合、金融機関は貸し倒れリスクを回避するため、投資計画を精査し、その収益性から融資回収の確実性を判断する。そのうえで、投資の収益性が投資計画を大きく下回っても融資回収を確実にするため、企業の信用力や、当該企業が有する不動産をはじめとする資産を担保として、担保の評価額を上限とする資金を融資することができる。これが必要資金に満たない場合には、融資方針の異なる他の金融機関からの資金調達や、複数の金融機関による協調融資（シンジケートローン）などの方策を模索することになる。

2）プロジェクトファイナンス

　特に巨額の資金調達が必要となるインフラストラクチャー投資では、民間企業がコーポレートファイナンスで資金調達を行うことは一般に困難である。その場合、当該インフラストラクチャー投資から生み出される将来のキャッシュフローを償還原資とするプロジェクトファイナンスによって、資金を調達することを検討する必要がある。

　資産などの担保の裏付けがないプロジェクトファイナンスは、金融機関にとってはリスクの高いファイナンス手法である。このため金融機関においては、プロジェクトファイナンスによる融資の可否以前に、そうした手法を検討するに値する意義を持つ投資案件であるかが問われる。そのうえで、投資計画を精査し、融資回収の確実性を判断する。

　投資計画の評価は、事業からもたらされるキャッシュフローによる融資回収の確実性が最も重要なポイントである。このため、純現在価値（NPV）や財務的内部収益率（FIRR）などの収益性の指標が十分な水準にあることを確認するとともに、債務返済能力を表す指標である借入金返済余裕度（DSCR：Debt Service Coverage Ratio）が十分余裕のある値になっていることを確認する。さらに、感度分析によってその頑健性を確認する。なお、DSCRは、各年度の元利返済前キャッシュフローを当該年度の元利返済額で除することで求められる。すなわち、DSCRは、各年度の元利返済前のキャッシュフローが元利返済額の何倍あるかを示しており、各年度の債務返済能力を意味する。一般にDSCRが1.2前後あることが求められる。

また、金融機関にとっては事業からもたらされるキャッシュフローが返済原資の全てであるため、これを脅かすリスクをヘッジする工夫を事業主体に求めたり、金融機関自身がファイナンススキームによってそうしたリスクを分散する工夫を図ったりする。

　例えば、確立された技術(Proven Technology)を採用することを融資条件にしたり、実績ある事業関係者間での望ましいリスク分担を契約で担保したり、あるいはオペレーターが破綻した場合のバックアップオペレーターを設定したりなど、事業スキームの工夫を事業主体に求める。また、金融機関や投資家のリスク選好に応じた優先劣後構造の設定(例えば、返済原資から優先的に元利返済に充てられるローリスク・ローリターンの優先ローンと、優先ローン返済後の返済原資が返済に充てられるハイリスク・ハイリターンの劣後ローンを設定するなど)や、複数の金融機関による協調融資(特に日本では政策金融の組み入れ)にすることで、金融機関側のリスク分散を図るなど、ファイナンススキームの工夫も図る。

　当該投資に関連する全ての契約が締結された後に、金融機関は事業主体と融資契約を締結する(Financial Close)。

参考文献

第2節
- 「平成28年度 新規事業候補箇所 選定の考え方」、『社会資本整備審議会道路分科会第13回事業評価部会 資料2』、2016.3
- 「今後の事業評価の検討の方向性について」、『社会資本整備審議会道路分科会第12回事業評価部会 資料3』、2015.12
- 文化庁ホームページ「埋蔵文化財」

第3節
- 中村英夫編、道路投資評価研究会著「道路投資の社会経済評価」(東洋経済新報社)、1997.4
- インフラ政策研究会編「インフラ・ストック効果 — 新時代の社会資本整備の指針」(中央公論新社)、2015.8
- 肥田野登「環境と社会資本の経済評価 — ヘドニック・アプローチの理論と実際」(勁草書房)、1997.11
- 運輸省「運輸関係社会資本の整備に係る費用対効果分析に関する基本方針」、1999
- 国土交通省鉄道局監修「鉄道プロジェクトの評価手法マニュアル 2012年改訂版」、2012.9
- 国土交通省都市・地域整備局「土地区画整理事業における費用便益分析マニュアル(案)」、2009.7
- 国土交通省都市・地域整備局市街地整備課、住宅局市街地建築課編集協力「市街地再開発事業に係る各種評価マニュアル」、2009.1
- 国土交通省「公共事業評価の費用便益分析に関する技術指針(共通編)」、2009.6
- 国土交通省「公共事業評価手法の現状と課題について」『第1回公共事業評価システム研究会 資料-2』」、2001.9
- (公財)鉄道技術総合研究所ホームページ「鉄道の需要予測」、2010
- アンソニー・E.ボードマンほか著「費用・便益分析 — 公共プロジェクトの評価手法の理論と実践」(ピアソン・エデュケーション)、2004.12
- 道路投資の評価に関する指針検討委員会編「道路投資の評価に関する指針(案)」((財)日本総合研究所)、1999.12
- 山口県ホームページ「産業連関表分析ツール」
- 総務省ホームページ「産業連関表の概要」
- 国土交通省「仮想的市場評価法(CVM)適用の指針」、2009.7
- 「国土交通省所管公共事業の計画段階評価実施要領」、2012.12
- 「今後の事業評価の検討の方向性について」、『社会資本整備審議会道路分科会第12回事業評価部会 資料3』」、2015.12

第4節
- 国土交通省「公共事業評価の基本的考え方」、2002.8
- 木下栄蔵・大野栄治「AHPとコンジョイント分析」(現代数学社)、2004.12
- 中村英夫「19世紀フランスのエンジニア・エコノミストとJules Dupuitの業績」、『道路』」、2016.9

第6節
- 中尾晃史「社会資本整備重点計画法について」『建設マネジメント技術』」、2003.7
- 国土交通省「社会資本整備重点計画の原案に対する意見の募集について」、2015.7
- 国土交通省「社会資本整備重点計画」の閣議決定について」、2015.9

- 国土交通省「地方ブロックにおける社会資本整備重点計画(原案)に対する意見募集について」、2016.2
- 国土交通省「地方ブロックにおける社会資本整備重点計画を策定しました」、2016.3
- エドワード・イェスコム著、佐々木仁・榎本哲也・大和旺慶・三浦大助訳「プロジェクトファイナンスの理論と実務 第2版」(きんざい)、2014.9

第5章

インフラストラクチャーの建設

「科学技術が人類の福祉のために貢献しうる
偉大な可能性を有するを私は信じる」
David E. Lilienthal
テネシー川流域総合開発(TVA)事業のリーダーの言葉
"TVA－総合開発の歴史的実験"和田小六、和田昭允訳より

第1節
インフラストラクチャーの設計

(1) 測量・調査

　インフラストラクチャーは土地の上につくられるものであるから、建設において最も重要な情報はもちろん地形である。地形は、巨視的には空中写真測量などによって作成される比較的小さい縮尺2万5000分の1～1万分の1の地形図として、微視的には地上の地形測量によって作成される2500分の1～200分の1の大縮尺のアナログまたはデジタルで記録された地形図の形で示される。地形図は土地利用の状況も記載されているのが一般である。設計において土地利用の情報も不可欠である。河川や海中につくられる施設の建設のためには、河底や海底の地形を測定して得られる測量図を必要とする。

　地質条件も、インフラストラクチャーの設計および工事に当たっては極めて重要な情報である。設計に先立ってボーリング調査などによってその性質が調査され、地下深度ごとの地質の種類を示す柱状図や地盤の強度を表すN値の図が作成される。

　そのほか風速や風向、気温、降雨・降雪量といった気象条件、河川流量や海流、波浪といった河流、海象条件の情報も施設によっては不可欠であり、既存の情報のほか必要に応じて新たな調査測量がなされねばならない。植生や、場合によっては生息する野生生物の分布や行動の調査も多くのインフラストラクチャー建設では重要な調査であり、計画においても設計や工事に際しても必要な情報である。また、これらの生育・生息条件も技術者が十分把握しておくべき知見である。

　第4章でも触れた通り、埋蔵文化財が包蔵される地区でインフラストラクチャーの建設を行おうとする場合は、文化財保護法に基づき発掘調査などによって現状を調査し、記録・保存を行うことが求められている。

　ここに述べたような調査や測量は、通常は必要な器材や技術者を持つ専門の調査・測量会社あるいは建設コンサルタント会社によって行われる。

(2) インフラストラクチャーの設計

　工業製品の製造、いわゆるものづくりにおいて、計画された要求性能を発揮する

のに必要な製品の材料、形状、動力装置などを決める設計がなされるのと同様に、インフラストラクチャーの建設においてもまず設計が行われ、次いで工事(施工)が行われる。

単一の民間企業では、インフラストラクチャー投資は常時、継続的に行われるものではないので、独自に設計部門を社内に抱えていることは少なく、必要に応じて建設コンサルタントと呼ばれるエンジニアリング設計会社、または工事を担当する建設会社に発注して設計は行われる。政府をはじめ、公企業が所有・管理することが多いインフラストラクチャーでは、設計は建設会社の設計部門でなく、独立した設計会社に委託して行われるのが一般的である。

我が国では1959年の建設事務次官通達以来、公共事業においては設計と施工の分離が原則とされ、政府や公企業の発注する建設事業では設計会社が作製する設計図書(計算書、設計図など)を基に、入札などによって別途決められた建設会社が施工に当たるのが通例である。設計会社は、建設会社による工事が設計通りに実施されているか否かをチェックし、必要に応じて設計変更を行い、さらに工事の出来高を調べて発注者に報告するといった、いわゆる工事監理業務を請け負うことも少なくない。

設計・施工が同一の企業(体)によって実施される場合(いわゆるデザイン・ビルド)で、事業者である発注者が業務の監理を行うのが困難な場合は、建設コンサルタント会社がこの発注者の代わりに設計・工事全体の監理業務を行うのが一般的である(コンストラクション・マネジメント)。

設計の方法や内容はインフラストラクチャーの種類によって異なり、それぞれ固有の方法があるが、ここではそれらに共通する考え方を一般化して述べておく。

設計では、まず外部変量(条件)が与えられる。これは河川施設の設計においては河川流量であり、道路の設計では交通量や地質条件などである。設計とは、これらの外部変量が与えられた時に、計画段階で明らかにされたインフラストラクチャーに要求される性能が満足されて、かつ最も経済性が高くなるような設計パラメータ(変量)を決める作業である。ここで言う設計パラメータとは、材料や構造形式、寸法などを指す。性能は変量としてではなく、満たすべき値が与件として与えられる。ある一定の性能を下回るような設計は成果としてあり得ないからである。

要求される性能は満足されねばならないが、その性能には2種類ある。1つは計画段階で示されるインフラストラクチャーの目的とする機能を満足することであり、河川構造物ならば高水位の下でも氾濫が起こらないことであり、道路では必要な交通量を流すことのできる交通容量が確保されていることなどである。もう1つの性能条件は、構造物として力学的に安全であることである。

性能の満足度は一般に、物理学的な論理に基づく数理モデルを用いた設計計算によって求められる。性能条件が満足される材料、形式、寸法など一群の設計パラメータが得られれば、それを基に工事数量が求められ、インフラストラクチャーの費用、すなわち工事費と維持管理費用が積算できる。最初に想定して求められた設計パラメータは、必要性能を満たし、かつこの費用が小さくなるように順次修正され、理想的には費用を最小とする設計パラメータが設計作業の最終成果となる。

設計は設計図として図的に表現され、計算書などとともに設計図書の形で完成する。経済性以外の要素、例えばその施設の景観上の影響なども、設計解を決める際の要件となる。もちろん、それが考慮されねばならない重要な要素である場合には、あらかじめ要求性能の1つとして織り込まれる。

最適に近い設計を求めるには、比較設計として複数の設計パラメータの組み合わせの下で設計作業が試みられ、より経済性の高いものが選ばれるのが通例である。

生じ得る外的条件の多くは自然現象によるもので、それが現実に生じる大きさは予測し難い。また、外的条件が施設に与える影響は物理学的モデルにより推定するが、その精度は必ずしも高くはない。そのため、それらの不確実性のもたらす危険を避けるために、工学的には安全率という考え方で安全側への割り増し推定がなされる。例えば予測される洪水流量の110％の値を想定するとか、破壊する応力の1／3を許容値として施設の力学的安全性の推定をするといった方法である。

モデル計算や設計図作成、積算といった設計作業はCAD（Computer Aided Design）で行うのが通例である。とくに設計パラメータの変更をコンピューター画面上で入力すれば、迅速に必要な計算処理と図面表示が行われるので設計作業が迅速化され、また比較設計を数多く試みることができるので、設計内容の質的向上にもつながっている。

近年、CADがさらに高度化された形とも言えるCIM（Construction Information

Modeling）の開発が進みつつある。これは設計内容を2次元での図面表示だけでなく、設計の細部に至るまで3次元でも表示され、部品間の干渉のチェックをはじめ設計ミスの削減や細部の積算にも有効である。そのほか、例えば洪水流の様相や地震の揺れのシミュレーションなどを立体モデルで表示するなど、2次元のCADにはできない分析が可能となる。さらに、設計結果は3次元モデルとして、計画や出来高算定など、施工や監理にも有用で、その後の長期にわたる点検、補修など維持管理にも広い範囲で活用される。

　設計におけるミスは、その後の工事や運営時において重大な事故・災害を引き起こす可能性がある。従ってそのような過失を起こした責任者は、民事あるいは刑事上で業務上過失責任を問われることにもなる。設計担当者は、重大な社会的責任を負っての業務を担っていることを認識し、その任に当たらねばならないことは言うまでもない。

　それでも万一、何らかの設計上のミスが生じてしまい、損失を与えて瑕疵担保責任が生じた場合の保証として、建設コンサルタント賠償責任保険が制度として設けられている。

第2節
環境アセスメント

(1) 制度

　インフラストラクチャーの建設と運営は、必然的に何らかの影響を環境に及ぼす。インフラストラクチャーは社会的厚生を高めるために整備されるにもかかわらず、もし環境へ悪影響を及ぼすなら厚生水準を逆に下げることになり、プロジェクトの実行は逆効果となる。自然環境を破壊すればその対策には多大な費用と年月を要し、しかも完全な回復は困難となる。

　そのため、インフラストラクチャー事業の実施に当たっては、事前にその事業の環境への影響を調査・予測し、必要な改善や環境対策を講じることが要求される。また、調査結果とその評価は公表し、事業実施上のステークホルダーである地域住民などの意見を聴き、事業の内容に反映することが必要である。

　我が国では1993年に環境基本法が制定され、人為活動の負荷によって環境が損なわれることなく、現在および将来世代が恵み豊かな環境を享受できるようにすること、環境への負荷の少ない健全な経済の発展を図り、持続的に発展する社会をつくるべきことなどを基本理念として掲げた。

　その後、紆余曲折を経てようやく1999年に環境影響評価法が全面施行された。対象とすべきとされたインフラストラクチャー事業にはこの法律によって定められた手続きに従って、事業者が環境影響評価(アセスメント)を行い、その結果を事業の許認可に反映させることとなった。

(2) アセスメントの対象事業

　環境影響評価法によって評価を受けるべき対象は、国や地方公共団体が実施する事業および許認可や補助金を受ける事業で、規模が大きく環境に著しい影響を及ぼす恐れのあるものである。従って道路、鉄道、河川、土地区画整備事業などほとんどのインフラストラクチャー事業が該当する。これらは第一種と第二種に分かれ、比較的規模の小さいもの、例えば2車線の延長7.5km未満の道路などは第二種、その他は第一種事業と分類され、第二種事業はスクリーニングと呼ばれるアセスメントの

必要性有無の判定作業の結果に基づいて、対象事業とすべきか否かが決まる。一方の第一種事業は、アセスメントを必ず実施する。

(3) アセスメントの手順

　環境影響評価法におけるアセスメントの手順はおおよそ次ページの図5-1のようになっており、事業者が各段階の報告を作成する。

　すなわち、①事業の実施に際して配慮すべき環境事象を示す配慮書作成の段階、②評価すべき環境事象の項目とその手法の選定をする方法書の作成の段階(スコーピングと呼ばれる)、③アセスメントした結果を公表する準備書を作成する段階、④準備書で公表したアセスメント結果を補正した評価書を作成する段階——を経て許認可権者の審査を受け、そこで認められれば事業の実施へと進むことができる。

　上記の各段階では、図5-1に示されるように住民、知事または政令市市長、主務大臣(国土交通大臣など)や環境大臣の意見を受けて、それに応じて必要な修正が加えられる。

(4) 調査、予測および評価のための基本事項

　この一連の作業のため、環境影響評価に係る調査、予測、および評価のための基本的事項として、①対象とする環境事象の項目(大気、水質、土壌など)、②事業の行為の範囲(工事、存在、活動)、③調査、予測および評価の作業フローが環境省により具体的に示されている。

　一例として、北海道新幹線における環境アセスメントの項目と事業の行為の範囲を表5-1に示す。

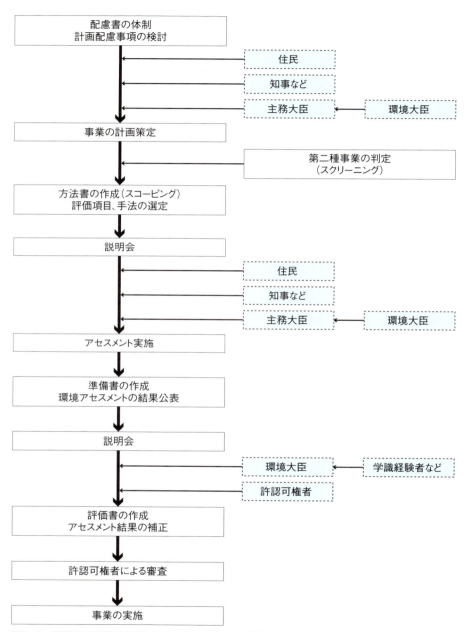

図5-1　環境影響評価法におけるアセスメントの手順

第5章　インフラストラクチャーの建設

表5-1　北海道新幹線（新青森―札幌間）建設における環境影響評価項目

環境要因の区分			影響要因	工事の実施: 建設機械の稼働	資材および機材の運搬に用いる車両の運行	切り土などまたは既存の工作物の除去	トンネルの工事	工事施工ヤードおよび工事用道路の設置	土地または工作物の存在および供用: 鉄道施設（トンネル）の存在	鉄道施設・地表式または掘割式の存在	鉄道施設（かさ上げ式）の存在	鉄道施設・駅または車両基地の存在	鉄道施設・駅または車両基地の供用	列車の走行（地下を走行する場合を除く）	列車の走行（地下を走行する場合に限る）
環境の自然的構成要素の良好な状態の保持を旨として調査、予測および評価されるべき環境要素	大気環境	大気質	粉じんなど	○	○								○		
		騒音	騒音	○	○									○	
		振動	振動	○	○									○	
		微気圧波	微気圧波												○
	水環境	水質	水の濁り			○									
			水の汚れ				○						○		
		水底の底質	水底の底質			○									
		地下水	地下水の水質および水位				○	○							
		水資源	水資源				○	○							
	土壌に係る環境その他の環境要素	地形および地質	重要な地形および地質					○	○						
		地盤	地盤沈下				○					○			
		土壌	土壌汚染				○								
		その他の環境要素	日照阻害								○				
			電波障害								○	○			
			文化財					○							
生物の多様性の確保および自然環境の体系的保全を旨として調査、予測および評価されるべき環境要素		動物	重要な種および注目すべき生息地					○	○						
		植物	重要な種および群落					○	○						
		生態系	地域を特徴づける生態系					○	○						
人と自然との豊かな触れ合いの確保を旨として調査、予測および評価されるべき環境要素		景観	主要な眺望点および景観資源ならびに重要な眺望景観								○				
		人と自然との触れ合い活動の場	主要な人と自然との触れ合い活動の場								○				
環境への負荷の量の程度により予測および評価されるべき環境要素		廃棄物など	建設工事に伴う副産物				○								

表：日本鉄道建設公団

第3節
用地取得

　インフラストラクチャーは上空、地表、地下を問わず、必ず土地に固定して建設されるものであり、用地が絶対に必要である。言い換えれば、用地が確保されなければ、インフラストラクチャーの建設も、またそれを利用しての事業もあり得ない。従って用地取得はインフラストラクチャー事業の最も根幹の業務で、これについての基本的な知識はインフラストラクチャーに関わる全ての関係者に必須である。そこで本節では、まず土地そのものについての基礎的な事柄を述べ、次いで用地取得の問題について示していくことにする。

(1) 土地の特質と登記

　土地は財であり、取引される。しかし、土地には他の財にはない特性がある。すなわち土地は個体として独立して存在するものでなく、その区分は物理的な状態でなく、人為的な認識をすることによってのみ可能である。従って分割、合併が可能であり、土地の境界の変更は自在である。このため、土地が財として流通するためには、地籍調査による境界の確定と登記による所有者の権利の保護が必要になる。

　地籍調査は土地の区画(筆という)単位ごとに地番を付け、その位置と範囲を測り、地図(14条地図という)上に示すものである。区画は境界点を結んで図解的に地図上で示されるほか、座標値として数値的にも表現される。地籍調査は我が国ではいまだ国土全域にわたって行われていないため、正確な地籍が存在しない場合もある。この場合は明治初頭につくられた土地台帳付属地図(公図と呼ばれる)が使われるが、不正確であることに留意しなければならない。

　土地は一筆ごとに地番や地目、地積が地籍図とともに土地登記簿として所有権者名と併せて登記され、所有者の権利が保護される。土地所有権は土地に対する排他的な支配権であり、土地を自由に使用、収益、処分する権利であるから、それが誰に帰属しているかを公示しておかねばならないのである。

　土地が売買された時には移転登記がされるし、土地に抵当権が設定された時には設定登記がなされる。

(2) 所有権とその制限

　土地は有限な資源であり、その利用は外部性を持ち、他の土地の利用や周辺地区の社会経済全般に影響をもたらす。そのため、憲法と土地基本法の示す基本理念に沿って、公共の福祉の観点から土地所有権には制限がかけられている。それらは土地収用法や都市計画法、農地法、河川法、建築基準法といった公法上の制限である。

　民法では、土地所有権は法令の制約内において土地の上空および地下の範囲にまで及ぶとされている。しかし、大深度地下の公共的使用に関する特別措置法では、地下40m以深の大深度地下の公共使用について同意や補償を要しないとしている。これによって、建築物の地下室や基礎杭などに利用される深さ以深の地下では、民有地下でも地下鉄道などの敷設が同意や補償なしに可能とされている。

(3) 地上権

　地上権とは、他人の土地において道路などの工作物などを所有するために、その土地を使用する権利である。地上権は、契約または遺言によって設定される。地上権を持つ者は、目的の範囲内で土地を使用する権利を有する。

　地下や地上の空間の一定の範囲を目的として設定される地上権は区分地上権と呼ばれる。地下鉄などでは地下空間に、橋梁などでは上空空間に区分地上権が設定される。ただし、前述のように大深度地下の公共使用では、この区分地上権の設定は必要とされない。

(4) 用地買収

　インフラストラクチャーの建設のための用地の取得は、任意買収によるのが一般的である。任意買収とは、事業者と土地所有者の間の合意に基づいて売買契約がなされ、事業者が土地所有者に対価を支払って土地所有権が移転することを指す。その場合の対価である土地価格は正常な取引価格によるものとし、算定は路線価式評価法などに基づくことが原則とされている。

　インフラストラクチャー事業に必要とされているのは土地であって、その上に建つ建築物などではないが、これに対しては買収ではなく他の土地に移転した時に支払

うべき費用として移転補償がなされる。

(5) 土地収用

インフラストラクチャー事業の用地取得は任意買収によるのが原則であるが、事業者と地権者の間の合意がどうしても得られない場合がある。道路や鉄道などの場合は、1人の地権者が任意買収に応じなくても事業が遂行できず、大きな公共の損失となりかねない。

そのため我が国の憲法でも、第29条第3項において「私有財産は正当な補償の下にこれを公共のために用いることができる」としている。土地収用法はこれに基づき、私人の財産権を権利者の意思にかかわらず政府または地方公共団体などが必要な手続きを経て強制的に取得できるとしている。土地収用法はその要件、手続き、効果ならびに損失補償について明記している。土地収用ができる事業は道路法、鉄道事業法、河川法、水道法などが適用される事業である。

土地収用を行うには、その必要性を認定するためのいくつかの手続きを経なければならない。

まず、国土交通大臣または都道府県知事の事業認定を受ける必要があり、それに先立って説明会を開き、利害関係のある者に事業の内容を説明しなければならない。事業認定を得た後、事業者はその土地が存在する都道府県の収用委員会に収用の裁決を申請する。収用委員会は、事業内容の縦覧期間の経過後、審理を開始する。審理の結果、収用委員会は申請を却下するか収用を認めるかの裁決を出す。収用の裁決をした場合、収用委員会は収用すべき土地の区域、損失の補償、収用の時期などについて示さなければならない。裁決に不服がある場合は、国土交通大臣に審査請求をすることができる。

このように、公共の利害に深く関わる事業の用地の強制的な収用については、方法が法律に明記されている。しかし、収用委員会の裁決までの間に多大な時間を必要とすることが多い。そのため公共の利害に特に重大な関係があり、緊急実施が必要な事業については、特に「公共用地の取得に関する特別措置法」に基づく緊急裁決の制度も準備されている。新東京国際空港(現・成田国際空港)の建設の際にはこの制度が適用された。

(6) 減歩

　土地の区画形質を変更し、道路、公園などの公共施設も整備して、宅地の利用環境を向上させる事業が土地区画整理事業である。この事業では公共施設整備に必要となる土地を、一定の割合で各宅地より拠出して確保する。事業によって道路などの公共施設が整備されれば既存の土地の価値が上昇するため、その増価に相当する面積の土地を公共用途のため地権者が負担すべきであるとの考えに立っている。

　この公共用地として拠出すべき土地のことを減歩という。減歩される面積の元の土地面積に対する割合を減歩率と呼ぶ。

　減歩には、道路、公園などの公共施設のための公共減歩と、売却してこの区画整理事業の資金に充てるための保留地減歩がある。

　農用地では、土地改良法に基づいて農業生産の効率化や農業構造の改善を目指して、農地の区画を整形し、さらに宅地の場合と同様に減歩をし、農道や水路を整備する土地改良事業が行われる。

　道路事業では、この減歩による用地取得もしばしば行われる。特に都市部の事業では、周辺地区を一体化して再開発し、道路用地の取得がなされることも多い。

(7) 公共用地と地下街

　道路、広場、公園、河川など、不特定多数の利用に供される土地は公共用地と呼ばれ、国または地方公共団体によって管理される。この公共用地が本来の目的以外の用途のインフラストラクチャーに兼用される場合がしばしばある。例えば道路用地内に電柱や地下管路、地下街などが設けられる場合である。これらの施設は区分所有権を与えられることはなく占用物件として取り扱われ、占用料が管理者に支払われる。なお、地下街においては、その中の通路の面積は店舗の面積より広いことが原則であり、この通路は公共空間と見なされて道路管理者により管理される。そして、店舗だけが占用物件と見なされる。

(8) 埋め立ておよび干拓

　土地は有限な資源といわれるが、これを増やす方法がある。水面の埋め立てまたは干拓による土地造成である。

埋め立ては、浚渫土砂、建設残土、廃棄物などを浅い湾や湖などの水面に投入して陸地を造成するものである。干拓は、水深の浅い海面や湖沼などを締め切り、水を人工的に抜き取って陸地化するものである。

　こうして陸地化された土地は我が国では広く、埋め立て地だけでも国土面積の約0.5％にも及ぶ。しかし、水面の埋め立てや干拓は元にあった生態系の破壊など自然環境に大きな影響を持つ。そのため、現在では公有水面埋立法によって河川、湖沼、沿岸海域など公の水面に陸地を造成する行為は強く規制され、都道府県知事による免許を受ける必要がある。また、環境影響評価法の対象事業となり、この点からも許認可を受けることが要求されている。

第4節
工事契約

(1) 契約の必要性・意義

　インフラストラクチャーは唯一性が高く、中長期にわたって大きな投資と多数の関係者の関与が必要となる。このため一般に、インフラストラクチャーの事業主体はインフラストラクチャーの全体を独力でつくりあげる能力を持っていない。従って事業主体は、そうした能力を持つ組織に、対象とするインフラストラクチャーの全体あるいは一部をつくりあげることを依頼（発注）する必要がある。

　インフラストラクチャーは、調達時点で品質を確認できる物品の購入と異なり、あらかじめ契約の相手先候補がきちんと品質（要求性能）を確保するとともに、予算および工期を順守してインフラストラクチャーをつくりあげることができるかどうかは不確実である。この点は、契約の相手先候補の技術力などによって左右される。そこで、事業主体である発注者がどのようなインフラストラクチャーをどのような制約条件あるいは配慮事項の下でつくりたいのかを明確化したうえで、契約の相手先が発注者に対して、会社組織として責任を持ってこれらを順守して、インフラストラクチャーを確実につくることを確約させる必要がある。

　さらに、確約が果たされないなどのリスクを想定して、そうした場合に契約の相手先あるいは発注者が取るべき措置（事後対応や賠償あるいは契約の解除など）についてあらかじめ合意しておくことも必要である。これは紛争などによって双方が無為に時間や資金、労力などを費消するのを防ぐ意義もある。そして、確約したことが果たされた際に、発注者が契約の相手先にいくらの対価をいつどのように支払うかの取り決めも必要である。

　そこで、このような発注者と契約の相手先との間で確約する事項を、法的拘束力を持つ相互の権利義務関係とするために、双方合意の下で契約を締結する。一般に規模が大きいインフラストラクチャーでは、発注者はインフラストラクチャー整備事業全体を一括して発注するのではなく、これをつくるために必要な能力が異なる部分を分割し、複数の契約として発注することが多い。その場合、発注者がインフラストラクチャー整備事業全体を統合的に管理し、一律の品質を確保しつつあらかじめ設

定した供用時期に供用するためには、契約によって相互の権利義務関係を法的に規定する意義はより高い。

　なお、我が国では、こうした契約を確実に履行してインフラストラクチャーをつくりあげる高度な能力を持つ事業者は複数存在する。このため、それらの事業者の中から、発注者にとって最も有利な条件で契約を締結できる事業者を競争などの方法によって選定することが必要になる。また、特殊な能力を要する場合には、特定の1社しか対応できないこともある。その場合には当該事業者と契約を締結するしかないが、特に公共事業においては、事業者選定過程の透明性を確保するため、なぜ特殊な能力を必要とするのか、なぜその1社しか対応できないのか、その1社とどのような条件・手続きで契約を締結するのかを明確化する必要がある。こうした契約先の選定方法や手続きは入札・契約方式と呼ばれる。

(2) 契約の対象範囲とタイミング

　契約の対象範囲(スコープ)をどのプロセスまでとするかによって、契約を締結すべきタイミングは変わってくる。

　現在、公共事業で最も一般的な入札・契約方式は、実施設計と施工を別々に発注して契約する設計・施工分離発注方式(1959年建設事務次官通達による)である。実施設計をスコープとする設計契約は、基本設計終了後に契約する。施工をスコープとする施工契約は、実施設計後に契約する。しかし、実施設計と施工の双方をスコープとする設計・施工一括発注方式(DB：Design Build)や、さらに運営・維持管理や資金調達までをもスコープに含むPFI(Private Finance Initiative)方式の採用を検討する際には、発注者は計画や基本設計の段階において、そうしたスコープでの発注意向を固め、基本設計終了後に契約することが必要となる。実施設計が契約されてしまえば、DBやPFI方式での契約は実質的に不可能になる。従って、計画段階あるいは基本設計段階で、実施設計および施工を別々に発注して契約するのか、一体的に発注して契約するのかを決めなければならない。

　国土交通省「公共工事の入札契約方式の適用に関するガイドライン」では「入札・契約方式の選択は、設計の上流段階(予備設計の前段階)において検討することを基本とし、設計段階、発注手続の各段階で見直しを行う」としている。

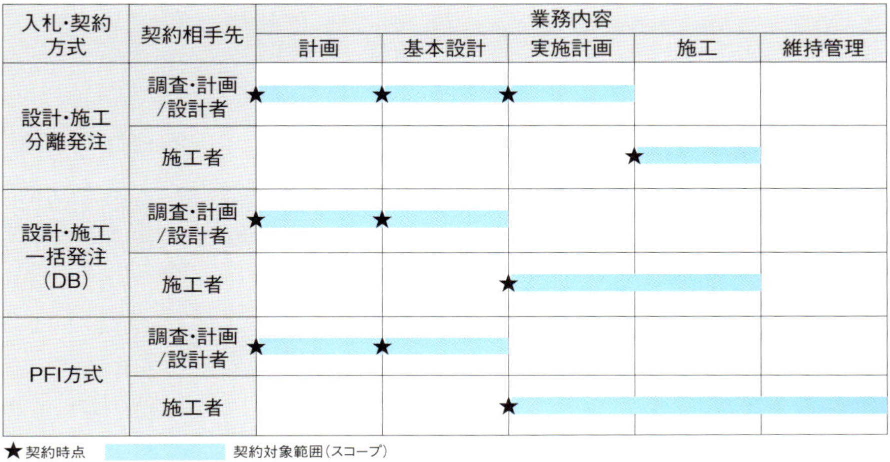

入札・契約方式	契約相手先	業務内容				
		計画	基本設計	実施計画	施工	維持管理
設計・施工分離発注	調査・計画/設計者	★──────★──────★				
	施工者				★──	
設計・施工一括発注(DB)	調査・計画/設計者	★──────★				
	施工者			★──────────		
PFI方式	調査・計画/設計者	★──────★				
	施工者			★────────────────		

★ 契約時点　　契約対象範囲(スコープ)

図5-2　契約の対象範囲と入札・契約方式

　契約のスコープという視点から、入札・契約方式は図5-2のように整理される。このほか工事の発注単位に応じた契約方式として包括発注、複数年契約などがある。

(3) 主な契約内容

1) 対象インフラストラクチャーの仕様

　契約文書では、どのようなインフラストラクチャーをどのような制約や配慮の下でどうつくるかを、仕様として明確に規定する。すなわち、要求性能を満たすインフラストラクチャーが確実につくられるよう、インフラストラクチャーの材質、形状、寸法、材料、工法などを事細かに示す仕様が、設計図書(図面、仕様書、現場説明書)として契約書に添付される。

　仕様は、発注者が必要に応じて設計コンサルタントの支援を得ながら規定する場合もあれば、発注者が提示した要求性能を満足するような仕様案を含む提案を求め、競争の下で最も有利な提案をした者を契約の相手方として選定し、その提案に基づいて仕様を規定する場合もある。

2) 制約条件・配慮事項

　契約ではまた、インフラストラクチャーの建設をどのような制約条件や配慮事項の

下で行うかが規定される。すなわち、品質(要求性能)の確保、予算と工期といった制約条件や、建設現場の安全や周辺環境への影響、周辺交通への影響などの配慮事項を明確化し、施工者がこれを順守することを規定する。

予算や工期などの制約条件や配慮事項は、あらかじめ発注者が全てを規定している場合もあれば、満たすべき最低限の要求事項を提示したうえで、これらを競争の対象とする場合もある。その際、競争の下で最も有利な提案をした者を契約の相手方として選定し、その提案に基づいて制約条件などを規定するケースも少なくない。

3) 対価の支払い

契約の相手先が、対象とするインフラストラクチャー(あるいはその一部)の整備を契約に基づいて適切に完了させた場合または進捗させた場合に、その対価として発注者が契約の相手先に、いくらの金額をいつ、どう支払うかを規定する。

支払額の確定方法には表5-2に示す通り、総価契約、総価契約単価合意方式、実費精算契約、報酬加算型実費精算契約(コスト+フィー)などがある。これらの方式は、工事費変動リスクの分担やインセンティブの付与、片務性・双務性を踏まえ発注者が選択する。

表5-2 契約金額の確定方法による契約の分類

契約の分類	概要
総価契約	・支払い金額を固定総額で規定した契約形態 ・原則として、契約後に契約金額を変更しない
総価契約 単価合意方式	・総価で請け負い、代金変更がある場合の算定のための単価などを前もって協議・合意しておく契約方式 ・設計変更や部分払いに伴う協議の円滑化を図ることが目的
単価・数量生産契約	・発注者と受注者が合意した契約数量に基づき、各工種ごとに単価を定めた契約形態 ・契約数量は実施数量で修正され、支払い金額と最終契約金額は実施数量で確定する
実費精算契約	・契約を履行するために、実際に支出した費用を支払い金額として精算されることを規定した契約形態 ・実際には、あらゆる費用を精算の対象にする例は少なく、実費精算の対象は直接工事費に限定され、経費などの間接費はあらかじめ固定される場合が多い
報酬加算型 実費精算契約 (コスト+フィー)	・契約履行のために支出した実際の費用に報酬を加えて支払い金額とする契約形態 ・報酬には固定金額、定率、報償付きなどがある

表5-3　支払方法による契約の分類

契約の分類	概要
一括払い	・工事完成時に契約額を一括して全額支払う方式
一部前払い方式	・工事請負契約を締結した直後に契約金額の一部（40%など）を前払い金として支払い、残りは工事完成時に支払う方式 ・請負者の資金繰りに配慮した支払い方式
部分払い方式	・定期的に出来高に応じて部分払を行う方式 ・請負者の資金繰りに配慮した支払い方式。これが工期短縮インセンティブとなって、遅延リスクの低減が図られることが期待される

表：国土交通省「出来高部分払方式 実施要領、平成22年9月」

　表5-3の通り、支払方法には一括払い、一部前払い方式(資金繰りへの配慮)、部分払い方式(資金繰りへの配慮と遅延リスク低減、工期短縮インセンティブ)がある。

4) リスク対応

　契約の適切な履行を保証するために、履行ボンドの提出を契約において規定する。履行ボンドとは、受注者が自らの責任として負うべき理由(帰責事由)によって工事などを完成できなくなるなどの債務不履行に陥った場合に、発注者が被る金銭的損害を補填することの保証(金銭的保証)や、保証人が選定する代替履行会社に残工事を完成させることの保証(役務的保証)を記載した証書のことである。

　契約が適切に履行されないリスクを未然に防止するために、発注者による監督や検査などに関する事項も契約で規定される。また、契約が適切に履行されないリスクが発現した場合に、契約の相手先あるいは発注者が取るべき措置についてあらかじめ合意し、契約で規定しておくことで、そうした事態に際して迅速に対応措置を講じることができるようになる。また、紛争などによって双方が無為に時間や資金、労力などを費消することを防止する意義もある。

　具体的には、契約の相手先あるいは発注者の帰責事由によるものについては、事後対応措置や、賠償(遅延補償や損害賠償、瑕疵担保など)、または契約の解除などが契約で規定される。契約当事者の帰責事由によらない戦争、暴動、テロ、ストライキ、あるいは地震、津波などの大規模自然災害などの不可抗力(Force Majeure: フォース・マジュール)については、一般にリスク負担能力の高い発注者が負担することが契約で規定されることが多い。なお、こうした不可抗力リスクについては、損害

保険会社が提供する建設工事保険においても免責になっている場合が多い。

5) 下請け

インフラストラクチャー整備事業においては、一般に、発注者と直接的に契約関係にある元請負業者(元請け)である総合建設会社(ゼネラル・コントラクター、略してゼネコンと呼ばれる)が、請け負った工事業務を様々に細分化して、これらを下請けする多くの専門工事業者(サブ・コントラクター、略してサブコンと呼ばれる)と下請契約を締結する。サブコンが請け負った工事業務をさらに細分化して2次サブコンと下請契約を締結することもある。こうした重層的な元請け・下請け関係があっても、発注者と元請けが締結した契約に基づく権利義務関係が下請契約でも維持されるよう、下請けに関する事項が契約において規定される。

6) 契約の当事者

発注者および受注者の組織を代表し、契約の締結と履行について法的な責任を負う決裁権者が契約の当事者となる。

国や自治体では、会計法や地方自治法において、大臣や知事・市町村長(首長)が一義的な契約当事者となることが規定されている。ただしその事務の一部を支出負担行為担当官(国では地方整備局長など)に分掌できることになっている。さらに、国の場合、支出負担行為担当官はその事務の一部を分任支出負担行為担当官(事務所長など)に分掌できることになっている。しかし、これらは契約行為の事務の委任であり、最終責任者はあくまでも大臣や知事・市町村長である。

民間企業では、代表取締役社長など代表権を有する者(代表権者)が一義的な契約当事者となる。契約の金額規模や重要性、実施地域などに応じて、組織の規定によって下位の管理者(支社長など)に責任を分担させることもある。しかし、国や自治体と同様に、最終責任者はあくまでも代表権者である。

7) 契約の標準化

工事の契約ごとに一から契約内容を規定して合意を図ることは時間と費用を要し、非効率である。そこで、契約の効率化を図るために一般的な契約内容の標準化が

進められている。公共工事については公共工事標準請負契約約款、民間工事については民間建設工事標準請負契約約款、下請け工事については建設工事標準下請契約約款が中央建設業審議会において作成されている。

海外の建設工事においては、国際コンサルティング・エンジニア連盟(FIDIC)が発行するFIDIC契約約款がある。FIDIC契約約款は、我が国の国際協力機構(JICA)をはじめ、世界銀行(WB)、アジア開発銀行(ADB)などの国際融資機関の入札図書のサンプルにも組み込まれており、国際建設契約のデファクトスタンダードとして広く使用されている。

(4) 入札・契約方式

1) 原則

インフラストラクチャー整備事業では、契約の履行が可能で最も有利な提案をする者を契約の相手先として選定することが原則である。どのような提案を有利とするかについては、発注者の意図が反映される。すなわち、制約条件(予算、工期、品質)、配慮事項(現場の安全確保や周辺環境への影響、周辺交通への影響など)、その他(地域経済の活性化や地元雇用の促進、担い手確保など)の全体バランスの中で、発注意図として発注者が重視する事項が達成されるように、入札・契約方式あるいは入札・契約条件に反映される。

純粋公共型や官民混合型では、ステークホルダーである納税者の理解が得られるよう、参加機会の公平性や事業者選定過程の透明性の担保を図ることが求められる。また、会計法に基づき一般競争が原則となっている。

純粋民間型では、ステークホルダーである株主の意向によっては、連結経営の観点から、競争を行うことなく発注者傘下のグループ企業を契約の相手先に選定することもある。

2) 技術的要求事項の規定

契約の相手先となることを希望する事業者が提案を検討するうえでは、発注者がインフラストラクチャー建設の技術的要求事項、すなわち制約条件や要配慮事項を入札図書として明確に提示する必要がある。技術的要求事項を規定する方法には、

性能規定と仕様規定がある。

①**性能規定**

　技術的要求事項として、インフラストラクチャーが満たすべき要求性能を規定する方法である。実施設計契約や設計・施工一括発注方式(DB)、PFI方式では、実施設計前段階での発注なので、細かな仕様の規定が困難なことが多い。そこで、発注者は技術的要求事項として要求性能を規定し、これを満たす提案を求める形を取る。なお、安全対策や環境対策など、性能を厳格に満たすことが求められるものについては仕様が標準化されていることが多いため、標準仕様を技術的要求事項として規定したり、標準化されていない場合でも、発注者が要求性能を満たす仕様を規定したりすることもある。すなわち、実施設計前段階での発注であっても、全ての技術的要求事項が性能規定になるとは限らない。

　一方、事業者から最適な仕様を提案させるために、仕様を規定できる状況にあっても、あえて技術的要求事項を性能で規定する場合もある。例えば工法については、特許や技術的能力などの理由で特定の企業しか利用できないものもある。純粋公共型では、契約の相手先を多数の能力ある組織の中から公平に競争によって選定することが求められるのが一般的である。そのため、多くの組織が対応可能な標準工法しか指定できないことも少なくない。しかし、発注者側にそうした工法の特徴(コスト低減、工期短縮、環境影響低減、完工リスク低減など)を生かしたいという強い意図がある場合には、工法を指定せず性能で規定することによって、そうした工法を活用した提案を受けることが可能になる場合もある。

②**仕様規定**

　技術的要求事項として、インフラストラクチャーをどのような材質・形状・寸法の材料を用いて、どのような工法でつくるかなどを事細かに確定した仕様として規定する方法である。施工契約は実施設計後の発注であるため、発注者は必要に応じて建設コンサルタントの支援を得ながら、要求性能を発揮できるインフラストラクチャーの仕様を規定することができる。

　なお、第1節で述べた通り、要求性能を満たす仕様(材料の材質・形状・寸法や工法などおよびその組み合わせ)には様々な選択肢があり得る。前述の性能規定では、事業者がこうした多様な可能性の中から最適と考える仕様を絞り込んで提案

を行うものであり、仕様規定では多くの選択肢の中から発注者が最適と考える仕様を技術的要求事項として規定し、事業者に提示するものであると言える。

3) 入札・契約への参加者

入札・契約の競争参加者の設定方法には、一般競争、指名競争、随意契約がある。一般競争の場合、所定の参加資格を満たす者であれば、誰でも競争に参加することができる。指名競争では、発注者が競争への参加者を指名する。逆に言えば、指名された者以外は競争に参加することができない。随意契約では、特定の者を契約の相手方として契約を締結する。特許保有など特別の理由で特定の者を契約の相手方を選定して契約を締結する方法(特命随意契約)だけでなく、公募型企画提案方式(企画コンペ)など、競争的方法ではあっても、価格競争によらずに契約の相手方を選定して契約を締結する場合は、制度上は随意契約である。

一般競争によって契約の相手先を選定する場合、競争への参加資格を有する者ならば、誰でも競争に参加できることから、契約の相手先として不適格な者が選定されることがないような工夫が必要である。また、技術提案を求める入札・契約方式を採用した場合、競争参加者が多数に上ると、発注者と競争参加者の双方の負担が大きくなり非効率的となる。そこで、経営事項審査(経審)や法令順守の状況、社会保険適用、契約内容に関連する実績などについて参加資格を規定して、不適格者を選定するリスクを防止するとともに、効率的な競争を図る。

また、契約の履行が可能な者が限定的であることが客観的に明らかな場合には、あらかじめ参加対象者を絞り込み、指名競争にかけることは妥当である。さらに、契約履行が可能な者が特定の1社しかないことが客観的に明らかな場合には、その者と随意契約にて契約を締結することは妥当である。

契約の適切な履行のため、複数の企業が共同で1つの契約を受注して実施することを目的として、共同企業体(JV：Joint Venture)という事業組織体を形成して、契約の相手先になることもある。JVは契約の適切な履行に必要な能力を確保するために、JVを構成する各企業間で、強みと弱みを相互に補完するとともにリスクを分担する。なお、ワークシェアリングを図るために、複数の同業者でJVを組むこともある。

4) 入札・契約方式

会計法、地方自治法において、売買、貸借、請け負いその他の契約において契約の相手先を選定する方法は、原則として最低価格落札方式とすることとされている。すなわち、提案は価格のみで評価され、最低価格を提示した者が契約の相手先として選定される。

前述の通り、インフラストラクチャー整備に係る契約は、調達時点で品質を確認できる物品の購入と異なり、施工者の技術力によって品質が左右されるにもかかわらず、最も有利な提案を価格提案のみに基づいて評価することは妥当でない。こうした観点から、「公共工事の品質確保の促進に関する法律」（公共工事品確法）が2005

選抜方法

競争性のある方式

- **技術を評価して価格等を交渉する方式**
  - ○技術提案競争・交渉方式（仮称）：技術的難易度が高く、民間の知恵とノウハウの最大限の活用と併せ、対話により受発注者が柔軟に調整を進めることが適当な場合、公募により最も優れた技術を有する企業を選定し、当該企業と優先的に工法や価格等について交渉を行った上で契約する方式

- **技術と価格を評価する方式**
  - ○総合評価落札方式：工期、機能、安全性などの価格以外の要素と価格とを総合的に評価して落札者を決定する方式
    ▷ 国交省の直轄事業においては、発注者が示す仕様に基づき、適切で確実な施工を行う能力を評価する方式（施工能力の評価を行うタイプ）と、施工能力に加え、構造上の工夫や特殊な施工方法等を含む高度な技術提案を求めて評価する方式（技術提案の評価を行うタイプ）の2タイプがある。

- **価格のみを評価する方式**：定型的な工事でロットが小さく、施工力、技術力等による評価が困難なもの
  - ○価格のみを評価する一般競争入札：公告により不特定多数の者を誘引し申し込みした者で価格競争を行わせ、落札者と契約する方式
  - ○価格のみを評価する指名競争入札：発注者が指名した企業間で価格競争を行わせ、落札者と契約する方式

- ※**段階的に選抜する方式**：受発注者の事務量の軽減のため、段階的に選抜する方式
  - ・第一段階として、技術のみを評価して競争参加者を絞り込む方式
  - ・第二段階として、技術と価格を評価して落札者を決定する方式
    ※技術提案に基づき競争参加者を数者に絞り込んだ後に対話を行って仕様を決定し、その後、競争参加者に価格等に基づく競争を行って契約の相手方を決定する競争的対話方式がある。
  - ・第二段階として、価格のみを評価して落札者を決定する方式
    ※工事ごとに入札参加意欲を確認し、当該工事の施工に係る技術的な特性等を把握するための簡易な技術提案の提出を求めた上で指名を行う方式（公募型指名競争方式）がある。

評価のあり方　中長期的な公共工事の品質確保のため施工力・技術力の維持向上に資する観点からの評価の充実
例）○若手技術者等の評価：若手技術者・技能者の活用・確保状況等について評価
　　○地域企業の実績等の評価：本店所在地、地域貢献（防災協定の加入状況等）の実績等を評価
　　※評価にあたっては、受発注者の負担についても留意

競争性のない方式
- ○随意契約（非競争型）：競争入札によらないで任意の企業と契約する方式

図5-3　多様な入札・契約方式（選抜方法）
図:国土交通省「入札契約制度の課題と課題解決のための制度改正の方向性（案）、『社会資本整備審議会産業分科会建設部会基本問題小委員会 第9回 資料2-3 2013年9月18日』」

年に制定され、価格以外の多様な技術要素をも考慮する総合評価落札方式が導入された。そしてその後、2014年に公共工事品確法は改正され、より技術要素の評価を重視した技術提案・交渉方式が導入された。

公共工事品確法の改正では、段階的な選抜方式を導入して受発注者の事務負担を軽減する方式も導入された。また、発注者の意図をより直接的に反映させた、公共工事の品質確保とその担い手の中長期的な育成・確保に資する入札契約方式も導入された。さらに、地域で社会資本を支える企業を確保する方式として、複数年契約、包括発注、共同受注といった地域における社会資本の維持管理に資する方式（地域維持型契約方式）などの活用が示され、地元に明るい中小業者などによる安定受注が志向されている。若手や女性などの技術者の登用を促す方式も導入された。

(5) 発注者の支援

発注者の技術職員の人員数・能力を補完し、発注者が発注者責任を的確に果たすことを支援するため、その業務の一部を他の組織に委託するものである。具体的には、CM方式(Construction Management)や、東日本大震災からの復興事業に用いられた事業促進PPP方式が挙げられる。CM方式とは、発注者の代理人となって、民間コンサルタント会社などがコンストラクション・マネジャー（CMR）として設計・発注・施工の各段階において、各種のマネジメント業務の一部または全部を行うものである。事業促進PPP方式とは、民間技術者チームが、従来は発注者が行ってきた協議調整などの施工前の業務を発注者と一体となって実施するものである。

(6) PFI方式

近年、財政状況が逼迫するなか、民間の資金を活用することで必要な公共施設を整備する方法としてPFI方式が盛んに活用されている。表5-4の通り、PFI方式においても、入札・契約方式の要素としては、性能規定や一般競争、総合評価落札方式など、一般の公共事業でも活用されているものばかりである。ただし、これらを複合的に組み合わせ、資金調達や維持管理までをもスコープに含めることで、一般の公共事業とは異なる入札・契約方式になっている。

なお、これまで我が国のPFIは公共施設（いわゆるハコモノ）の整備に活用される

表5-4　PFI方式の特徴

項目	内容
スコープ	計画段階以降の設計、施工、運営、維持管理まで一貫したプロセス
技術的要求事項の規定	原則、性能規定
競争参加者	一般競争
選定方式	総合評価落札方式または公募型プロポーザル方式　→　技術提案・交渉方式
対価の支払い	インフラストラクチャー整備の対価としての支払いは行われない。その運営によるサービス提供を通じて投資を回収 ・独立採算型:サービス提供に対して利用者からの料金収入で投資を回収 ・混合型:料金収入だけでは投資回収が難しい場合に発注者からの補助金と合わせて投資を回収 ・サービス購入型:サービス提供の対価として発注者が支払うサービス購入料によって投資を回収

ことが多かった。しかし、2011年のPFI法改正によって「公共施設等運営権(コンセッション)方式」が導入されたことで、空港をはじめ公共が所有する既存のインフラストラクチャーについても、民間が運営し料金を収受する権利(公共施設等運営権)を得ることを通じて、民間の資金と経営ノウハウが導入されるようになってきている。

また、PFI方式を含め、公民が連携して公共サービスの提供を行うPPP (Public Private Partnership)方式について、政府はPPP／PFI推進アクションプラン(2016年5月改定)を策定し、コンセッション方式など多様なPPP／PFIの活用を推進することとしている。具体的には、2013年度から2022年度までの10年間で21兆円の事業規模目標を設定し、国土交通省など関係省庁と、人口20万人以上の全ての自治体を対象に、それぞれ公共事業でPPP／PFIを優先して検討するとしている。

第5節
施工

(1) 概要

　発注者は、ステークホルダーからの負託に応え、インフラストラクチャー整備に係る多数の契約が的確に履行され、インフラストラクチャーが適切に整備されるよう管理・監督する責務を負う(発注者責任)。具体的には、施工者による施工ミスや手抜きがないか、施工の管理・監督を行うとともに、関係する施工者間の協調・連携を図り、インフラストラクチャー整備全体を統合的に管理する。

　受注者は、発注者の管理・監督の下、契約を適切に履行する責務を負う。この責務を果たすための技術的な技法の体系がプロジェクト・マネジメントにほかならない。

(2) 発注者責任

　契約が的確に履行されるために、発注者は受注者の管理・監督を行うことが必要である。そのためには、管理・監督を十分に行い得る人員や能力を確保し、体制整備を図る必要がある。人員や能力が不十分な場合、CM方式(Construction Management)の導入によって建設マネジメント業務を民間企業などに委託し、体制を整えなければならない。

　管理・監督は、施工の途中段階であっても契約の履行状況を適宜確認し、複数の契約の協調・連携も含め、必要な指示を行う。その際、リスクの未然防止の観点から予兆の把握に努めることも重要である。

　リスクが発現した場合には、受注者と緊密にコミュニケーションを図り、契約に基づいて事後対応を協議し、これを速やかに講じる。第三者に損害をもたらした場合、純粋公共型では国家賠償法に基づいて、発注者である公共が一義的な賠償責任を負わなければならない。ただし、受注者に第三者への損害をもたらした原因がある場合には、発注者は受注者に対して求償権を有する。

　第三者への損害となる事項あるいは周辺への配慮事項は、時代の要請によって変化する。戦後しばらくは、大規模なトンネルやダムなどでの慰霊碑に見られるように、インフラストラクチャーの整備には人命をも脅かす危険を伴うような条件の現場は少

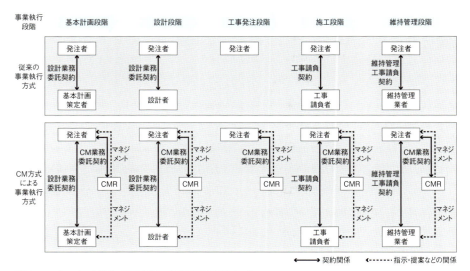

図5-4　CM方式（ピュアCM）による事業執行方式
図：(一社)建設コンサルタンツ協会「CM方式の活用を支援するCM方式活用の手引き（案）、平成24年6月」

なからず存在した。また、工事中の大気汚染や騒音振動、ばいじん、水質汚染、地下水位低下などにも十分な配慮をしていたとは言えなかった。しかし、時代を経るごとに、工事現場の安全確保や公害防止に始まり、環境保全、周辺道路交通への配慮、そして工事中の景観への配慮なども図られるようになった。発注者はこれらの配慮事項を入札・契約条件に反映し、受注者にこれを順守させ、発注者はこれを監督する。

　発注者は、完工時には検査を行い、契約通り施工が行われたかを確認する。そして、契約全体が履行されることによって、要求性能が発揮されるインフラストラクチャーが整備されることになる。

(3) 受注者責任

　受注者は、その持てる技術とノウハウ、能力を投入し、的確なプロジェクトマネジメントによって契約を履行する。

　現在は一般に、発注者よりも受注者の方が高い技術力を持ち、実際の現場に直接携わっている受注者の方がより多くの情報を有している。すなわち、発注者と受注

者との間には情報の非対称性がある。このため、受注者には進捗状況や今後の見通し、懸念事項(リスク要因やその予兆)、事故や災害の発生などについて、発注者への報告義務を的確に遂行しなければならない。

　特に、リスクの予兆把握に努め、予兆を見いだした場合には速やかに発注者に報告、協議し、未然防止に努めることが重要である。リスクが発現した場合には、発注者と緊密にコミュニケーションを図り、契約に基づいて事後対応を協議し、速やかに講じる必要がある。

参考文献

第4節
- 小林康昭「建設マネジメント」(山海堂)、2003.12
- 国土交通省「公共工事の入札契約方式の適用に関するガイドライン【本編】」、2015.5
- 国土交通省「出来高部分払方式 実施要領」、2010.9
- 「入札契約制度の課題と課題解決のための制度改正の方向性(案)、『社会資本整備審議会産業分科会建設部会基本問題小委員会 第9回 資料2-3』」、2013.9
- 公共工事の品質を考える会「公共工事品確法と総合評価方式 ―条文解説とQ&A50問―」(相模書房)、2005.11
- 国土交通省「多様な入札契約方式について、『平成26年度 発注者責任を果たすための今後の建設生産・管理システムのあり方に関する懇談会(第3回) 資料3』」、2015.3
- ジョン・マードック、ウィル・ヒューズ著、大本俊彦・前田泰芳訳「建設契約―法とマネジメント」(技報堂出版)、2011.9
- 岩﨑泰彦・森田康夫・川俣裕行・近藤和正「事業促進PPPの導入効果について、『建設マネジメント技術、2015年7月号』」(国土交通省国土技術政策総合研究所)、2015.7
- 民間資金等活用事業推進会議「PPP／PFI推進アクションプラン」、2016.5

第5節
- (一社)建設コンサルタンツ協会「CM方式の活用を支援するCM方式活用の手引き(案)」、2012.6

第6章

インフラストラクチャーの管理運営と活用

「国際的のいわゆる"非常時"は無形な実証のないものだが、
天変地異の"非常時"は最も具象的な眼前の事実として
その惨状を示している」

寺田 寅彦

地球物理学者、随筆家

第1節
インフラストラクチャー施設の維持管理

(1) インフラストラクチャーの維持管理の意義

　インフラストラクチャーは、それが機能してサービスを提供することによって存在意義を持つ。しかもそのサービス提供、すなわち供用の期間は、一般に極めて長期である。法定の耐用年数で見ると、例えば舗装道路や舗装路面といった比較的短いものでも10〜15年程度だが、これらのインフラストラクチャーが実際使用される期間はそれ以上であり、長いものでは100年を超える。有名なものでは英国のフォース橋(Forth Bridge)がある。この橋は1890年竣工だが、現在も鉄道橋として活用されている。我が国でも鉄道の東海道本線は、1889年に新橋—神戸間が全通しているが、鉄道幹線として現在も最重要鉄道路線である。

　このようにインフラストラクチャーの寿命は極めて長いが、その間に年月とともに物理化学的な劣化は進行するし、使用上も時代の要請にそぐわなくなることが多い。そのため、必要な機能を常に保持するには、定期的に点検・管理を行い、維持・補修の手を加えなければならない。そして、時代とともに変化する要求に応えて十分なサービス提供をするためには、大きな改修工事も必要となる。

　管理、補修の不足や不備によるインフラストラクチャーの機能不全は社会的に大きな損失をもたらすし、場合によっては大事故を引き起こす可能性がある。従ってインフラストラクチャー施設にとっては、維持管理をいかに確実に実施し、機能不全や大事故を未然に防止できるかが極めて重要となる。

　維持管理の対象や方法は、インフラストラクチャー事業ごとに当然異なり、事業者はそれぞれ適切な規程を定め、それに基づいて業務を行っている。以下では、インフラストラクチャーの維持管理における考え方や方法を2、3の実例に即して示すことにする。

　なお、対象とする施設が物理的に劣化するだけでなく、社会的要求に合致しなくなった場合は、施設の取り替えを含む大規模改修が必要となる。この場合、インフラストラクチャーの機能の改良を行うことが一般的で大型の投資が必要となるので、財務的にも重要な検討課題となる。この問題については主として第2節で述べる。

(2) 維持管理の現状と課題

　近年、我が国では急速にインフラストラクチャーの維持管理が注目されるようになった。2003年には、国の道路構造物維持管理に関する報告書の中で「アセットマネジメント(Asset Management)」という用語が登場しており、2005年には土木学会が「アセットマネジメント導入への挑戦」を発刊している。我が国では高度経済成長期以降、多くのインフラストラクチャーが短期集中的に整備されてきたため、数十年が経過した今、インフラストラクチャーの高齢化と未点検という2つの大きな課題が、一気にその重大性を増してきているのである。

　2012年12月には、中央自動車道の笹子トンネルで天井板落下事故が発生した。この事故では換気用の天井版などが落下し、死者9人、負傷者2人を出す大惨事となった。国土交通省の調査・検討委員会は、施工時から天井と鋼板をつなぐボルトの強度が不足していた点に加えて、事故前の点検内容や維持管理体制が不十分であったことを指摘した。この事故が大きく報道されたこともあって、インフラストラクチャーの維持管理への社会的関心が高まった。

　笹子トンネルの事故は中日本高速道路という大きな組織の管理下で起きたものだが、潜在的なリスクは規模の小さな地方公共団体でも大きい。日本のインフラストラクチャーは、都道府県や市町村が管理している施設が大部分を占める。道路(橋梁、トンネル、舗装)をはじめとして平均供用年数が30年を超える施設分野も多く、老朽化が進んでいる。一方で、市町村が管理するインフラストラクチャーを中心に人員不足、予算不足が原因となり、巡視・点検のいずれかまたは両方を行っていない施設が多数存在するという、いわゆる未点検問題が深刻化している。

　米国では、インフラストラクチャーの維持管理が日本よりも早く社会問題となった。米国のインフラストラクチャー整備が本格化したのは1920年代末からのニューディール政策以降であり、1960～70年代にインフラストラクチャー整備の最盛期を迎えた日本よりも30年ほど先行している。このため、早くも1980年代初頭には多くの道路施設が老朽化し、1981年には経済学者のパット・チョート(Pat Choate)とスーザン・ウォルター(Susan Walter)が「荒廃するアメリカ—衰退する社会資本(America in Ruins：The Decaying Infrastructure)」を著して、インフラストラクチャーの劣化する状況について警鐘を鳴らすに至った。

表6-1 米国土木学会による全米の既存インフラストラクチャー評価

分野	1988	1998	2001	2005	2009	2013
航空	B−	C−	D	D+	D	D
橋梁	—	C−	C	C	C	C+
ダム	—	D	D	D+	D	D
飲料水	B−	D	D	D+	D	D
エネルギー	—	—	D+	D	D+	D+
有害廃棄物	D	D−	D+	D	D	D
内陸水路	B−	—	D+	D−	D−	D−
堤防	—	—	—	—	D−	D−
道路	C+	D−	D+	D	D−	D
学校	D	F	D−	D	D	D
固形廃棄物	C−	C−	C+	C+	C+	B−
輸送	C−	C−	C−	D+	D	D
排水	C	D+	D	D−	D−	D
港湾	—	—	—	—	—	C
米国のインフラの評価平均値	C	D	D+	D	D	D+
改良コスト	—	—	1.3兆ドル	1.6兆ドル	2.2兆ドル	3.6兆ドル

A:Exceptional:Fit for Future、B:Good:Adequate for Now、C:Mediocre:Require Attention、D:Poor:At Risk、F:Falling/Critical:Unfit for Purpose
表:2013 Report Card for America's Infrastructure(ASCE)

　その後、米国政府はガソリン税の増税で財源を拡充し、長期的・戦略的な計画策定を行いながら、維持管理・更新に取り組んできた。その取り組みの1つが、全米土木学会(ASCE:American Society of Civil Engineers)による既存インフラストラクチャーの評価である。ASCEは、橋梁、道路、鉄道、上下水道、エネルギー、ダム、港湾、空港などの全米のインフラストラクチャーの状態を評価するとともに、維持管理・改良にかかるコストを試算した。そこでは多くのインフラストラクチャーが、5段階中4番目の「D（リスクあり）」と評価され、維持管理の緊急性に関する国民の理解促進の一助になっている。ASCEは、全米のインフラシステムの水準（グレード「B（良好）」レベル）を維持するために必要なインフラ投資額も算出している。改良コストの見積もり額は年々増加しており、2013年の試算では、投資額は2020年までに合計で3.6兆ドル（約360兆円）、現時点で財源の見通しが立っていない不足分は1.6兆ドル（約160兆円）であるとした。試算方法が粗いとの批判もあるが、維持管理の必要予

第6章　インフラストラクチャーの管理運営と活用

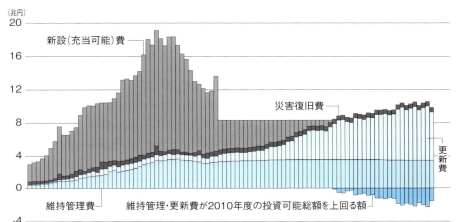

(注)国交省所管の8分野(道路、港湾、空港、公共賃貸住宅、下水道、都市公園、治水、海岸)の直轄、補助、地方単独の各事業を対象に、2011年度以降は以下のような想定で推計。更新費は耐用年数を経過した後、同一機能で更新すると仮定し、当初新設費を基準に更新費の実態を踏まえて設定。耐用年数は、税法上の耐用年数を示す財務省令を基に、それぞれの施設の更新の実態を踏まえて設定。維持管理費は、社会資本のストック額との相関に基づき推計。更新費・維持管理費は、近年のコスト縮減の取り組み実績を反映。災害復旧費は、過去の年平均値を基に設定。新設(充当可能)費は、投資可能総額から維持管理費、更新費、災害復旧費を差し引いた額で、新設需要を示したものではない。用地費、補償費、各高速道路会社などを含まない。なお、今後の予算の推移、技術的知見の蓄積などの要因により推計結果は変動する可能性がある。

**図6-1　日本のインフラストラクチャーに関する維持更新費用の推計
　　　　（従来通りの維持管理・更新を前提にする場合）**
図:国土交通省

算規模に一定の目安を示し、インフラストラクチャーの維持管理の重要性と規模感を米国民に啓発できた点は大いに評価される。

我が国でも、国土交通省が将来の維持更新費用を推計し、所管する道路、港湾、空港、公共賃貸住宅、下水道、都市公園、治水、海岸の今後の維持管理・更新費用を国土交通白書に記載している（図6-1）。2011～2060年度の50年間に必要な更新費は約190兆円で、維持管理・更新に従来通りの費用の支出継続を前提とすると、そのうち約30兆円分の更新が困難になると推計するなど、一定の目安を示している。

(3) 維持管理の実務

1) アセットマネジメントの実際

厳しい財政制約の下で、インフラストラクチャーの維持管理も計画的かつ着実に実

施する必要があり、その方法論として「アセットマネジメント」が注目されている。

アセットマネジメントは、本来は預金や株式などの個人の金融資産をリスク、収益性などを勘案して資産価値を最大化するために適切に運用を図る諸活動を意味するが、近年はこの考え方がインフラストラクチャーにも適用され、一定の予算制約下でインフラストラクチャーの資産価値の最大化を図る一連の維持管理業務とも解釈されている。

アセットマネジメントで重要な考え方が予防保全管理である。従来の維持管理手法は、日常点検や定期点検などでインフラストラクチャーに発生した損傷や劣化を発見し、その都度必要な対策を行い、安全性や使用性を確保する事後保全管理(対症療法)だった。これに対して予防保全管理は、施設の損傷原因や劣化特性を基に将来を予測し、ライフサイクルコストの最小化を図るために、最先端の耐久性向上技術をも活用して、適切な時期に必要な対策を事前的に実施するものである。

なおアセットマネジメントでは、国際標準化機構(ISO：International Organization for Standardization)によって採用されているPDCAサイクル[1]に従って、4つの段階で施設の運営や維持管理に関する計画・実施・評価・改善に関する基準を作成している。各段階の主な手順は以下の通りである。

- ●第1段階：Plan(計画)
  - 管理目標、予算制約条件の設定
  - 点検・判定・モニタリング
  - ライフサイクルコスト(LCC)計算、管理水準分析
  - 必要維持・補修費の計算
  - 補修優先順位の提案
  - 予算計画の構築
  - 維持・補修計画の立案
- ●第2段階：Do(実行)
  - 維持・補修工事の実施

---

1 事業活動における生産管理や品質管理などの管理業務を円滑に進める手法の1つ。Plan(計画)→Do(実行)→Check(評価)→Act(改善)の4段階を繰り返すことで業務を継続的に改善する試み。

- ●第3段階：Check（評価）実行
  - 維持・補修計画の事後評価
  - 資産情報の更新
- ●第4段階：Act（改善）
  - 維持・補修方針の評価・見直し

2）施設状況データの一元管理

　予防保全管理で特に重視されるのが第1段階の計画策定である。計画策定に当たっては、現在から将来にわたって発生する維持・補修の内容と更新需要を予測し、必要となるライフサイクルコスト（LCC：Life Cycle Cost）を算出する。そして、その結果に基づいて維持・補修計画を策定する。

　計画策定のベースとなるのは、インフラストラクチャー施設の状況把握である。予防保全、あるいはこれまでの事後保全ともに、まずは施設の劣化の状態を的確に判断することが重要である。

　施設の基本情報として、名称、所在地、建設年などの「基本データ」、設計図書、準拠基準、施工記録、設計者などの「竣工時資料」、点検履歴、診断情報、補修履歴などの「維持管理データ」をそろえる必要がある。従来、これらの情報は資産台帳として紙媒体で記録・保存されていたが、近年では資産台帳のデジタル化・データ

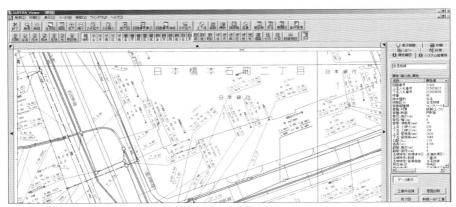

図6-2　東京都下水道局の台帳情報システム　画面の一例
図：東京都下水道局

ベース化が進みつつある。

　例えば東京都下水道局では、ミラー式テレビカメラ(直進するだけで360度撮影可能な特殊カメラ)で撮影・展開図化・自動診断した情報を含め、下水道管の損傷の種類、程度、規模などの情報を「下水道台帳情報システム」に蓄積している。これらの情報はいつでも取り出せる形で一元管理されており、予防保全型の維持管理や補修、再構築などの計画立案・工事発注に役立てられている。

3) 状態監視、モニタリング

　インフラストラクチャー施設の状態監視やモニタリングを行う点検業務は、必要とされる技術レベルや点検の頻度によって、①日常点検業務、②専門性の要求される中程度の通常業務、③高度な技術判断を要する技術業務——に区分される。その中でも、最も基本的な作業は目視による日常点検業務で、これに基づくアセットマネジメントの枠組みが全国の自治体や事業者で構築・導入されつつある。さらに近年は、従来の目視点検だけでなく、超音波、電磁波、赤外線などの技術を利用した点検・検査技術も開発されている。

　例えば大都市の基盤整備がいち早く進められた東京都では、供用後50年を超える高齢化橋梁の割合が全国より高いこともあり、全国に先駆けて高齢化橋梁への対応が求められている。東京都は、橋梁の状態監視のため、次の3種類の点検を行っている。

　第1は、日常点検である。職員が道路巡回と併せて目視点検を実施し、高欄、防護柵、舗装、ジョイント部の段差、異常音などを確認している。第2は、5年ごとに実施される定期点検である。建設コンサルタントなどが徒歩または船舶を使って近接目視を行い、各部材の亀裂、腐食、変形、ひずみ、剥離、漏水、異常音などを確認している。第3は、震度4以上の地震発生時など必要に応じて実施される異常時点検である。地震時には、職員が巡回車からの目視によって、移動、傾斜、変状、座屈、段差の有無などを確認している。

　検査方法にも新たな技術が導入されている。従来は近接からの目視外観調査が主だったが、それだけでは鋼製橋脚・鋼桁の疲労亀裂や溶接欠陥、コンクリート部材の空隙、吊り構造系の張力などは確認できない。そのため、近年では鋼材の疲労

損傷を把握する超音波探傷試験、渦電流探傷試験、コンクリートに対する赤外線調査など、新たな技術を活用した検査が導入されている。

4）劣化予測とLCC算定

予防保全管理の鍵となるのが劣化予測である。劣化予測は劣化曲線を設定することから始まる。劣化曲線は、理論式、実験式、フィールドデータ、専門家の知見など、現時点で得られる知識を最大限活用して、それぞれの事業主体が設定している。劣化の進行は、施設が設置される環境条件、材料特性、対策の有無など複数の要因に大きく左右されるので、劣化のばらつきに対してある程度の幅を持った形で予測されることが多い。

劣化予測に基づき、施設の維持・補修方法とその実施時期が検討される。通常

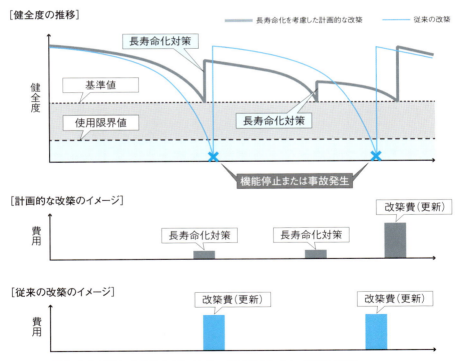

図6-3　長寿命化対策によるライフサイクルコスト削減のイメージ（下水道）
図:国土交通省

は複数のシナリオが設定され、それぞれのシナリオを前提に、施設のライフサイクルコストを算出する。LCCは、インフラストラクチャー施設の経済的評価手法の1つで、①初期建設コスト、②維持管理コスト、③更新コストの合計である。一般に、施設が壊れる直前まで使用してから大規模な修繕を行うよりも、施設の劣化の度合いが小さい段階で小規模な修繕を繰り返し行う方が、LCCを低減できる場合が多いとされる。算出されたLCCを基に、これを最小化するような維持管理シナリオが採択され、維持管理計画の策定とそれに従った施設の維持管理が行われる。

(4) 先進的な維持管理の事例
1) 東京ガスの高圧幹線施設の維持管理

ガス導管には、高圧、中圧、低圧の3種類がある。東京ガスは、長期的に安定したガス供給を行うため、それぞれの特性に応じた維持管理の取り組みを実施している。低圧ガス導管については、国(経済産業省)の指導や日本ガス協会の自主保安に関する方針、過去の漏洩履歴などに基づき、経年管などを取り換えている。高圧幹線施設(高圧ガス導管を含む)については、漏洩を起こさないように東京ガス独自の先進的な手法を用いて平常時からしっかりと維持管理している。以下では高圧幹線施設の維持管理について記す。

まずは定期点検を行いながら、施設の維持管理台帳を作成する。経年劣化が顕在化している施設に関しては、維持管理のマスタープランを作成し、対策の優先順位付けを行い、費用対効果を総合的に判断して維持管理業務を進めている。

図6-4　東京ガスのガス設備管理GIS(マッピングシステム)のイメージ
図:東京ガスエンジニアリングソリューションズ

資産の状況は電子データで管理され、主要な施設・設備は東京ガスで開発した独自のシステムに保管されている(ガス設備管理GIS(マッピングシステム))。施設の図面はシステム化されるとともに、各施設には流量やガス温度などを遠隔監視する設備が設置されている。

保安上または供給上重要なバルブと減圧施設は、遠隔操作も可能になっている。取り替えなどの際は施設の整備をシステムに記録するなど、保全に関わる情報はデータベース化されている。

高圧幹線施設の維持管理で特徴的なのは、路線パトロールを実施している点である。高圧ガス導管は幹線道路下に埋設されるケースが多い。パトロールでは埋設ルートの巡回を行い、事前に照会のない他事業者の工事を発見したり、施設の異常の有無、路線状況の変化を確認している。システム化できるところはシステム化しつつ、人の目によるパトロールも組み合わせて、最適な維持管理体制を構築している。

2)東海道新幹線の維持管理

鉄道施設の維持管理は、列車走行による日々の劣化に対応した軌道の日常的な保守(保線作業)と、材質などの劣化や自然災害への対応といった中長期的な土木構造物の維持管理とに分けることができる。

新幹線の保線作業では、実際の列車荷重が加わった状態での動的検測を行うため、新幹線電気軌道総合試験車(ドクターイエロー)が、10日ごとに全線を営業速度で走行し、線路のゆがみ具合や架線の状態、信号電流の状況などから軌道・電気設備・信号設備の異常の検査を行っている。得られた検査データはすぐに分析され、必要な補修箇所を検出している。

土木構造物の検査は、2年周期の目視による全般検査が基本となる。ここで変状の継続確認が必要とされた箇所には特別検査を実施し、疲労・劣化の状況確認を行う。土木構造物の維持管理には2つの特徴的な手法が採用されている。1つは「事前補修・補強」である。土木構造物の1カ所で変状が発見されると、当該箇所の補修・補強に加えて、まだ変状が発生していない同種の構造物にも事前対策として計画的に補修・補強を実施する。新幹線はほぼ同時期に建設されたことから、1カ所に変状が発生した場合は、他の同一部位にも変状が発生する可能性が高いとの考え方に

写真6-1　ドクターイエロー（923形）
写真：JR東海

基づいている。

　もう1つは「予防保全」である。鋼橋や鉄筋コンクリート（RC）構造物において、将来変状が発生する可能性のある箇所を対象に、事前対策を実施して劣化を抑止し、構造物の性能を可能な限り現状の水準で維持することとしている。例えばRC構造物では、調査結果を基にコンクリートの中性化の深さを定式化し、予測結果に基づいて、予防保全として中性化の進行を抑制するための表面保護工を実施している。

　新幹線は開業以来、鉄道事故による死傷事故ゼロを継続しており、平均遅延時分も0.5分を切るなど定時性の高い運行を実現しているが、この優れた安全性・安定性は、鉄道施設の継続的かつ緻密な維持管理業務によって成り立っていると言える。

3）阪神高速道路の維持管理

　高速道路は、舗装や伸縮継ぎ手をはじめとする道路本体だけでなく、照明や排水設備といった付属構造物など、多くの部材や設備で構成されており、これらを対象に点検、維持・補修および清掃といった業務が実施されている。こうした日常業務に加えて、経年劣化に伴う塗装の塗り替え、伸縮装置の取り替えおよび舗装の打ち替えなどの補修が必要となる。

　阪神高速道路を例に取れば、1964年に土佐堀―湊町間が供用を開始して以来、多くの路線が1960年代から70年代にかけて建設されたため、今後は高齢化や老朽

化が急速に進展する。維持管理に充当できる予算も限られているので、阪神高速は早くから学識経験者などの助言を受けながらアセットマネジメントの導入に取り組んできた。

都市高速道路の特性から、アセットマネジメントの中核は「橋梁マネジメントシステム」が担っている。具体的には情報工学的アプローチを用いた構造物管理で、設備数量、点検結果、補修履歴などを入力すると、システムが必要予算額、補修の優先順位、管理会計情報などを出力する。将来の劣化予測は、保全情報データベースに蓄積した点検結果や補修履歴データから作成された劣化曲線に基づいて行われ、その予測結果から今後必要な補修費用が算出される。阪神高速では舗装、塗装、伸縮継ぎ手、床版、コンクリート構造物、鋼構造物を対象工種としてシステムを構築している。

上記のシステムを支えているのが保全情報のデータベースである。データベースには資産データ、点検データ、補修データなどを集約・統合し、道路構造物の効率的な維持管理だけでなく、災害対応活動の支援、道路交通管理の高度化などに役立てている。

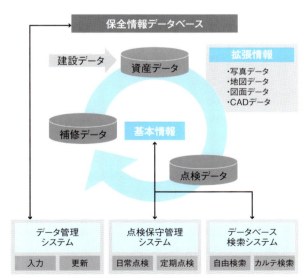

図6-5　阪神高速道路の保全情報管理システム構成
図:阪神高速道路

4) 首都高速道路の維持管理システム

　首都高速道路株式会社の「Infra Doctor」と呼ばれる道路・構造物維持管理支援システムは、施設の面形状をレーザースキャナーによって極めて詳細に3次元で測定し、これを基に構造物の変状を点検し、点検・補修計画の作成を支援するという先進的なものである。

　走行する自動車から照射されるレーザーをスキャンして道路構造物の3次元点群データを取得する。画面の地図上で調査すべき位置を指示すれば補修履歴や設計図、3次元点群データなどが検索され、画面上に表示される。観測時期の異なるデータを用いればその間の変状を自動的に検出することが可能になり、点検者による詳細な点検作業を大幅に減少させることができる。加えて、この3次元点群データを用いれば2Dおよび3DのCAD図の作成、構造物の各種寸法の計測なども可能となり、現地で新たに測定を行うことなく、補修設計や作業方法の検討などを事務所内での作業で進めることができる。

　このようにして得られた情報と他の点検調査手法を併用することで、施設の健全度の評価や劣化予測をより正確に、かつ効率的に行うことが可能となる。点検から劣化評価、予測、補修までの一連のアセットマネジメントがを効率的に進められるよ

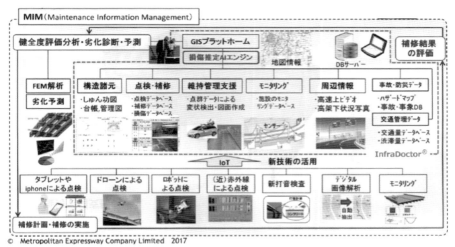

図6-6　維持管理情報マネジメントシステムと「Infra Doctor」
図：首都高速道路

うになる。

5)「ちばレポ」によるICTを活用した市民と行政の協働

　市町村によるインフラストラクチャーの維持管理業務においては、人員不足や予算不足が原因となって巡視・点検が行き届かない、いわゆる未点検問題が深刻化している。こうした状況に対し、技術進歩が目覚ましいICT(情報通信技術)を活用し、地域住民の力も借りてインフラストラクチャーの日常点検業務を実施しようとする試みが出てきた。2014年8月にスタートした千葉市による「ちば市民協働レポート(ちばレポ)」である。

　例えば、道路が傷んでいる、公園の遊具が壊れているなど、インフラストラクチャー施設の損傷や不具合を発見した住民が、スマートフォンで写真を撮影し、地図情報とともに市役所にレポートする仕組みである。レポートされた情報はクラウドサービス上に一元管理され、市役所はそれぞれの課題を仕分けしながら、対応していく。住民は、課題に対する市役所の対応状況(受付済み、対応中、対応済み)をウェブ上で閲覧できる。課題の発生から解決までの進捗状況を公開することで、住民の参画意識と行政の効率を高めることを狙っている。

　「ちばレポ」は、地域住民と行政、また住民同士の協働で街の機能を維持する情報共有の仕組みとしても注目される試みであり、千葉市だけでなく他の地域への展開を期待したい。

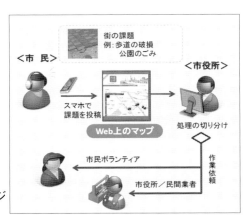

図6-7　「ちばレポ」のサービスイメージ
図:千葉市総務局情報経営部

第2節
維持更新投資

(1) 資金調達

　維持更新に要する費用は、第3章で触れた通り、純粋公共型では必要に応じて予算措置がなされる。官民混合型と民間事業型では企業会計が用いられるため、事業主体が設備の減価償却を行うことで準備される。

1) 公物管理：純粋公共型

　行政機関が事業主体となっているインフラストラクチャーの運営には公会計（官庁会計）が適用され、維持更新のための費用を積み立てることはできない。保守費は毎年の運営予算に組み込まれ、大規模な改修や更新の費用はその必要が生じた際にその都度、予算化されて執行される。

2) 減価償却：官民混合型、民間事業型

　民間企業が事業主体である場合、企業会計が適用され、維持更新投資は基本的に減価償却によって手元に留保される資金を原資とすることになる。

　ただし、実際に発生する維持更新の費用が、事業主体が内部留保した金額の範囲内に収まる保証はない。また、事業主体が複数のインフラストラクチャーの運営を行っている場合や新規投資を行う場合には、それらを総合的に勘案して維持更新費を設定する必要がある。外部資金を活用する場合には、金利のマネジメントいかんによって、事業主体の経営は大きな影響を受ける点に注意が必要である。

(2) 維持更新投資の実例

1) 国鉄とJRの事例

　インフラストラクチャーの事業主体が設備の維持更新のための資金調達を考えるうえで重要なポイントは、新規投資と維持更新の総額を適切に管理することと、内部調達と外部調達のバランスである。これは一見、当然のことのようであるが、インフラストラクチャー事業は初期投資が極めて大きいため、資金の管理を慎重に行わ

なければ事業そのものが破綻する危険性もあることは常に認識しておかなければならない。

1つの例が旧国鉄の経営悪化である。第3章で記した通り、旧国鉄は1964年に初めて経常赤字に転じ、その後、様々な経営努力にもかかわらず累積赤字は膨らみ続け、最終的には赤字路線を切り離したうえで分割・民営化されるに至った。この時の赤字化の要因の1つが減価償却費の急増であったことはよく知られている。

旧国鉄は輸送需要の拡大に応える目的で1957年から第1次5カ年計画（投資額6000億円）、1961年から第2次5カ年計画（1兆3500億円）、1965年から第3次長期計画（1兆4200億円）と、集中的かつ大規模な投資を行った。第1次5カ年計画の主な内容は施設・車両の更新や電化・ディーゼル化の推進、第2次は東海道新幹線の建設や幹線の複線化・電化、第3次長期計画には山陽新幹線の建設や大都市通勤対策、保安設備の強化などが含まれていた。すなわち、維持更新だけでなく新規整備も併せての大規模投資となった。

国鉄の営業収入は1963年度で5700億円、1964年度で6000億円であり、10年余りで売り上げの5倍以上の設備投資を行ったことになる。その結果、1963年度には700億円弱にとどまっていた減価償却費が1967年度には1500億円を超え、決算で黒字を出すことが極めて難しくなった。

加えて、当時の鉄道行政では国鉄への補助金制度がなく、長期計画実行の資金調達は借入金（財政投融資借入金）と鉄道債券（政府引き受け債）で行われた。これらは全て有利子負債であり、資金コストは当時7％前後と金利負担が重くなっていた。1964年度の支払利息は385億円、1967年度には1012億円に達した。この金利支払いのための借り入れが必要となり、さらに有利子負債を増やすという悪循環が始まったのである。

こうして、国鉄は減価償却費増で利益計上が困難となっただけでなく、有利子負債の急増でキャッシュフローでも大きな困難と直面することになった。インフラストラクチャー事業の運営において、維持更新と新規投資との総額管理、資金の内部調達と外部調達のバランスは事業の根幹に関わる重要性を持つという事例である。

なお、このような経験に基づき、民営化後のJR各社は年々の設備投資額（維持更新と新規投資を含む）が減価償却費の水準と大きく乖離しない経営が行われている。

2) 連続立体交差事業制度と加算料金の活用：京阪電鉄の地下化

　民間事業型のインフラストラクチャーの維持管理や更新投資においても、その社会的有用性が認められれば公的な補助が適用される場合がある。1つの事例として京阪電鉄本線の京都市内における延伸・地下化がある。

　京阪電鉄本線は、大阪と京都を結ぶ路線で、もともと京都市内では地上走行で三条駅が終点であった。京都市内の自動車交通量が増大するにつれて、京阪本線の踏切渋滞が深刻化し、また需要動向などからは、三条駅より北方への延伸が課題となっていた。

　これら2つの課題に対応して行われたのが、本線の東福寺―三条間2.6kmの地下化と、三条―出町柳間2.3kmの新設という2事業である。両事業とも総事業費は600億円を超えると見積もられ、鉄道事業者単体としての支出は困難だったため、連続立体交差事業制度と加算運賃制度が活用された。

　連続立体交差事業が適用されたのは既設線である本線の東福寺―三条間地下化で、これによって8つの踏切が解消されることが評価された。事業採択によって、総事業費605億円のうち京阪電鉄の負担分は16.7%となり、残りは国（55.3%）と京都市（28.0%）が負担した。

　新設の三条―出町柳間は別路線（鴨東線、当初は事業主体も別会社とされた）として計画され、概算の総事業費650億円を償還するため加算運賃制度の適用が認められた。加算運賃とは、特定の使途に充てることを目的として特定区間の運賃に加算運賃を上乗せすることを認めるもので、京阪鴨東線は対象となる3駅からの初乗り150円に60円が加算されている。少額ではあるが効果は大きい。2015年度末の集計では、鴨東線の設備投資額は460億円、施設使用料と支払い金利の累積額が228億円で、支出合計は688億円。一方で加算料金からの返済累積額が201億円、基本運賃収入からの返済充当額が11億円となっており、加算料金収入から事業費のおよそ3割が現在までに返済されていることになる。

3) 東京メトロの事例

　地下鉄の建設は初期投資の大きさが際立っている。それでも東京地下鉄株式会社（東京メトロ）は、営業利益率が25%、自己資本比率が40%前後という極めて財務的

に優れた経営を行っている。

　東京メトロの前身であった帝都高速度交通営団では、1954年の丸ノ内線開業から1991年の南北線開業までの期間、集中的かつ大規模な投資が相次いだ。資本コストが急増し、1970年の決算では減価償却費と支払利息の合計額が営業収入の7割近くを占めるまでになった。また1970年代には数年間の赤字決算も経験している。

　しかしその後、様々な施策の効果によって、経営はそれ以上の悪化に向かわなかった。例えば1962年の地下高速鉄道建設補助金制度、1990年の鉄道整備基金（資本費の補助制度）などの効果が指摘される。またある研究によれば、それらの施策以上に効果があったのは、既に償却が済んでいた銀座線（1927年開業）の収益力であったという。

　現在の東京メトロは新線の建設も一段落し、質的な改善を中心とした設備投資が行われている。2016年3月期の決算数値によれば、営業収入3626億円、当期純利益900億円、減価償却費670億円で、おおむね1000億円規模の設備投資は可能な状況だった。実際、同期間における設備投資額は1269億円で、内訳は安全対策488億円（38％）と旅客サービス452億円（36％）が主となっている。安全対策とはホームドア設置や耐震補強などで、旅客サービスとは駅のバリアフリー対策などである。

第3節
インフラストラクチャー事業の運営管理

　竣工して供用が開始されたインフラストラクチャーは、「運営」の段階に入る。運営の内容はインフラストラクチャーの種類によって異なるが、共通事項を挙げれば、①オペレーション、②需要創出、③リスク管理、④経営管理の4項目は必須であろう。

　オペレーションとは、インフラストラクチャーという設備から利用者へのサービスを生み出す一連の業務を指す。例えば空港というインフラストラクチャーは、管制や物流の処理というオペレーションが行われることによって初めてその機能を発揮する。

　需要創出とは、インフラストラクチャーを利用してもらうための活動である。交通系のインフラストラクチャーなどは、利用されるほどにその効果が発揮される。

　リスク管理には、インフラストラクチャーの適切な運用を妨げる様々なリスクを軽減する取り組みと、大きな災害が起こった時などに、防災や減災によってインフラストラクチャーの機能低下を防止または軽減する取り組みの大きく2種類が考えられる。

　経営管理とは、主に官民混合型や民間事業型のインフラストラクチャー事業において、持続的なサービス提供を行うために必要となる計数管理を指す。

　以下においてはそれぞれの管理業務の概要と、いくつかの実例を示す。

(1) オペレーション：情報産業化するインフラストラクチャー

　一般的に、大規模インフラストラクチャーの利用者数は膨大となり、料金の授受だけでも極めて大きな業務量となる。また、一級河川の上下流にわたる水量のモニタリングや、国際空港の発着管理、大都市圏の鉄道の運行管理などには、膨大かつ迅速なデータの管理と利用が伴う。

　こうしたことから、インフラストラクチャーのオペレーションは、既に多くの領域でICT化が進められてきた。インフラストラクチャー事業そのものは固定費が大きな比率を占める「装置産業」の性格が顕著である。一方でそのオペレーションの領域は、今や「情報産業」と言ってよいほどの状況にある。インフラストラクチャーの運営はまぎれもなく人間の仕事だが、取り扱う情報量が特に近年、爆発的に増大したことから、巨大な情報システムが必須となってきているのである。

第6章　インフラストラクチャーの管理運営と活用

1）空港：航空交通流管理と空域管理[2]

　空港のオペレーションでは、航空機の安全運航と定時運行を実現することが目的となる。近年における空の混雑は著しく、例えば滑走路4本を持つ羽田空港の離発着数は1日当たり1200回に上る（なお、世界最大の離発着数は米国アトランタ国際空港の2600回／日）。1本の滑走路で、最混雑時の離発着回数は最低2分間の間隔を取ることになっているが、これは山手線の運行ダイヤを上回る高密度である。しかも、航空機の離着陸時の対地速度はジャンボジェット機で時速200～300kmに達するため、管理には細心の注意が必要となる。

　このような空港の運営を支えているのが航空交通管制情報処理システムである。同システムは、航空機の運航計画、航空機の位置および速度の情報、そして空域の利用状況などをインプットデータとして、各空港における適正な航空交通量の予測を行い、交通流制御情報を管制の担当者に提示する機能を持つ。

　航空機の飛行計画を集約・共有するためのシステムは「飛行情報処理システム・管制情報処理システム（FDMS／FDPS：Flight Data Management System／Flight Data Processing Section）」と呼ばれ、管制運用に必要な飛行計画情報を各空港の管制官に提供している。

　航空機は高速で長距離を移動することから、位置情報の把握が極めて重要であり、それは何重もの監視システムによって追尾、制御される形になっている。航空機の位置や対地速度を把握するレーダーは各空港および全国に配置されており、そこから得られた情報は空港航空路レーダー情報処理システム（RDP：Radar Data Processing System）、ターミナルレーダー情報処理システム（ARTS：Automated Radar Terminal System）、空港レーダー情報処理システム（TRAD：Terminal Radar Alphanumeric Display System）などを通して管制室に提供される。さらに、太平洋上における航空機の位置などは、洋上管制データ表示システム（ODP：Oceanic Air Traffic Control Data Processing System：によって算出・表示される。

　航空機が飛行可能な空中の範囲を空域というが、安全な航空交通のためにはその状況が把握されていなければならない。このため空域管理システム（ASM：Air

---

[2] 国土交通省航空局ホームページによる。

Space Management System)が整備されており、民間訓練試験空域、自衛隊制限空域、ロケット打ち上げなどに関する空域利用の情報などを一元管理し関係機関に配信することで、空域利用調整を支えている。

これらの情報を取りまとめて分析し、特定の航空路や空港への航空交通の過度な集中を未然に防ぐため、適正な航空交通量を予測して各空港などに配信するのが航空交通流管理システム(ATFM：Air Traffic Flow Management System)である。

空港運営には、このような管制業務に関係するシステムだけでなく、様々な情報システムが用いられている。それらは航空交通情報システム(CADIN：Common Aeronautical Data Interchange Network)と総称され、国際航空固定通信網(AFTN：Aeronautical Fixed Telecommunication Network)、国際航空交通情報通信システム(AMHS：ATS Message Handling System)、前述の管制情報処理システム、気象庁、防衛省、エアライン各社などのシステムとも接続し、航空機の運航に必要な飛行計画、気象および捜索救難に関する情報など、多種多様な情報を処理して航空局、各空港の事務所や出張所などの業務を支えている。

また航空機のオペレーション以外でも、通関や案内表示、物流制御などが、それぞれの情報システムによって支えられている。

2) 港湾：ターミナルオペレーション

港湾は、船舶の速度が航空機と比較すれば著しく遅いこともあり、位置情報の把握よりも船舶接岸後の物流オペレーションにシステム化の大きな比重があると言える。大規模国際港湾を支える情報システムは国や港湾ごとに個性があるが、ここではシステム構成が比較的分かりやすいシンガポール港湾局の例を紹介する。

シンガポール港は上海に次ぐ世界第2位の港湾取扱貨物量を誇る大規模港湾であり、世界123カ国・600カ所の港湾と結ばれ、平均寄港数は1日当たり90隻、1日に約6万TEU相当のコンテナを処理する能力を持ち、取扱貨物のおよそ85%が積み替え貨物という特徴を持つ。同港のオペレーションはPSA International Pte Ltd（PSA）社が運営しており、電子取引、ターミナルオペレーション、ターミナルゲート管理の大きく3分野で情報システム化が行われている。

電子取引システムは「PORTNET」という名称で、シンガポール国内の船会社、

運送会社、NVOCC（Non-Vessel Operating Common Carrier：非船舶運航業者。自らは船舶などの輸送手段を保有しない貨物運輸業者）、政府機関などを結び、現在9000以上のユーザーが登録されている。本システムを通じて、ユーザーはコンテナバースの予約や積み替えのアレンジ、スロット利用の最大化、アライアンス船社間の情報交換、税関申告、関税支払いなどを行うことができる。

　一方、ターミナルオペレーションを支えるのは「CITOS」というシステムである。このシステムを通じてターミナルの中央制御室はヤード内の様々な作業をリアルタイムで一元的に管理し、各オペレーターに業務指示を行っている。例えば荷揚げされたコンテナはPORTNETの情報に基づいて、貨物重量や仕向け地、特殊対応の有無などを考慮して、最適な場所に蔵置されるようにコントロールされる。

　ターミナルゲートの情報システムは、シンガポール港を発着する1日8000台、ピーク時で1時間当たり700台のトラックのゲート通過を制御している。ドライバーの資格チェック、トラックの重量測定、コンテナ番号の確認などのゲートチェック手続きは全て自動化されており、所要時間は1台当たり25秒とのことである。

3）鉄道：運行管理システム

　鉄道のオペレーションも情報システムに支えられている。固定的なルート上における多くの列車の高頻度かつ円滑な走行を実現するための情報把握、情報流通および遠隔操作はとりわけ高速鉄道ネットワークや都市鉄道ネットワークの運営における生命線と言える。多数の事例があるが、以下ではJRなどの例を紹介する。

　鉄道の運行を中央で集中制御する考え方を我が国で初めて実現したのは、1954年の名古屋鉄道と京浜急行電鉄であった。この時に導入されたコンピューターシステムは、列車集中制御装置（CTC：Centralized Traffic Control）と呼ばれるものである。CTCは列車の運行状況をリアルタイムでパネル表示し、各駅の分岐器操作も指令所で集中実施するものである。1964年開業の東海道新幹線は、当初から全線にCTCが導入された。しかし、JRが発足した1987年当時でも、JR東日本管内の在来線7000kmで、実際に運行している列車の位置情報がモニタリングできない非システム化線区が44％あったという。

　1972年の山陽新幹線岡山開業と同時に導入されたのが、CTCに加えて、事前に入

力したダイヤに基づいて自動的に進路を構成するシステムCOMTRAC (Computer Aided Traffic Control System)である。CTCは、信号管理を司令員に集中してはいるが手動だった。一方、COMTRACでは信号の自動制御化が織り込まれている。そして、COMTRACの進化形で、JR東日本管内の新幹線運行管理に用いられているのが新幹線総合システム(COSMOS：Computerized Safety, Maintenance and Operation Systems of Shinkansen)である。COSMOSの機能は、輸送管理のみならず運行管理、車両管理、設備管理、保守作業管理、電力系統制御、集中情報監視、構内作業管理までカバーしている。

在来線において信号管理まで自動化してダイヤ管理を支えるシステムは、自動進路制御装置(PRC：Programmed Route Control)と呼ばれる。PRCは1976年に武蔵野線に導入され、その後、東北本線などに展開された。しかし、大規模駅での進路制御などが扱えず、根本的な改善策が必要と認識されていた。

現在、JR東日本では東京圏輸送管理システム(ATOS：Autonomous decentralized Transport Operation control System)と呼ばれる、CTCとPRCの課題に対応したシステムを導入している。ATOSは中央装置、線区中央装置、駅装置の3階層で構成され、その機能はダイヤ管理、運転管理、自動進路制御、旅客案内、保守作業管理をカバーするという総合的なものである。首都圏の高密度かつ高頻度の鉄道網運営は、こうした全面的な情報システム化に支えられて実現されている。

4) 道路：ITS

道路は、鉄道や港湾、空港とは異なり、ユーザー（自動車、歩行者など）の挙動を直接制御することを前提としたインフラストラクチャーではない。このため道路分野においては、リアルタイム情報の提供などによって交通流を間接的に誘導し、道路利用の全体的な円滑化を実現することや、利用者の安全確保を主たる目的としたICT化が進展してきた。

道路交通の情報化はITS (Intelligent Transportation Systems：高度道路交通システム) と総称される。ITSの内容は多岐にわたり、例えばナビゲーションシステムの高度化、ETC (Electronic Toll Collection System：高速道路の自動料金収受システム)、安全運転支援、駐車場案内、タクシーのワイパー稼働情報に基づく局地気

象情報提供などが含まれる。

　ITSの中でインフラの利用を支える1つの例が、警察庁が進める新交通管理システム(UTMS：Universal Traffic Management System)である。これは、道路上に設置された光学式車両感知器(光ビーコン)から得た道路利用状況などの情報を分析し、リアルタイムの交通管理に反映する仕組みである。UTMSは信号制御などの高度交通管制システム、ドライバーに混雑状況などを伝える交通情報提供システム、専用IDを付与された公共車両の円滑な移動を支援する公共車両優先システム、道路を利用する事業者に向けて走行データを提供する車両運行管理システム、道路脇の排気ガス感知器や騒音感知器からのデータに基づいて車両誘導して混雑の激化を防ぐ流入制御システムなど、多くのサブシステムから構成されている。

　ITSの推進は国際的な協調の下に進められており、毎年秋に開かれるITS世界会議には多くの関係者が集結し、活発な情報交換などを行っている(2013年東京大会の参加者は69カ国の3935人)。

5) 河川管理：モニタリングと運用

　河川管理も情報化が進んでいる。国の主導で整備されたのが統一河川情報システムである。

　統一河川情報システムは、テレメータデータ(全国1万7000カ所の国土交通省および都道府県などの観測所データ)、雨量データ(全国9000観測所)、水位データ(全国5500観測所)、レーダーデータ、台風データ、予警報電文および気象情報(アメダス)を取り扱い、リアルタイムデータと過去データを重ね合せて河川管理者に提供する機能を持つ。全国的、広域的な災害管理の基本情報データベースとして河川管理者に活用されているほか、インターネットを通じて一般にも情報提供が行われている。

　個別河川の管理はそれぞれの管理者において情報化が進められている。1つの例として信濃川河川事務所の取り組みを挙げる。同事務所は大規模施設である大河津洗堰や大河津可動堰などを含めて、水門・樋門・樋管、揚排水機場など68カ所、164施設を維持管理している。これらの設備に関しては遠隔監視制御システムが構築されている。

　システムは、各設備の運転や故障などの状況監視、水位の変化表示、故障発生

時の表示、運転・故障履歴の表示、運転記録などの帳票の自動作成、音声通話(事務所や出張所と現地の間を結ぶ)、河川管理施設の遠隔操作、操作室内を撮影して機側操作盤や水門などの操作員の状況を確認するウェブカメラ、河川管理施設の推移などを監視する遠隔操作カメラなどで構成されている。

こうした河川管理業務の自動化・遠隔化・コンピュータ化は、業務効率の向上に加えて、操作員の安全確保、非常時の確実な操作に貢献している。

6) 電力供給：発電、系統、配電の制御

電力供給網は多種多様な発電所、変電所を送電網で結び、的確に需要地に送電する設備群としてのインフラストラクチャーである。そのオペレーションは、発電制御システム、系統制御システム、配電制御システムなどによって支えられている。

発電制御システムとは、文字通り発電所においてボイラー、タービン、発電機など様々な機器を監視し適切に制御するシステムである。系統制御システムは、複数の発電所からの電気を最も効率的で安定したルートを経由して需要家に届けたり、万一の事故で停電が生じた場合に速やかに迂回ルートに切り替えて停電範囲を最小限度にとどめたりするための監視・制御を行う。配電制御システムは、主に配電用変電所と、そこから面的に広がる配電線の監視と制御を行う。

電力は基本的に蓄積の利かないエネルギーなので、需要の変化は逐次モニタリングされ、ほぼリアルタイムでの需給調整がこれらのシステムを通じて行われている。電力会社が需要観測に基づいて各発電所に発電量を指示することを給電指令という。近年では、こうした伝統的な需給管理に加えて、太陽光や風力由来の電気を無駄なく利用するための新電力向け需給管理システムの重要性が増している。

(2) 需要創出

インフラストラクチャーは、活用されることでその投資効果が発揮される。交通、エネルギーなどの分野で特に顕著である。また、官民混合型や民間事業型のインフラストラクチャー事業では、料金収入の増大が事業の採算性向上に不可欠である。こうしたことから、インフラストラクチャーの利用拡大すなわち需要創出に向けて、事業者は様々な活動を行っている。

1）陸上交通：デスティネーションマネジメント

　鉄道、道路などの陸上交通では、もともと需要のある区間へのインフラストラクチャー整備を行う例が多いが、さらなる需要創出のために様々な工夫が試みられている。交通における需要創出とは、いわゆる「トリップ」の増大であり、その結果としての交流人口の増大は地域の発展につながる。

　例えば通勤需要の取り込みを主な目的とした都市鉄道において、目的地である都市中心のオフィスなどの集積地とは逆の郊外側に、鉄道事業者がレクリエーション施設などを整備し、通勤とは逆方向のトリップを発生させる例はよくみられる。阪急電鉄における宝塚歌劇場、西武鉄道におけるプロ野球のスタジアムなどは好例である。

　また高速道路のインターチェンジ周辺には工場団地、アウトレット施設などが整備され、物流の活発化や集客効果を発揮する例が多い。これは道路事業者が行うものではないが、地元自治体などが交通条件向上を生かしてこうした施設を誘致し、地域活性化を図り、結果としてトリップ数の増加を実現する例である。道路事業者も様々な局面でこうした活動に協力する。

　近年、地域の景観を楽しめる道路そのものが集客効果を持つとの考え方から、こうしたルートを積極的に整備し、広く周知していこうとする動きがある。米国では1980年代以降、このような活動を促進する法的整備が進み、景観性、歴史性、自然性、文化性、レクリエーション性、考古学性の6項目のうち1項目以上に該当するものをナショナルシーニックバイウェイ（National Scenic Byway）、2項目以上に該当するものをオールアメリカンロード（All American Road）と公的に認定して、広く周知している。同様の試みとして、日本では日本風景街道戦略会議（Scenic Byway Japan）が全国130以上のルートをモデルルートとして選定している。

　こうした需要創出の工夫は、観光との関係のなかで「デスティネーションマネジメント」として論じられることがある。デスティネーションマネジメントとは、地域の集客性ある資源を発掘・評価し、これを交通インフラ（アクセスのしやすさ）やホスピタリティーと組み合わせ、適切な広報活動によって周知し、実際の交流人口拡大につなげる方法論である。こうした取り組みを進める地域の中核的な機関として、観光地づくりの一環として最近は日本版DMO（Destination Management／Marketing Organization）と呼ばれる法人を設置する地域が増えてきた。交通事業者もDMOと

の協力のなかで、交流人口拡大に貢献する機会が拡大している。

2）空港・港湾：ポートセールス

　港湾や空港の利用促進活動はポートセールス、エアポートセールスと呼ばれる。その内容は個々の空港、港湾によって異なるが、おおむね港湾利用説明会の開催、大規模展示会への出展、企業訪問などである。企業訪問は、トップセールス(港湾管理者の長、または地元自治体の長が企業トップを訪問)での海運会社、航空会社、荷主などへの直接の働きかけである場合も多い。

　例えば成田空港株式会社は、航空関係の大規模展示会であるRoutes会議、国際航空運送協会(IATA：International Air Transport Association)の年次総会やスケジュール調整会議、World Low Cost Airline会議(WLCAC)など、様々な機会を捉えて世界各国・地域の航空会社に成田空港への路線開設などを働きかけている。また、航空関係のみならず、観光関係のイベントである「JATA旅博」(JATA：Japan Association of Travel Agents（日本旅行業協会）)などにも出展し、各国の観光局や旅行会社などツーリズム関係者とも積極的に意見交換を行っている。

(3) リスク管理

1) インフラストラクチャー事業のリスク

　インフラストラクチャーは長寿命であるため、供用期間中に様々な事態に遭遇する。また巨額の投資であり、何らかの事故などが生じれば被害額も巨大となる可能性が高い。こうしたリスクは様々な観点から体系化されており、その1つの例を表6-2に示す。同表は、PPP方式によるインフラ事業者のアジア展開を想定したものなので、為替リスクなど国内プロジェクトには当てはまりにくいものも含まれているが、一般論としてのインフラストラクチャー事業リスクのイメージはおおむねこのような範囲に及ぶという理解の一助になると思われる。

　本章はインフラストラクチャー事業の運営段階を扱っているので、表の「全般」と「運営」の段階に特に注目したい。「全般」に挙げた政治リスク、経済リスク(主としてマクロ経済の変動に起因するリスク)、自然災害リスクはいずれも事業者が発生を防ぐことが不可能なもので、その発生確率を認識し、発生時のダメージを最小限にで

表6-2 インフラストラクチャー事業のリスクの例

リスクが生じる段階	分類	具体的なリスク事象の例
全般	政治リスク	プロジェクトに対する政治的抵抗、法令変更、政権交代によるプロジェクト環境変化、地域紛争の勃発
	経済リスク	金利高騰による借入コストの上昇、インフレの進行による事業の採算性悪化、為替変動リスク
	自然災害リスク	自然災害の発生による設備の損壊、復旧コスト、損害賠償
建設	用地リスク	用地取得リスク、用地の状態リスク(地盤、土壌汚染など)、事業認可リスク、環境評価などによる事業遅延、遺跡などの発掘などによる事業遅延、土地収用リスク、用地へのアクセスリスク、抗議者リスク、余剰地処分リスク
	建設リスク	建設下請契約におけるリスク、下請事業者の信頼性などのリスク、事業費高騰リスク、公共機関(発注者)都合による変更リスク、建設期間中の収入確保の確実性、技術的な失敗、予期しない自然条件
	完工リスク	下請業者による工事遅延リスク、その他原因による工事遅延リスク、要求水準を満たさないデザイン・設備・技術が発見されるリスク
運営	操業リスク	需要リスク、ネットワークリスク(競合施設の整備など)、公共機関からの支払いに関するリスク(サブソブリンリスクなど)、質の低いサービス提供リスク、OPEX(Operating Expence:業務費・運営費)リスク、維持管理リスク、人材リスク・労働者リスク
	終了リスク	プロジェクト会社倒産リスク、公的機関の都合によるプロジェクト中止リスク、不可抗力による損害発生リスク、残存価格の分配に関するリスク

表：経済産業省「アジア・インフラファイナンス研究会　中間報告、2016年3月」に加筆。元の出典はYescombe E.R.(2013) Public-Private Partnerships：Principles of Policy and Finance, 2nd edition.

きるように対策を施すべき対象である。一方で「運営」に挙げた項目には、経営努力によって発生確率を抑制し得るものも含まれており、事業の性格に適した対策を検討することが必須であり、効果的と考えられる。例えば需要リスク、質の低いサービス提供リスク、OPEXリスク、維持管理リスク、人材リスク・労働者リスクなどである。

なお、初期投資が巨額でありながら、各種の規制などによって料金設定の自由度が低いというインフラストラクチャー事業(官民混合型と民間事業型を想定)の特徴からして、初期投資が償還されていない状態における事業継続上の最大の課題は、金利上昇リスクに代表される資金面のリスク(経済リスク)であることは言うまでもない。

2) リスク対策

リスク対策は、まずリスクの評価から始まる。リスクの評価とは、想定されるリスクの事業へのインパクトの大きさと発生頻度の見通しを持つことである。これをリス

クの定量化と呼ぶことがある。評価の視点は事業の性格によって異なる。図6-8に1つの例を示す。この図では、横軸にリスクの発生頻度、縦軸にリスクのインパクトの大きさをとり、想定される様々なリスクを配置している。同図は、発生頻度が低くインパクトが小さいリスクには基本的にはオペレーションによって対応すべきであり、発生頻度が高くインパクトが小さいリスクと、発生頻度が低くインパクトが大きいリスクには保険の可能性を探ることが賢明であることを示している。

対応策の選択において重要となるのが、リスクの性格に応じた種々のマネジメント方策に関する理解である。このことについて整理した例を図6-9に示す。

リスクマネジメントには一般的に、リスクコントロールとリスクファイナンスという2つの方法論がある。リスクコントロールは、発生頻度や発生時のインパクトを事業者側で制御し得る項目を対象として行われる。前述のOPEXリスクや維持管理リスクなどが該当するであろう。一方のリスクファイナンスとは、発生を防ぐことができないリスクに対して、予想される金銭的損害をいかに補填するかという方法論である。保険の適用や引当金の積み増しなどが手段として考えられる。

リスクファイナンスにおいて、保険は経営上、重要な位置を占める。やや古い例だが、JR九州は1994年3月期、民営化後初の赤字転落危機に直面した。前年夏の大

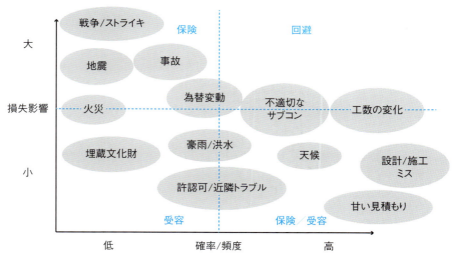

図6-8　リスクのマッピング事例

第6章　インフラストラクチャーの管理運営と活用

図6-9　リスクマネジメントの体系例
図:国土交通省国土交通政策研究所「社会資本整備におけるリスクに関する研究」を基に作成

雨・台風災害で復旧費と減収を合わせて108億円余りの損失が生じ、うち償却資産の復旧費などを除く六十数億円が決算の足を引っ張ったためである。最終的には3億円強の黒字を達成したのだが、大きく効いたのは災害保険10億円が下りたことであった。旧国鉄は民間の損害保険の対象になっておらず、我が国で初めての土木構造物保険は国鉄民営化を受けて損保数社が共同で商品開発し、1991年5月に販売開始されたという経緯がある。すなわち上記のJR九州は、国有鉄道時代には存在しなかった収入に救われたと言うことができる。

(4) 経営管理
1) 経営指標と財務管理

　インフラストラクチャー事業の存続のためには、事業主体の安定的経営が重要な要素となる。そのためには適切な経営指標に基づく財務管理が必須である。

　事業主体は資金循環の中で存続している。営業費用が支出できなくなったり、借入金の返済が不可能となったりした場合、その事業主体は命脈を絶たれる。純粋公共型は、徴税権を背景とする一種の強制力を持った資金循環の中に存在しているため、資金調達はほとんど予算獲得と同義である。一方で官民混合型や民間事業型

は、必要な資金を、事業の収益性などをベースに他の主体から調達する必要があり、いわば任意の資金循環を成立させなければならない(資金提供者が収益性を認めることが必要)点で、純粋公共型と大きく異なる。その本質は、事業主体に「資本コスト」が生じるということで、資本コストとは主に返済金利である。インフラストラクチャー事業の失敗の多くは、必要な資金調達が不可能になったか、資本コストに耐えきれなくなった事業主体の破綻や撤退である。

　初期投資が大きいインフラストラクチャー事業では、借入金と支払金利は巨額となることが多く、例えば鉄道事業の経営は金利との競争ともいわれる。この傾向は、鉄道だけでなく高速道路やエネルギー企業、その他の装置型産業に共通する。以下では主に、官民混合型と民間事業型の事業を対象に、資金コストの課題を中心に記す。

　経営状態の把握は、財務諸表に基づいて行われる。第3章で整理したように、資金調達には大きく分けて負債(Debt)と株主資本(Equity)がある。前者は借入金や社債であり、元本と金利を返済する必要がある。後者は出資受け入れであり、返済義務は負わないが出資者に配当を行うことが求められる。金利の支払いは費用であり、配当は利益の配分である。支払金利がかさめば費用が膨らんで利益を圧迫し、配当可能額にも影響を与える。配当性向が下がれば株価にも影響が出かねない。インフラストラクチャー事業は減価償却費が大きく、人件費などを含めて固定費比率が高い。その一方で料金制約を受け、売り上げを伸ばす自由度が小さいため、もともと高い売上高利益率は期待しにくい。こうした条件下で、支払金利の増減は経営に大きな影響を及ぼすのである。

　健全な経営を行うには、株主への配当額も念頭に置きつつ適正な水準の営業利益目標を設定し、利用予測・収益予測との関係で、その利益目標を達成し得る範囲に営業費用を抑制することが基本となる。支払金利もこの費用枠の中に収めるようにすべきということになる。

　有利子負債の状況が企業財務の健全度に大きく関係することから、これを評価する指標が多数開発されている。1つの例は負債比率(Debt Equity Ratio)で、これは負債(Debt)が株主資本(Equity)の何倍であるかを示す数値(倍率)である。通常は、1を下回れば財務が安定していると見なされる。

しかし、実際には様々な現実的要素が重なり、健全な事業運営を継続的に成り立たせることは容易ではない。経営のかく乱要因となる各種のリスクは表6-2に概略を整理した通りで、金利上昇リスクは自然災害や需要低迷などと並んで重要項目の1つである。

2) インフラ事業における金利の重要性とそのマネジメント：高速道路の例

インフラストラクチャー事業における金利マネジメントの重要性を表す事例として、旧日本道路公団の累積債務返済がある。同公団の債務を引き継いだのは上下分離施策で設備を保有することとなった高速道路保有・債務返済機構である。民営化された高速道路会社は、道路施設の貸付料を同機構に支払い、機構はそれを原資として継承した債務の返済を進めることになった。債務総額は40兆円、平均返済金利はおよそ4％と言われ、返済期間は45年であった。これは、金利一定と想定した場合の返済総額が元利均等償還ならば86兆円となり、平均金利が1％変動しても10兆円規模の上下動が生じる規模であった。

金利上昇リスクは極めて大きかったわけだが、借り入れの大半を占める財投の金利は民営化前の10年間に4％を超えたことはなく、当時は1％を下回ることも珍しくなくなっていた。その後は高金利時代の財投借り入れを中心に借り換え時期を迎える債務も多く、金利マネジメント次第では償還期限の大幅圧縮さえ視野に入ってくる可能性もあった。その後の推移を見ると、機構は発足後、年平均およそ1兆円の規模で債務残高を減少させている。有利子負債の平均利率も2％を下回る状況となっており、低金利が継続する環境を生かして有効な金利マネジメントを行っていることが分かる。

このように、金利のマネジメントはインフラストラクチャー経営において極めて重要な事項である。金利をマネジメントする方法としては、低利融資への借り換え（リファイナンス）のほか、金利変動リスクをデリバティブ（金融派生商品）でヘッジ（回避、軽減）するものや、高速道路会社から入る将来の貸付料（金銭債権）を証券化して資金調達を行い、これを運用することで金利変動による財務的影響を緩和するようなものが挙げられる。米国の公的交通事業者の間では、こうした複雑なマネジメント手法が既にかなり普及している。

3）資金循環リスクと事業の存廃：地方鉄道の事例

　地方鉄道の廃線には様々なケースがあるが、多くの需要が望めない地域で経費を削減して小さくても安定的な資金循環を実現している事業主体が、災害による復旧費用を調達できずに事業継続を断念する例は少なくない。宮崎県の高千穂鉄道が1つの例であり、2016年に発生した熊本地震の被害に遭った南阿蘇鉄道も同様の困難に直面している。

　高千穂鉄道は、旧国鉄の特定地方交通線であった高千穂線を第三セクター「高千穂鉄道」に移管した、宮崎県の延岡駅と高千穂駅を結ぶ路線総延長50kmの路線である。当初計画では1989年の第三セクター営業開始後17年目に黒字転換する予定であったが、年間利用客の減少により経常損益は6000万〜7000万円のマイナスで推移した。損失分は、開業5年目までは半額を国の補助金で賄い、その後は旧国鉄からの分離時に受給した転換交付金を原資とする基金の取り崩しや、県と沿線自治体の補助金によって埋め合わせ、事業を継続した。

　しかし、2005年に発生した台風14号による五ケ瀬川の水害で、高千穂鉄道は2つの橋梁が流失したほか、一部区間でレールが流され、線路下の盛り土が崩落するなど大きな被害を受けた。復旧には10年間で40億円が必要と試算され、主たる株主である県と沿線市町村からの一部支援を前提としても自社負担分の資金調達のめどが立たなかったことから、同年末の株主総会で廃線および事業会社の清算が決定された。

第4節
インフラストラクチャー事業の展開

　インフラストラクチャー事業、とりわけ本書で言う官民混合型や民間事業型においては、事業主体がその特性を生かして事業を大きく展開させていく事例が見られる。形態は様々だが、ここでは大きく①インフラストラクチャーサービスの展開、②顧客起点のビジネス展開——の2種類に整理した。

　インフラストラクチャーサービスの展開とは、インフラストラクチャーのオペレーションやマネジメントに関わる業務を、1つの事業者が多数のインフラストラクチャーにおいて行う事業展開を指す。鉄道や空港、港湾など、上下分離が行われてオペレーション部分が固有の事業となった領域で多く見られる事業展開の形である。

　顧客起点のビジネス展開とは、反復的な利用者が多く存在するインフラストラクチャーにおいて、それらのいわば「固定客」を対象にインフラストラクチャーサービス以外の様々な商品・サービスを提供するものである。民間鉄道会社が行う沿線の不動産開発などが典型的な事例である。以下に、それらの概要を記す。

(1) インフラストラクチャーサービスの展開

1) インフラ・オペレーターの国際展開

　インフラストラクチャーの運営には独自の専門性が求められるとともに、市場には参入・退出規制が設けられることも多く、新規参入の障壁は高いと言える。半面、いったん事業の経験を積めば、その蓄積は他のインフラストラクチャーの運営にも生かせることが多くある。港湾や空港、上下水道などのオペレーションには国際的な汎用性があり、一部のオペレーターが経験に基づく競争力を生かして国外の空港や港湾のオペレーション業務を受託している例は第3章で見た通りである。

　この傾向は今後ますます活発になると考えられる。先進国を中心としてPPP／PFIが進展し、コンセッション方式も各国で普及していくと思われることから、計画、資金調達、建設、運営のいずれかあるいは全ての局面で業務を遂行できる民間企業が生まれ、増加していくと推測される。例えば第3章で見たフランスのミヨー高架橋のように、建設業者が主体となって事業会社を設立し、資金調達から運営までをコン

セッションで請け負う事例は興味深い。建設業は基本的に請け負い型の受注産業であり、企業の存続のためには新たな受注を追い続けなければならない特徴がある。

これに対してインフラのオペレーション事業は、料金規制があるなど高収益を得られるとは限らないが、数十年の長期にわたって安定的な収益が期待できる。事業経営の観点からは、このような特性の異なる事業の組み合わせ(ポートフォリオ)には一定の魅力がある。今後は国際的なインフラ・オペレーターの市場に様々なプレーヤーが参画することが予想されるが、その中で、同業種のオペレーターだけではなく異業種オペレーターや建設業などの存在感が増していくことも予想される。

2) 様々な事例

インフラストラクチャーのオペレーション経験を生かして他地域や他国に事業を拡大していく事例には、第3章で記した空港や港湾のオペレーターがあるが、以下ではその他の事業領域の例として水事業と陸上交通のケースを挙げる。

①水事業：ヴェオリア・ウォーター社

上水道の供給や下水処理の事業は水事業と総称され、その市場規模は全世界で100兆円以上という推計もある。我が国では純粋公共型という印象もある事業領域だが、欧州などでは民営化の進んでいる分野でもあり、その中で最大のシェアを持つのがフランスのヴェオリア・ウォーター社(Veolia Water)である。

同社は従業員数10万人弱、43カ国で事業を展開し、運営する飲料水生産箇所は4700余りで年間水配給量は95億m^3。また、公営排水処理場3500カ所を運営し、排水処理量は年間67億m^3に上る。給水人口は1.3億人に及び、売上高は約300億ユーロ(3.4兆円)、営業利益は10億ユーロ(1100億円)を超える[3]。

同社は1853年に、リヨン市の水道事業コンセッション発注先の会社として、ナポレオン3世の勅命によって設立された。その後、同市での経験を生かして水道事業のオペレーションサービスを他地域に展開し、1861年のパリ市での受託を皮切りに、1900年代にはロンドン、ベルリン、レニングラードにも進出していた。1907年には世界初のオゾン処理施設の導入、1999年には世界初のナノろ過水処理装置導入など、一

---

3 いずれも2014年決算に基づく。ヴェオリア・ウォーター社ホームページより。

貫して新技術の導入にも積極的である。そして世界展開を可能にしているのは、水処理に必要な機器の提供、水処理に関わる施設の設計・施工管理、施設のオペレーションという、それぞれのフェーズに個別にも総合的にも対応できる同社のサービスラインだと言われている。また同社は官需7割、民需3割というポートフォリオを持ち、民需で鍛えられコストダウンした技術を官需に投入することで、長期の安定的収益を確保する戦略を取っていると言われる。

②鉄道のオペレーション：香港鉄路有限公司の国際展開

　鉄道の運営事業を国際的に展開する企業は、鉄道事業の上下分離、コンセッションやPPP／PFIの広がりとともに欧州各国で増加してきた。そのような企業はフランスのヴェオリア・トランスポル社(Veolia Transpor)や英国のファーストグループ社(First Group plc)、ベルギーのタリス・アンテルナシオナル社(Thalys International)など、各国に存在する。また近年では、アジアでも国際展開を志向する鉄道オペレーターが現れてきた。1つの例が香港鉄路有限公司(MTR Corporation)である。同社は1975年に香港政庁の全額出資で設立されたが2000年に株式会社化され、香港での鉄道事業と周辺開発の経験を生かし、北京や深圳(シンセン)の地下鉄のBOTをはじめ、ロンドンでのジョイントベンチャーによる鉄道運営、ストックホルムやメルボルンにおけるコンセッション契約による地下鉄運営などを展開している。

③高速道路のオペレーション：欧州企業が中心の国際展開

　高速道路のオペレーションで国際展開を図る企業も、コンセッション方式が普及した欧州には多い。スペインのイリディウム社(Iridium Concesiones de Infraestructuras, S.A.)、シントラ社(Cintra,S.A.)、アベルティス社(Abertis)、フランスのヴァンシ社(Vinci)、イタリアのアトランティア社(Atlantia S.p.A.)などは、いずれも欧州諸国だけでなく北米や中南米で高速道路の運営業務を受託し遂行している。

　道路系の海外進出オペレーター企業の大半は、建設機能を自社内あるいは企業グループ内に保有し、様々なコンセッション契約に耐えられる体制となっている。

(2) 顧客起点のビジネス展開

1) インフラストラクチャーの顧客とそのニーズ

　インフラストラクチャーの中には、都市鉄道や高速道路など利用者数が膨大になる

ものがあり、しかもその利用が反復的である場合も多い。都市鉄道の通勤利用や路線トラックなどはその典型例である。このような固定的な顧客層が一定規模以上となることによって、多くの新しい事業機会が生まれてきた。

インフラストラクチャーの顧客は、必ずしもそのインフラストラクチャーを利用することが最終目的ではない。交通機関の場合は目的地に到達するという移動ニーズがあり、交通機関の利用は目的を達成する手段である。交通需要が時に「派生需要」と呼ばれるゆえんである。派生需要の考え方は重要で、移動目的が通勤や通学であれば、その目的地を沿線に整備する、すなわちオフィス誘致や学校誘致が成立する可能性が示唆される。また逆に、帰宅を目的と捉えるなら住宅地の整備が浮かび上がる。一方、派生需要の派生需要として、移動の間に必ず立ち寄る駅舎の中は流通・小売の高いポテンシャルを秘めることとなる。

以上のように、インフラストラクチャーの固定客層を対象に事業機会を拡大し得ることがインフラストラクチャー事業者の特質であり、これまでにも多くの事例がある。顧客ニーズは時代状況によって大きく変化・拡大することを常に把握して、それに対応することが固定客層の満足度増大と事業の発展に直結することが分かる。

2）様々な事例
①東急グループの例

首都圏の南西部一帯を事業エリアとする東急電鉄は、連結子会社百数十社などを有する企業グループを形成している。その発展の大きな要因は、鉄道の敷設と運営および沿線の住宅地開発に始まり、沿線人口の増大などに合わせて顧客ニーズに適合した様々なサービスや事業を創出してきたことにあると言える。これは、田園都市線沿線の発展と東急グループの事業展開を重ね合せることで概観できる。

東急田園都市線は1950年代に多摩田園都市構想として発表され、60年代に溝の口―つくし野間が開業、70年代に新玉川線および営団地下鉄半蔵門線との直通運転が始まるなど、首都圏西南部の一大通勤線として整備された。東急多摩田園都市として計画された約3200haの土地区画整理事業対象地域の人口は、開発着手当初5万人、現在は約50万人である。

東急電鉄は、1950年代には早くも沿線開発を主な事業とする「東急不動産」、駅

前の小売店舗(スーパーマーケット)を設置運営する「東横興業(現・東急ストア)」を設立し、沿線人口の増加に備えた。70年代には沿線の住み替え需要に対応する「東急エリアサービス(現・東急リバブル)」、80年代には郊外型ショッピングセンターの「たまプラーザ東急SC」を開業した。また、沿線を主対象とした「東急ケーブルテレビ」の開局、さらにはフィットネス意識の高まりに対応した「東急スポーツオアシス(フィットネスジム運営)」の設立と店舗展開、90年代にはケーブルを利用したインターネット接続サービス開始、2000年代には高齢化に対応したシニア住宅や介護住宅を扱う「東急イーライフデザイン」、サービス付シニア住宅やデイサービスを扱う「東急ウェルネス」の設立などを行っている。2015年には「東急パワーサプライ」を設立して2016年4月からの電力小売り自由化に対応し、沿線地域への電力供給を開始した。このように、首都圏郊外の人口増とまちづくり、その成熟とニーズの高度化・多様化に、鉄道事業者がその事業展開を的確に連動させていることが見て取れる。

②JR東日本のSuicaビジネス

　JR各社は、母体の旧国鉄が鉄道専業であったことから東急電鉄などの私鉄とは異なり、鉄道整備と連動した地域開発などは行ってきていない。しかし、顧客数は都市部の通勤・通学客を中心に巨大であり、例えば1700の駅を有するJR東日本の利用客数は1日当たり1600万人に達する。こうした顧客基盤をベースに急激な発展を遂げているのが駅ビルなどのビル事業と、ICカード乗車券「Suica」を基軸とした生活サービス事業であることはよく知られている。

　JR東日本の駅ビル事業は「ルミネ」、「アトレ」などのビル名称で知られ、首都圏の主要駅を中心に展開されている。ビル運営は19社の関連企業や出資先企業が行っており、それらの運営するビルは160カ所に及ぶ。これらのビルにおける商業活動の2015年度の売上高は合計で1兆円を超えている。

　SuicaはICチップが組み込まれた名刺大のカードで、改札機と電波で交信して乗り越し自動精算なども含めた通過処理を行う機能を持つ。国鉄民営化後の1980年代半ばに研究開発が始まり、2001年の実用化までに16年を要している。2016年3月現在の発行枚数は5900万枚と圧倒的な普及状況を誇る。首都圏の他の鉄道のほか、大阪圏、名古屋圏など全国10種類の交通系ICカードとも互換性を有する。

　Suicaの導入効果は、直接的には利用者の利便性向上、改札業務コストの削減、

結果としての近距離収入の増加などである。またSuica購入は前払いなので、事業者側が無利子で巨額の現金を前受け金として受け取れる資金調達上のメリットも極めて大きい。さらに、これほどの規模でICカードが普及したことによって、電子マネービジネスとでも言える事業領域が現出した。例えばSuicaによる支払いが可能な小売店舗は34万カ所あり、そのほとんどが駅舎外である。1日当たりの電子マネー機能利用件数は500万回を超えている。ほかにもインターネットショッピングの決済やタクシー、ロッカー、自販機などの支払いにも利用され、手数料を含めて大きな事業機会を創出している。Suicaには1枚ごとに異なる識別番号が付与されていることから、同一人物の購買履歴や移動履歴をトレース可能で、様々な分析に活用できるマーケティングデータとしての利用価値が今後ますます高まっていくであろう。

第5節
防災と災害復旧

(1) 日本における自然災害

　防災対策は、インフラストラクチャー事業にとって避けて通れない課題である。我が国は自然災害の多い国であると言われるが、近年においてもその傾向は変わらない。なかでも地震、津波、火山噴火、台風、集中豪雨などへの備えは重要である。

　気象庁によれば、日本およびその周辺ではマグニチュード6以上の地震が年間20回以上発生している。これは全世界の1割以上を占める。さらに問題なのは、地震の発生しない地域は国内には存在しないということである。

　また日本は110の火山を有し、うち47山が活火山として常時観測の対象とされている世界有数の火山国である。近年では1991年の雲仙普賢岳(長崎県)や2014年の御嶽山(長野県・岐阜県)噴火で多くの死者・行方不明者が発生している。

　台風は、南太平洋で発生し、太平洋高気圧の縁を回って北上する際、日本列島を通過する傾向がある。その頻度は年平均で3個程度であるが、多い年には10個以上に上り、各地に甚大な被害をもたらす。

　集中豪雨もしばしば大きな被害をもたらしている。1時間降水量が50mmを超える降雨を「非常に激しい雨」、うち80mmを超えるものを「猛烈な雨」と呼ぶが、アメダスによる観測(全国1000カ所)では前者は年間200回、後者は10～30回発生しており、発生件数は増加傾向にあるという。

　我が国のインフラストラクチャーの事業主体には、こうした自然条件の下で、安定した運営と、災害発生時の適切な対応が求められるのである。

(2) 災害対策基本法とインフラストラクチャー

　自然災害とインフラストラクチャーとの関わり方にはいくつもの側面がある。

　第1に、インフラストラクチャーはそれ自身が国土と国民の安全を守る役割を担っている。すなわち国土の強靱化(レジリエンス)、あるいは国土保全において最重要な役割を持つ。国土保全を目的とした代表的な施設には河川堤防、遊水地、防潮堤、砂防施設などが含まれる。いわゆる防災インフラで、これらはほとんどが純粋公共

型である。また、このような個別の施設整備とは別の次元で、例えばある幹線道路が利用不可能となった場合を想定して代替ルートを整備しておくなどの方策で、災害時の社会経済的な損害を最小化する工夫も行われている。このような迂回路の整備などによる効果を総称してリダンダンシー（代替性あるいは余裕度）の向上と呼ぶことがある。

　第2に、インフラストラクチャー事業者には、当該設備の災害への備えや災害対策が求められる。インフラストラクチャーは自然災害発生時においてもその機能を可能な限り維持し、地域社会の被害を最小限にとどめ、その活動を支えなければならない。このため、例えば必要に応じて補強を施す（耐震補強などは好例である）ことに加えて、積雪地域においては除雪などの半定常的な作業も必要である。さらには、供用を継続することが被害の拡大につながると判断される際には、利用制限を行うことも必要である。強風時の高架橋の封鎖などがその例である。

　なお上記を含めて、自然災害発生時における防災、復旧、復興においてはインフラストラクチャー事業者が単体で活動するのではなく、地域の他の主体との協働が不可欠である。このことについて国の指針は災害対策基本法およびその関連法などにまとめられており、インフラストラクチャー事業者は同法に精通しておく必要がある。

1）災害対策基本法

　災害対策基本法は、多くの災害に遭遇する我が国の防災行政の基本となる法律である。制定は1961年で、直接の契機は1959年の伊勢湾台風がもたらした甚大な被害であった。それまで我が国の災害対策関連法令はおよそ150～200本も存在し、それぞれの間の関係性も必ずしも明確ではなかったと言われている。

　近年、阪神淡路大震災や東日本大震災の経験を踏まえ、同法の内容は大幅に拡充された。現時点では下記のような構成となっている。

①総則

　第1章「総則」において、関係する機関とその責務が示されており、中央官庁などの指定行政機関や、高速道路事業者や空港会社などの指定公共機関（大手のインフラストラクチャー事業者が含まれる）は、災害発生時にそれぞれの職域における責任を果たす義務を負うとされている。

指定公共機関の責務とは、業務防災計画を策定すること、法令に基づいてこれを実施すること、また同法の規定による国や地方公共団体の防災計画の作成および実施が円滑に行われるように、国および地方公共団体に協力することである。

②**防災の組織**

　災害対策基本法は平時と非常時の防災体制を規定しており、いずれも階層的になっている。

　国は内閣府に内閣総理大臣を長とする中央防災会議を設置し、国全体の防災の方針を示す。各都道府県にはそれぞれ知事を長とする地方防災会議を、市町村には市町村長を長とする市町村防災会議を設置し、それぞれの地域における防災計画を策定する。

　災害発生時には、都道府県知事または市町村長は、自らを長とする災害対策本部を設置できる。内閣総理大臣は、国務大臣を長とする非常災害対策本部を設置できる。さらに、著しく異常かつ激甚な非常災害が発生した場合には、内閣総理大臣自らを長とする緊急災害対策本部を設置できる。

　インフラストラクチャー事業者を含む指定行政機関と指定公共機関は、平時においては国の防災理念に従って適切な準備を行い、非常時においては法の定める枠組みの中で、設置された災害対策本部の方針に従いながら、地域の被害最小化、迅速な復旧・復興に貢献する責務を負っている。

③**防災計画**

　中央防災会議は国の指針となる防災基本計画を策定・公表し、災害種類別に災害予防、災害応急対策、災害復旧・復興の方針を示している。

　その中には「地震」、「津波」などの自然災害に加えて、「海上災害」、「航空災害」、「鉄道災害」、「道路災害」、「原子力災害」、「林野災害」などの項目がある。インフラストラクチャーに関連する災害が社会的に大きな影響があることを表していると言える。

　この防災基本計画に基づいて、地方公共団体などは地域防災計画を、民間インフラストラクチャー事業者など指定公共機関は防災業務計画を策定し、毎年見直すこととされている。

④**災害対策の推進**

　災害予防、災害応急対策、災害復旧という段階に応じて、各実施責任主体の果た

すべき役割や権限が規定されている。

災害予防の内容は、防災予防責任者の設置、防災組織の整備、防災教育の実施、防災訓練義務、防災に必要な物資および資材の備蓄などの義務、災害時に物資供給業者などの協力を得るために必要な措置、避難場所の指定などである。

災害応急対策の内容は、警報の発令および伝達、避難の勧告・指示、消防・水防その他の応急措置、被災者の避難・救助その他の保護に関する事項などである。インフラストラクチャーと関係するのは交通の規制や緊急輸送の確保である。交通の規制は国土交通大臣（国道）、農林水産大臣（農道）または都道府県公安委員会（地方道など）が判断し道路管理者などに該当する区間を指定して、規制を指示する。

災害復旧に関しては、指定行政機関の長および指定地方行政機関の長、地方公共団体の長など法令の規定により災害復旧の実施について責任のある者がこれを実施することを定めている。

⑤**財政金融措置**

災害予防などに要する費用は、原則は事業者負担とされている。ただし例外的に、激甚な災害については地方公共団体などに対する国の特別の財政援助などがある。

インフラストラクチャーの復旧に関しては、公共土木施設災害復旧事業国庫負担法に基づく各種の予算措置（例：河川災害復旧事業など）がある。

また災害の規模が極めて大きく、被災地域や被災者に助成や財政援助を特に必要とする場合、激甚災害法に基づいて「激甚災害」が指定される。この指定によって、国によって災害復旧国庫補助事業の補助率がかさ上げされる。その対象は、①公共土木施設などの被害、②農地などの被害、③中小企業などの被害——であり、①と②がインフラストラクチャーと関係する。同制度は地方財政の負担緩和が主目的であり、補助対象となるインフラストラクチャーは主に純粋公共型である。

激甚災害には、複数自治体にまたがる全体の被災規模が指定基準を上回る「激甚災害指定基準による指定（本激）」と、市町村単位で指定基準を上回る「局地激甚災害指定基準による指定（局激）」の2種がある。後者の指定は局地的な豪雨などのケースが多い。

⑥**災害緊急事態**

内閣総理大臣は極めて大きな災害に対して「災害緊急事態」を布告できる。この時、

緊急災害対策本部が設置され、その判断に基づいて生活必需物資の配給などの制限、金銭債務の支払い猶予、海外からの支援受け入れなどに係る緊急政令が制定できるとされている。

2）民間事業者の災害対策費用の調達

　インフラストラクチャーが災害によって損壊した際、純粋公共型であれば災害復旧国庫補助事業の対象となるほか、激甚災害指定によってその補助率が上げられることは前述の通りである。これは、公会計が適用され長期的に維持修繕費用を積み立てることができない純粋公共型インフラストラクチャーの課題を補完する点で大きな意義がある。

　一方、官民混合型や民間事業型のインフラストラクチャーの場合は、個別法によるのでやや複雑である。例えば鉄道事業者の場合、鉄道軌道整備法および同法施行令に基づき、国や自治体は鉄道運輸機構を通じて災害復旧費用を補助することができる。ただしその対象に新幹線や主要幹線、都市鉄道は含まれず、また災害復旧に要する費用が当該路線運輸収入の10％以上であること、被災年度に至る3カ年が赤字経営であることなど、適用条件が厳しい。このため、東日本大震災の際の東北新幹線の復旧は全てJR東日本の自社負担で行われた。また、同じく東日本大震災で損壊した高速道路の復旧費用は、公的機関である高速道路保有・債務返済機構が国からの補助を受け、それを原資に同機構が高速道路会社に無償貸し付けする形態で行われた。

　このように、官民混合型や民間事業型のインフラストラクチャーの場合、災害時の復旧に対する公的補助は限定的であり、各種保険の活用など、自ら資金面で適切な準備を行うことが求められる。

(3) 様々な実例

1）阪神淡路大震災からの神戸港の復旧

　1995年1月17日に淡路島北部を震源として発生した兵庫県南部地震（マグニチュード7.3）は、近畿地方を中心に死者・行方不明者約6400人、負傷者約4万4000人という広域的な被害をもたらした。とりわけ震源地に近い神戸市の被害は甚大であり、

道路や港湾、鉄道、上下水道などインフラストラクチャーも大きく損壊した。以下では神戸の代表的なインフラストラクチャーである港湾の被害と復旧の状況およびその影響について例示する。

神戸港では、公共岸壁186バースを含む大型岸壁239バースおよび全長23kmに及ぶ物揚場の大部分が被災し、背後の上屋、野積場、荷役機械、民間倉庫の多くが使用不能となった。外貿貨物を扱っていた21のコンテナターミナルもすべて使用不能となり、また臨港交通施設や広域幹線道路も被災したため港湾への陸路のアクセスも損なわれた。

国は事態の重大さに鑑み「阪神・淡路大震災に対処するための特別の財政支援及び助成に関する法律」を制定し、「激甚災害法」では国庫補助の対象とされていない神戸港埠頭公社の岸壁復旧や、阪神高速道路公団、鉄道復旧への被災自治体の補助、地方公営企業の災害復旧事業に対する地方自治体の一般会計からの繰出金などを補助対象として早期復旧を図った。

インフラストラクチャーの復旧は集中的に行われ、神戸大橋や六甲大橋、阪神高速道路、国道43号などのアクセス道路の再開は1996年中には概ね実現した。コンテナバースは当初数カ月の間は暫定供用にとどまったが、並行して復旧工事が進められ、1997年4月には震災前と同水準の25カ所が本格供用された。利用可能バース数も1997年3月末には震災前の水準に戻った。すなわちおおむね2年間で港湾のハード面の復旧は概成したと言える。

しかしながら、1980年には世界3位であった神戸港のコンテナ取扱量順位は、1995年に23位に低下し、2015年においても56位と低迷を続けている。1980年時点の香港港のコンテナ取扱量は神戸港とほぼ同じ146.5万TEUだったが、2000年代に入って2000万TEUを上回る推移を見せるなど、10倍以上に成長している。香港を抜き去った上海港の2015年のコンテナ貨物取扱量は3500万TEUである。1980〜90年代は世界的にコンテナリゼーションが進み、主要港の取扱量の桁が1つ上がった時代であったことが分かる。

神戸港は背後圏の復興進展とともに順調に取扱量を拡大し、2015年のコンテナ貨物取扱量は震災前の1.7倍に当たる255.6万TEUとなった。しかし、世界のトップグループに比べれば10分の1の水準であり、震災によって世界的なコンテナリゼーショ

ンの競争に後れを取ってしまったことの影響は非常に大きいと言える。

2）東日本大震災によるインフラの損壊と復旧

　2011年3月11日午後2時46分、東日本全域をマグニチュード9.0で最大震度7（観測史上最大規模）の大地震が襲った。震源地は三陸沖であり、東北地方を中心に死者1万5894人、行方不明者2550人、建築物の全半壊40万戸以上という未曾有の被災規模となった。道路や鉄道などにも甚大な損壊被害を生じた（2017年6月時点）。

　内閣府の推計によれば、ライフラインなど（水道、ガス、電気、通信・放送施設）の被害は1.3兆円、社会基盤施設（河川、道路、港湾、下水道、空港など）は2.2兆円に達した。災害救助、応急復旧、本格復旧の過程でインフラストラクチャーの果たすべき役割は決定的であるため、それぞれに関して迅速な復旧作業が行われた。

　道路網に関しては、震災直後には沿岸部の被災状況は不明であった。一方で内陸部では東北地方を南北に貫く東北自動車道、国道4号の被害が比較的小さいことが判明した。そこで、①まず東北道と国道4号の縦軸を確保し、②続いてその縦軸から「くしの歯」状に東西に走る、被災地救援に向けた16本のルートを確保し、③最終的に沿岸部を南北に走る国道45号のラインを確保する――という3ステップの計画が立案された。これが「くしの歯」作戦と呼ばれるものである。

　翌朝から、一般車両の走行は想定せず、緊急車両がとにかく目的地まで到達できる水準の道路機能を確保する「啓開」と呼ばれる施策が実施され、概ね1週間で最終目的である国道45号啓開がほぼ100％完了した。

　鉄道網も、幹線鉄道の復旧は迅速に進められ、JR東北線は震災40日後の4月21日に、東北新幹線は4月29日に全線再開するという早さであった。ただし三陸海岸の沿岸部を通るローカル線は被害が大きく、次項で例示するように、現在でもなお復興への取り組みが進められている。

3）三陸鉄道の再構築

　三陸海岸沿いの鉄道網は、北から三陸鉄道北リアス線（久慈―宮古）、JR山田線（宮古―釜石）、三陸鉄道南リアス線（釜石―盛）、JR大船渡線（盛―気仙沼）、JR気仙沼線（気仙沼―柳津）の5区間に分けられる。これらもそれぞれ東日本大震災と

その後の津波で甚大な被害を受けた。

　三陸鉄道の復旧費92億円は、鉄道軌道整備法の災害復旧補助スキームを適用し、全額公費で賄われた。本来は復旧費用の2分の1は鉄道事業者が負担し、4分の1ずつを国と関係自治体が補助することとなっているが、三陸鉄道に関しては自治体が被災した施設を復旧して保有することとし、国と自治体の補助率を2分の1ずつとした。三陸鉄道は自治体に設備を移管したうえで、自己負担なしで復旧することが可能となった。その背景には、旧国鉄の赤字ローカル線を引き継ぎ、売上高4億円強にとどまり経常収支は1億円を超える赤字となっていた三陸鉄道の経営状態があった。国は平成23年度の補正予算でこの費用を計上した。北リアス線、南リアス線はともに2014年4月に運行再開した。

　JR東日本は、自社で運営する大船渡線と気仙沼線に関して、BRT（Bus Rapid Transit：バス高速輸送システム）で仮復旧することとした。ただし山田線に関してはBRTによる仮復旧というJRの方針が鉄道の再開を望む地元の合意を得られず、協議の結果、JRが線路や施設を原状回復したうえで三陸鉄道に運営を移管することとなった。

4) 平成27年鬼怒川洪水からのインフラ復旧

　2015年9月、台風18号の影響で関東地方は記録的な大雨となり、とりわけ9月10日から11日にかけての24時間雨量は茨城県内各地で300〜600mmと、観測史上最大級の豪雨となった。

　利根川の支川である鬼怒川は水海道地点において約4000m³／sの観測史上最大流量を記録し、7カ所で溢水、常総市三坂町地先で約200mにわたる堤防決壊が起こった。決壊箇所周辺では、氾濫流によって多くの家屋が流失した。河川氾濫による被害は死者2人、住宅全半壊4000戸以上、避難指示1万1230世帯3万1398人、避難勧告990世帯2775人という大災害となった。

　災害対策として、まず茨城県境町が9月9日夜に災害対策本部を設置、続いて深夜に常総市、9月10日の朝に茨城県、午後につくば市がそれぞれ災害対策本部を設置した。常総市は9月10日の早朝に自衛隊災害派遣を要請している。

　被害規模が指定基準を超えたため、この災害は発生1カ月後の10月7日に激甚災害

(本激、局激)に指定された。破堤箇所などは河川災害復旧事業および河川激甚災害対策特別緊急事業(激特事業)などとして実施された。その後、国と地方自治体で連携して進められている「鬼怒川緊急対策プロジェクト」は、国の激特事業法などによる鬼怒川下流域の整備と、茨城県による支川の整備などのハード対策と、緊急避難訓練などのソフト施策を総合的に組み合わせた内容となっている。

　民間のインフラストラクチャー事業者も多くが被災した。その中で、茨城県内に2つの鉄道路線を運営する関東鉄道は、取手と下館を結ぶ常総線の軌道が一部水没するなどで運行不能に陥り全線運休となったが、被災1週間後には一部区間が、1カ月後には全線で運行が再開された。これらは全て事業者負担で実施された。

第6節
更新と除却

(1) 施設の寿命

　古代ローマの時代に整備された道路や橋の中には、21世紀の今でも利用されているものがある。パリの下水道やロンドンの地下鉄も、維持・補修はされているが建設からほぼ150年の時を経ていまだに利用されている。このように、長期にわたって利用されるインフラストラクチャーがある一方で、鉄道が廃線になったり、空港が廃港されたりする例もある。このように、インフラストラクチャーの寿命は様々である。

　会計的には、構造物の寿命は償却資産の耐用年数として設定される。例えば高架道路は30年である。また設計時に設定する耐用年数もある。本州四国連絡橋では120年という期間が採用されている。しかしながら、これらの設定年数が実際のインフラストラクチャーの利用期間と一致することはまれである。

　インフラストラクチャーの実質的な寿命を決定する要因として、「物理的」、「機能的」、「経済的」の3つがあると言われている。供用開始から終了までの期間を寿命と呼ぶことにすれば、これら3つの要因別に物理的寿命、機能的寿命、経済的寿命があることになる。

　物理的寿命とは、構造物が劣化して使用に堪えなくなることである。コンクリートや鋼材は水に弱く、これに塩分が加わればさらに急速に劣化が進行する。鉄道橋や道路橋では繰り返し荷重による疲労的な損傷が進む。構造物が劣化し、落下や崩落の危険性が高まって使用できないと判断された時が、そのインフラストラクチャーの物理的寿命である。当然のことながら、物理的寿命は適切な維持・補修を行うことで延ばすことができる。

　機能的寿命とは、構造物の劣化はそれほどでなくても、環境や利用者ニーズ、社会ニーズの変化によってその構造物の存在価値がなくなることである。自動車の大型化による道路幅員の相対的な狭隘化、堆砂の進展によるダムの貯留機能低下、耐震設計基準の厳格化による既存不適格などがこれに当たる。

　経済的寿命とは、構造物の維持費がかさんで運営が成り立たなくなることを意味する。予想される残存使用期間における経年補修費、あるいは補強費があまりにも

巨額で、取り壊して新規構造物を建設した方が経済合理性があると判断された時が、その構造物の経済的寿命である。

近年、インフラストラクチャー全体の維持・補修費が拡大傾向にあるため、長寿命化対策に関する議論が盛んである。これは物理的寿命の長期化に大きく関係する。しかしそれだけでは不十分で、機能的寿命や経済的寿命を考慮し、適切なタイミングで用途転換や廃棄を行うことを常に選択肢として念頭に置くことも必要であろう。

以下では、こうした観点から、様々な理由で寿命を迎えたインフラストラクチャーに関して、時代の要請に応えた後継活用の事例をいくつか記す。これらの実例からは、インフラストラクチャーの利用は長期にわたるという一般的傾向はあるものの、実際には社会経済環境の激しい変化から、インフラストラクチャーの在り方は常に問われており、その利用の姿は意外に短期間で柔軟に変化してきた面もあることが分かる。

(2) 用途転換と遊休資産活用
1) 鉄道とその用地
①貨物から旅客への転換：東京メガループ、湘南新宿ライン、上野東京ライン

　JR東日本は、東京駅からおよそ20〜30km圏に位置する環状路線群、すなわち武蔵野線、京葉線、南武線、横浜線を総称して「東京メガループ」と名付け、旅客輸送の利便性を高めるために直通運転の長距離化など様々な施策を打ち出している。この東京メガループを構成する4路線は、全て当初は貨物輸送を主目的に計画・整備されたものである。

　横浜線は、生糸の生産地であった八王子と横浜港を結ぶ目的で、横浜鉄道(私鉄)によって1908年に供用された路線を起源とする。八王子において中央本線、八高線と接続し、甲信地方産の生糸も輸送対象とした。

　南武線は、当時の東京都心部における建設需要増大に応え、多摩川の砂利を運搬する多摩川砂利鉄道として1927年に川崎—大丸間が開通した路線が始まりである。その後、青梅線と接続してセメント原料の石灰石を輸送したり、沿線に軍事施設の立地が多かったことから軍需輸送に用いられたり、大手電機メーカーなどの立地拡大に伴い製品などの物流手段として利用されたりしてきた。

図6-10　東京メガループ

　武蔵野線は第二次世界大戦前に、東海道本線方面と東北本線方面を結ぶ山手貨物線のバイパス路線として構想され、戦後に着工、1970年代から順次供用されてきた路線である。現在でも梶ケ谷、新座、越谷の3つの貨物ターミナル駅を持ち、貨物線として機能している。

　京葉線は旧国鉄が京葉工業地帯で石油などを陸送する貨物線として計画し、まず1975年に貨物専用の蘇我駅—千葉ターミナル駅間が開業した。現在では東京駅に直結する通勤路線であり、また東京ディズニーリゾートへのアクセス線としての利用が極めて多いが、蘇我駅—西船橋駅間などは今でも貨物輸送に利用されている。

　4路線はいずれも、戦後における首都圏の人口増と都市域の拡大によって、通勤需要が著しく増大する一方、全国的な道路網整備の進展、トラック輸送への物流のモーダルシフト、それぞれの路線が担っていた特定の物流需要の衰退(砂利、生糸など)の要因が重なり、旅客線としての性格を強めてきた。近年、JR東日本が「東京

メガループ」に快速列車の新設や新車両の導入、旅客輸送の混雑緩和策などを推進していることは、鉄道がその物理的寿命を迎えたわけではないが、貨物輸送施設としての機能的寿命が到来したことに対し、用途転換を図った象徴的な例と言える。

ほかにも首都圏の広域的な通勤需要や、東北方面と東海道方面との鉄道による連絡性向上へのニーズ増大に応えるため、貨物線などを活用して新たな路線を構成した例に湘南新宿ラインと上野東京ラインがある。

湘南新宿ラインは、東北本線(宇都宮線)と横須賀線、高崎線と東海道線を相互直通運転するものであり、2001年に運行開始した。施設は山手貨物線の軌道を利用している。上野東京ラインは、東北本線(宇都宮線)、高崎線、常磐線と東海道本線を相互直通運転するもので、2015年に開業した。施設は東京駅—上野駅間の留置線・引き上げ線(いわゆる「東京—上野回送線」)などを活用するとともに、神田駅—東京駅の高架線など新たな設備投資を行っている。

②**操車場や駅跡地の活用：品川車両基地、旧汐留駅**

上野東京ラインの開業に向けて東京駅を挟んで南北を結ぶ軌道が整備されたことによって、それまで品川操車場を利用していた東海道線方面の列車も、この軌道を経由して東京北部の尾久車両基地を利用できることとなった。余裕の生じた品川操車場は、都心の品川駅北側に位置する約15haの広大な土地であり、商業・業務用地としての大きな需要も見込まれた。そのため国から国際戦略特区に指定され、新駅の開設とともに再開発が計画されている。①の場合と同様に、首都圏における貨物線などの相対的な機能的寿命の到来を背景に、新たな社会的ニーズに対応してインフラストラクチャーの機能更新を図った好例と言えよう。

また旧国鉄の汐留駅は、1872年に開業した日本最初の鉄道路線「新橋—横浜間」の新橋駅である。その後、東京駅の開業(1914年)とともに貨物駅としての性格を強め、戦後は我が国初のコンテナ専用貨物列車の利用駅にもなったが、トラック輸送への物流のモーダルシフトの影響を強く受け、1986年に閉鎖された。

跡地は旧国鉄の長期債務返済のための売却対象地となり、都心に位置することから現在は再開発が進んで、高層ビルが林立する「汐留シオサイト」となっている。これも、貨物鉄道の機能的寿命と、その設備の社会的ニーズに応じた再活用の象徴的な事例であろう。

③鉄軌道の跡地利用

　鉄道が寿命を迎えた後、線的で利用しにくい線路跡地の利用には様々な工夫が行われている。

　地域の交通機能を維持するために、線路跡地をバス専用道とする例は多く見られる。例えば北九州市で西日本鉄道戸畑線が廃線となった後、跡地がバス専用道となったことはよく知られている(その後、拡幅され一般道化)。また近年では東日本大震災で被災したJR東日本の大船渡線気仙沼―大船渡市間の一部区間などが、鉄道として復旧されるのではなく、BRT(バス高速輸送システム)の専用道化されている。

　鉄道の地上走行という形態が、機能的あるいは経済的寿命を迎える場合もある。例えば踏切によって道路交通が寸断され大きな経済的・環境的損失の原因となっていたり、都市開発や他路線との相互直通へのニーズが高まったりすることにより、既設路線の地下化や高架化が進められるケースである。近年の例では東急電鉄の東横線が、横浜駅―東白楽駅間や渋谷駅―代官山駅間で地下化され、みなとみらい線および東京地下鉄副都心線との相互直通運転が実現した。一方で、横浜と渋谷には線路の跡地が生まれた。横浜駅側の跡地は横浜市により住民参加型で活用策が検討され、全長1.4kmの緑道に姿を変えた。代官山駅―渋谷駅間の跡地は、一部が回遊式の商業施設として開業した。

　一方で、鉄道施設の中には、寿命を迎えた後でその施設の利用転換に時間がかかっている事例もある。1つの例として、名古屋圏の貨物輸送力増強を目的に整備された南方貨物線がある。同線は名古屋貨物ターミナル駅から南東方向の笠寺駅・大府駅を結ぶ延長およそ26kmの東海道本線の貨物支線であり、1975年までには約9割が完成していた。しかし、予想に反した鉄道貨物需要の衰退、騒音や振動を懸念する地元の建設反対運動と訴訟、国鉄改革の進展などの諸要因によって、未成線のまま建設は中止された。建設用地の一部は駐車場や商業施設として再利用されているものの、現在でも多くの高架構造物が残存している。

2)高速道路
①韓国の事例：チョンジ川で高速道路の水路化
　20世紀後半以降の世界の陸上交通の趨勢はおおむねモータリゼーションの進展で

あったため、高速道路の撤去や利用転換は今のところ少ないが、いくつかの特徴的な事例も存在する。

1つは韓国における清渓高架道路(チョンゲ)の撤去と清渓川の再生である。清渓高架道路はソウル市中心部を流れる清渓川を覆蓋した平面道路の上に整備され、1976年に供用された。交通量は平面道路6万5000台／日、高架道路10万2000台／日、合計16万8000台／日という都市内の一大幹線道路であった。その後、2000年頃になると構造物の老朽化が著しくなり、補修費は3年間で1000億ウォン（当時のレートで約100億円）に上った。2002年に市長の交代があり、新市長の判断で道路の撤去と清流復活プロジェクトが決定した。工費は3600億ウォン（約360億円）、工期は3年3カ月で2005年10月に完成した。清渓川は再び開きょとなり、河川敷には遊歩道が整備された。当初懸念された交通渋滞の悪化に関しては、バスマネジメントシステムやBRTの導入など、公共交通におけるバス分担率を高めることで対応した。

②米国の事例：ボストン市の「BIG DIG」ほか

ボストン市の中心部を貫くCentral Arteryと呼ばれる高架6車線の幹線道路は、1959年供用時の計画交通量7万5000台／日が、1980年代には20万台／日に達し（その6割が通過交通）、慢性的な渋滞と事故率の高さ、環境の悪化、そしてそもそも高架道路によって市中心部とリバーフロントが分断されていることが大きな課題となっていた。これらの損失コスト合計額は年間5億ドル（当時のレートで約1130億円）という推計もあった。その根本的な改善を目指して実施されたのが、この高架道路の一部区間2.5kmについて、新たに8〜10車線の地下構造の高速道路を整備して置き換え、地下高速道路供用後に高架道路を撤去してオープンスペースを整備するという一大事業であった。これがその工事形態から「BIG DIG」（大きな穴掘り）と呼ばれたプロジェクトである。

1982年に環境影響評価が始まり、1991年に連邦道路庁の承認を得て着工、おおむね2006年に完工した。工費は当初計画の3倍に当たる146億ドル（2006年のレートで約1.7兆円）に達し、その約5割を連邦政府が負担した。地下化された高速道路の地上部分20haは公園化され、市内を流れるチャールズ川に面した憩いの場として多く利用されている。

米国にはこのような高速道路の地下化や撤去の例が1960年代からいくつか現れ始

めた。ポートランド市では都心部を流れる河川沿いに高架道路が存在したが、都心と河川の分断の解消と環境改善を図る目的で撤去され、跡地が水辺公園として整備された。サンフランシスコでは、1987年のノースリッジ地震で破壊された高架道路エンバカデーロ・フリーウェイが再建されることなく撤去され、再開発が行われた。この道路も水辺空間と都心部を分断していたことから、2年間の論争のうえで撤去が決まったという。シアトル市のアラスカン・ウェイ高架高速道路も2001年のニスコーリ地震で損傷を受けたことをきっかけに地下化して、地上にはLRT（軽量軌道交通）を導入し、良好な都市空間の創出を目指すこととなった。

③欧州の事例：デュッセルドルフの国道地下化・都市再生ほか

欧州でも都市に水辺空間を再生し、良好な都市環境を創出する目的で都市幹線道路を地下化した例がいくつかある。

1つの例がドイツのデュッセルドルフ市で、ライン河岸の連邦道路を2kmにわたって地下化し、地上部分には最大幅40mのプロムナード（散策路）を整備した。1979年に議論が始まり、1989年に着工、1993年に竣工した。

またパリ市では、セーヌ川沿いに1960年代に整備された自動車専用道を自動車、自転車、歩行者の共存する普通の大通りに再構築する事業が2012～2013年に実施された。

3）その他

①浄水場跡地：新宿副都心ほか

水道水の供給において水の浄化・消毒を行う浄水場は比較的大きな面積の施設である。都市近郊に設置されることが多いが、都市規模が拡大した場合には土地利用の高度化需要が生じ、郊外移転に至る例が出てくる。

こうした例で最も知られているのが東京都新宿区に存在した淀橋浄水場の移転と、跡地における新宿副都心の開発であろう。淀橋浄水場は、明治時代の東京市におけるコレラの流行など衛生問題を解決することを目指して1898年に設置された敷地面積34ha強の浄水場だった。原水は玉川上水から引き入れ、ろ過したうえで新宿区、千代田区、中央区、港区など東京中心部に向けて給水が行われた。その後の東京の高密度化で、郊外移転の議論が重ねられたが、1960年に東村山浄水場が完成し

たことを機に、1965年までに機能を停止し、浄水場は廃止された。跡地では新宿副都心計画が進められ、現在では東京都庁舎に代表される多くの高層ビルが立地する区画となっている。

　都市化の進展によって都市中心部の土地高度利用のニーズが高まり、その結果、都市内の浄水場が更新時期を迎えた際に郊外移転して跡地利用を図ろうとする事例は他にも多い。近年では京都市の山之内浄水場、埼玉県所沢市の所沢浄水センター、川崎市の生田浄水場などで移転、跡地利用が進められている。

②埠頭跡地：みなとみらい21、ポートアイランド

　横浜港は江戸時代末期の1858年に開港した貿易港で、当初は生糸貿易の主要港であった。その後、横浜周辺に立地した製鉄、造船、自動車、電機そして軍需産業などの輸送拠点として発展した。戦後は世界的な海運貨物のコンテナ化に対応する設備を備え、首都圏の一大流通港湾として機能するほか、近年では我が国有数の大型クルーズ船の寄港数でも知られている。

　一方、横浜市では高度成長期の頃から、港湾を軸に発展した関内・伊勢佐木町周辺と旧国鉄横浜駅を中心に発展した地区との分断の弊害などが指摘されるようになり、市人口の急増もあって、都市の一体的開発の必要性が広く認識されるようになった。このため1965年に、横浜市の六大事業の1つとして立案・公表されたのが、現在のみなとみらい地区の一体的再開発構想である。

　この構想は、当時の三菱重工横浜造船所や国鉄東横浜駅およびそのヤード、高島埠頭、新港埠頭の区域を、業務中枢機能やショッピングなどの都市機能および臨港パークや水辺空間を備えた一体的な都心地区として再整備するというものだった。計画地域の面積は186ha、目標人口は就業人口19万人、居住人口1万人である。計画は、1983年から実行に移され、現在までに1800余りの事業所が立地して就業者数は10万人を超え、推計来街者数は年間8000万人に上っている。こうして横浜港は、港湾機能を維持・拡大しながら機能配置の見直しなどによって一大都市地域を創出した。

　後背地に広い土地を持たない神戸港は、人工島の建設という手段によって高次都市機能の導入を進めた。神戸港は古代から畿内の中枢港として発展し、1868年には国際貿易港として開港した。その後、阪神工業地帯の発展とともに港湾は拡大し、

1967年には日本初のコンテナターミナルを整備、1970年代には世界最大級のコンテナ取扱量を誇った。一方で、母都市である神戸市およびその周辺地域は都市化による人口増が著しく、都市機能の展開の場が求められていた。そこで立案されたのが、神戸港の沖合に2つの人工島を整備し、港湾機能と都市機能の拡張と高度化を実現するポートアイランド構想であった。同構想は第1期(1966～1981年)と第2期(1987～2010年)にわたって進められ、途中で阪神淡路大震災の被害を受けたが、その後の神戸空港の開港もあって、都市機能の導入は漸次、進展を見せている。

③空港跡地：旧ミュンヘン空港ほか

　空港も、地域の航空需要の拡大などによる容量不足と、騒音公害への対処のために郊外移転に至る例が少なくない。

　南ドイツ、バイエルン州の州都ミュンヘンの主要空港は、現在、市の北東およそ28kmに位置するフランツ・ヨーゼフ・シュトラウス空港である[4]。同空港は1992年に開港し、それ以前には市の東方10kmに存在したリーム空港が主要空港であった。

　リーム空港は、それ以前に存在した南リーム空港に代わる当時としては最も近代的な空港の1つとして1939年に開港した。第二次世界大戦中は軍事基地としても機能し、戦後は連合軍に接収されたが1948年に返還され、その後はドイツとりわけミュンヘンの戦後復興、高度成長とともに民間利用が拡大した。滑走路は2800mと814mの2本であり、1950年代初頭には容量限界に達し、過密運行が問題視され始めた。1950年代半ば以降には過密運営が遠因と見られる航空死亡事故が相次いだ。

　その後はジェット機対応の滑走路延長工事やターミナルビルの増築も行われたが、1960年に80万人だった利用客数が1980年に600万人、1990年には1140万人と急増していく事態には対応できず、リーム空港はまさに機能的寿命を迎えていた。敷地拡張も困難だったことから現在の新空港への移転が決まり、リーム空港は1992年に閉鎖された。

　リーム空港の跡地は現在、国際見本市会場(メッセ)、住宅開発、商業施設、研究開発、公園から構成された565haの再開発地区となっている。うち200haは公園で、極めて緑の多い開発である。1998年に運営開始したメッセ会場では年間およそ

4　同空港に関しては**本書第2章**も参照のこと。

30回の国際メッセが開催され、来場者数は200万人に上るという。

　空港移転と跡地開発は、我が国でもいくつかの例がある。北九州空港(旧)は1944年に陸軍の飛行場として現在の北九州市小倉南区に整備された。戦後は民間利用が進んだが、滑走路が1500mと短い(その後1600mに延伸)うえ、環境保護の観点などからジェット機対応に必要な2500mまでの延伸が困難だったので、利用客数は伸び悩んだ。このため北九州市沖合に、航路の浚渫土を利用して人工島を建設し、新空港を整備することになった。旧北九州空港は機能移管後の2006年に閉鎖され、跡地には大規模病院、産業団地、商業機能などの導入が進められている。

④運河の再生と活用

　これまでに見た様々な都市部におけるインフラストラクチャーの用途転換や跡地利用の事例からは、近年における都市環境向上へのニーズ増大に応えようとする傾向が強く読み取れる。とりわけ海外における事例では、インフラストラクチャーの再構築に当たって緑環境や水辺環境が極めて強く認識されている。こうしたことから注目されるのは、かつてどの国でも国内輸送の大動脈として整備されていた運河の動向である。第1章で、秦の始皇帝が整備したと言われる中国大陸の南北を結ぶ大運河「霊渠」が現代では一大観光資源として利用されていることを記したが、近代に造られた運河でも同じような事例が見られる。

　典型的な例が英国である。英国では古代より自然河川を利用した水上交通が行われていたが、自然河川を改修して航路化し、大量物資輸送への活用が始まったのは17世紀以降であった。産業革命後の1790年代には「キャナルマニア」と呼ばれる熱狂的な運河建設ラッシュが起き、運河網は全国で延べ6000km以上に拡大したが、19世紀以降、鉄道の登場とともに廃れていった。しかし、第二次世界大戦後の復興が一段落した1950年代から、運河のレクリエーション利用が普及し始めた。運河クルーズを提供するサービス業が発展し、運河の水門を通過できる「ナローボート」と呼ぶ小型船舶の個人所有は、特別の免許取得も不要ということから現在2万件以上に及ぶという。運河の管理運営は英国水路委員会(BW：British Waterways)という公的団体で、運河使用許可証を発行するほか、船への給水や汚物処理施設の管理など、船の使用者に対して様々なサービスを提供している。

　我が国でも、隅田川の屋形船や神田川クルーズなどが近年、人気を集めている

が、都市河川のレクリエーション的活用はこれからの課題であろう。その機運は高まっていると見られ、例えば1960年頃まで名古屋市の物流の大動脈として機能したが、その後はほとんど利用されていない中川運河に関しては、1990年代以降、環境機能を生かした再生の方向性が長く議論されており、2012年には名古屋市と名古屋港管理組合が水辺空間の再整備を盛り込んだ「中川運河再生計画」を公表している。

(3) 除却／廃棄

　寿命を迎えたインフラストラクチャーは、それを用いたサービス提供が停止される。巨大な構造物は、別目的で利用（前述のJR東日本の貨物線を利用した旅客輸送の例）されたり、取り壊されて空地に回復されて別目的で活用（浄水場跡地利用などの例）されたり、放置（鉄道廃線の例）されたりする。

　利用しなくなった有形固定資産は会計的にも処理を行わなければならない。その扱いには「除却」と「廃棄」がある。大まかには、稼働を終了した固定資産をその後も事業主体が継続保有することを前提とした処理が除却で、取り壊すなどの場合の処理が廃棄である。実務的な取り扱いについては「鉄道事業会計規則」や「高速道路事業等会計規則」などの省令に方針が示されているので、インフラストラクチャー事業者は当該インフラストラクチャーの会計ルールに従って処理することになる。以下では、様々なインフラストラクチャーに共通する事項について簡潔に記す。

　除却とは、不要となった固定資産を継続保有する際の帳簿上の取り扱い変更である。除却対象資産は、貸借対照表において「事業用資産」から「その他の固定資産」に移される。これは、当該設備（資産）が収益を生む事業資産から外れることを意味する。そしてその価額は、取得価額と減価償却累計額との差額と時価評価額とを比較して低い方へと変更される。つまり、資産の減耗分を控除した理論的な現在価値と、実際の時価評価額とを比較して小さい方が計上されるということである。当然ながら、その価額はそれまで事業用資産として計上されていた資産評価額よりも小さな金額となり、その資産額の減少分は損益計算書にも反映されなければならない。このため、特別損失として損益計算書に計上されるのが固定資産除却損という費目である。

　利用の終了したインフラストラクチャーを継続保有せず、取り壊して原状回復する

などの場合の会計処理が廃棄である。この場合、当該資産は貸借対照表からは外され、そのことに由来する資産減少額は損益計算書上において固定資産廃棄損として費用計上される。

　なお重要なことは、除却や廃棄に費用を要した場合には、それも「固定資産除却損」、「固定資産廃棄損」に含めて会計処理しなければならない点である。インフラストラクチャーや大規模製造業の工場などの大型固定資産の場合、処理費用が大きくなるため、稼働が終了した後でも取り壊されず、放置される例が少なくない。

第6章　参考資料

第1節
- 小林潔司「予防保全型管理の重要性、『土木学会誌Vol.95 No.12』」、2010.12
- 小澤一雅「アセットマネジメントシステム導入の現状と将来展望、『土木学会誌Vol.99 No.7』」、2014.7
- 依田照彦・高木千太郎「橋があぶない―迫り来る大修繕時代―」(ぎょうせい)、2010.10
- 小林潔司・田村敬一「実践　インフラ資産のアセットマネジメントの方法」(理工図書)、2015.11
- 牛島栄「社会インフラの危機 つくるから守るへ ―維持管理の新たな潮流」(日刊建設通信新聞社)、2013.6
- 家田仁・井出多加子・竹末直樹「社会インフラの維持管理・更新をめぐって、『国づくりと研修Vol.131』」、2014.3
- P・チョート、S・ウォルター著、古賀一成訳「荒廃するアメリカ」(開発問題研究所・建設行政出版センター)、1982
- 柳雄「東京都における社会資本ストックの効率的なマネジメント、『土木学会誌Vol.95 No.12』」、2010.12
- 松田猛「東海道新幹線の点検、検査技術に関する取組み、『土木学会誌Vol.95 No.12』」、2010.12
- 西岡敬治「戦略的維持管理を目指して―阪神高速のアセットマネジメントの取組み―、『土木学会誌Vol.95 No.12』」、2010.12
- 阪神高速株式会社「阪神高速道路の更新計画について」、2015.1
- 「ちば市民協働レポート(ちばレポ)運用事務局ホームページ」

第2節
- 入江平門・大門信之・西村聡「営団における新線建設と企業採算性について、『土木計画学研究・講演集 No.12』」、1989.12
- 東京都監査委員「平成14年度財政援助団体等監査報告書 平成15年6月16日提出」

第3節
- 平田輝満「航空交通流管理の現状と空港容量に関する一考察、『土木計画学研究・講演集Vol.39』」、2009
- 宮島弘志「運行管理システムの変革―安全・安定輸送の確保をめざして―、『JR East Technical Review No.5 2003 Autumn』」
- 小林亘ほか「統一河川情報システム―アーキテクチャとXML―、『河川情報シンポジウム講演集』」((財)河川情報センター)、2004
- 阿部英明・笠原邦昭・畑山啓「河川管理施設における遠隔監視制御システムの有効性について、『平成27年度北陸地方整備局事業研究発表会BグループⅢ-2 安全・安心(維持管理・全般)』」、2015
- 甲斐良隆・加藤進弘著「リスクファイナンス入門」(きんざい)、2004.3
- デヴィッド・ヴォース著、長谷川専・堤盛人訳「入門リスク分析」(勁草書房)、2003.7
- 国土交通省国土交通政策研究所「社会資本整備におけるリスクに関する研究、『国土交通政策研究第4号』」、2001.6
- 高橋伸夫「鉄道経営と資金調達―経営破綻を未然に防ぐ視点―」(有斐閣)、2000
- 長澤光太郎「自立したパブリックコーポレーションへの期待、『高速道路と自動車 第48巻第9号』」(高速道路調査会)、2005.9

第4節
- 中野宏幸「交通インフラ経営のグローバル経営戦略」(日本評論社)、2014
- 長沢伸也・今村彰啓「水ビジネスの現状と課題—ヴェオリア社のビジネスモデルを中心に—、『早稲田国際経営研究No.45 pp.139-148』」(早稲田大学WBS研究センター)、2014

第5節
- 夏山英樹・藤井聡「東日本大震災における『くしの歯作戦』についての物語描写研究、『土木計画学研究・講演集 CD-ROM 45』」、2012
- 大熊孝「堤防の自主決壊による氾濫水の河道還元に関する研究、『土木史研究 第18号』」、1998.5

第6節
- 藤野陽三「土木構造物の寿命―橋を中心に―、『総合論文誌 第9号』」(日本建築学会)、2011.1
- 塩崎賢明「米国・韓国における都市高速道路撤去事業の経緯と効果、『科学研究費補助金研究成果報告書』」、2009.6
- 近藤勝直「"The Big Dig"プロジェクト―ボストンの都市再生―、『流通科学大学論集―流通・経営編―第21巻第1号』」、2008
- 秋山岳志「英国における運河の再生とその利用法、国際交通安全学会誌Vol.30 No.4』」、2005

第7章

インフラストラクチャー事業の海外展開

「我々は今、歴史を作りつつある。世界は我々を見ているのだ」
Ferdinand Marie Vicomte de Lesseps
スエズ運河事業を興したフランスの外交官。酷(きび)しい
砂漠で汗して働く現場の労働者の士気を高めた言葉

第1節
途上国への開発援助

(1) 開発経済学の潮流と我が国の開発援助の特徴

　我が国におけるインフラストラクチャー事業で重要な展開方向の1つが、インフラストラクチャーの整備を通じた開発途上国への貢献である。

　我が国は、これまでの経済成長の過程で、社会の発展段階を踏まえながらその時々に必要なインフラストラクチャーを整備してきた。そこでは構想、計画立案、事業化、建設工事、供用、維持管理、除却に至るまで、インフラストラクチャー事業に関する広範でかつ膨大な経験を有している。第二次世界大戦後には、国際機関である世界銀行からの融資も受けつつ、交通施設、エネルギー施設、産業施設を中心に基幹となるインフラストラクチャーを重点整備し、高度経済成長を実現してきた。短期間で急速に経済成長を遂げた我が国は、「日本の奇跡」と呼ばれ、さらに我が国に続いたアジアNIES（新興工業経済地域：韓国、台湾、香港、シンガポール）は「東アジアの奇跡」と呼ばれる発展を遂げ[1]、その後の開発途上国の経済開発のモデルを提供している。

　我が国は、こうした自国の経験を踏まえ、アジアの開発途上国を中心に、交通施設やエネルギー施設などの経済インフラストラクチャーを重視する開発援助政策に力を入れてきた。こうした開発援助が経済成長の基盤づくりに寄与した結果、いくつかのアジアの途上国では経済成長を実現し、人々の貧困削減も進みつつある。ただ、こうした経済インフラストラクチャーを重視する我が国の開発援助は、世界の開発援助の潮流の中では独特なポジションを取っているようにも思われる。

　そこで以下では改めて開発経済学に着目し、開発援助に関する世界の潮流を概観するとともに、こうした潮流の中での日本の開発援助の特徴を探ってみよう。

1) 開発経済学におけるインフラストラクチャーの位置付け

　開発経済学は、開発途上国（以下、「途上国」と呼ぶ）が豊かな国になることを目指

---

[1] 世界銀行「東アジアの奇跡──経済成長と政府の役割（EAST ASIA MIRACLE：Economic Growth and Public Policy, A World Bank Research Report）、1993」による。

して、その貧困の原因や特質を明らかにし、貧困の撲滅を開発戦略の在り方から探求する経済学の一分野であり、第二次世界大戦後の戦後復興として先進国から途上国への援助が始まった頃に端緒が開かれた。先進国から途上国への開発援助は、こうした開発経済学の思想が色濃く反映されている。

この定義からも分かるように、開発経済学は、途上国の経済成長というマクロ的な観点からの目的と、国内での格差是正や貧困削減というミクロ的な観点からの目的を同時に達成するという難しい命題を抱えている。開発経済学の主流となる考え方は、この2つの目的を意識しつつ、変遷をたどってきた。その潮流は以下のように整理することができよう。

まず、戦後復興を交えて開発援助が開始された1950年代から60年代は、単線段階理論が主流であった。代表的な理論では、例えば米国の経済史家ロストウ（Walt Whitman Rostow）が唱えた「成長の諸段階モデル」がある。その考え方は、国の経済成長には決まった段階があるとされ、その国に投資が行われていれば時間が経過するに従って経済は成長し、所得の高い層から所得の低い層に富が滴り落ちる、いわゆる「トリクルダウン」が起こり、経済格差も解消していくというものである。

しかしながら、実際には多くの途上国で投資が行われても国民所得自体は伸び悩んだ。途上国には構造的（例：高度に発達した輸送施設が未整備）、制度的（例：よく統合された商品・金融市場がない）、姿勢的（例：教育を受けた労働力が少ない）な問題があり、投資が国民所得の向上に効果的に寄与できなかったのである。インフラストラクチャーの不足は途上国が抱える深刻な構造的問題の1つであり、その重要性が改めて認識された。

続く1960年代から70年代は、経済発展＝工業化という概念が確立された時期である。低開発状態にある途上国の経済を、伝統的な農業を中心とする構造から、近代的な工業を中心とする構造に転換することが重視された。工業部門で雇用機会が創出され、労働力が農村から都市へ移り、工業労働人口が増えれば増えるほど開発が進むと考えられた。インフラストラクチャーの中では、交通施設やエネルギー施設、産業施設など、工業を支えるいわゆる経済インフラストラクチャーの整備が経済成長の必要条件として重視された。

1980年代は、市場主義型の開発により、韓国、台湾、香港、シンガポールといっ

たアジアNIESが台頭した時代である。途上国でも政府の補助や規制を排除し、効率的な自由競争市場を促進するべきだとする新古典派経済成長論の考え方が主流となり、それまでに重視されてきた政府による経済開発計画の策定や公企業の存在を疑問視し、市場メカニズムの有効性と民間活力導入の必要性が強調された。この時代の開発援助では、公企業による経済インフラストラクチャーの整備よりも人的資本である教育や保健医療分野が重視される傾向にあった。

1990年代以降は、地球環境問題がクローズアップされ、先進国、途上国ともに持続可能な開発を志向すべきだという国際的なコンセンサスが形成された時代である。1980年代には、多くの途上国で新古典派のアプローチに基づき、市場メカニズムに依拠する構造調整政策を通じた開発手法が採用された。この当時は、途上国におけるインフラストラクチャー整備も民間資金に委ねるべきとの考え方が支配的であった。しかし、この手法はしばしば順調に進まず、また貧困の悪化をも引き起こすことがあった。その反省もあって1990年代には貧困に対する関心が高まり、主要な国際サミットで極端な貧困人口を削減するという目標が提示された。

そして2000年9月、189の加盟国代表が出席した国連ミレニアム・サミットにて、21世紀の国際社会の目標として国連ミレニアム宣言が採択された。ミレニアム宣言は、2015年を達成期限として、極度の貧困と飢餓の撲滅、初等教育の完全普及の達成、

表7-1　MDGsの8つの目標と主なターゲット

目標1:極度の貧困と飢餓の撲滅	・1日1.25ドル未満で生活する人口の割合を半減させる ・飢餓に苦しむ人口の割合を半減させる
目標2:初等教育の完全普及の達成	・全ての子どもが男女の区別なく初等教育の全課程を修了できるようにする
目標3:ジェンダー平等推進と女性の地位向上	・全ての教育レベルにおける男女格差を解消する
目標4:乳幼児死亡率の削減	・5歳未満児の死亡率を3分の1に削減する
目標5:妊産婦の健康の改善	・妊産婦の死亡率を4分の1に削減する
目標6:HIV／エイズ、マラリア、その他の疾病の蔓延の防止	・HIV／エイズの蔓延を阻止し、その後減少させる
目標7:環境の持続可能性確保	・安全な飲料水と衛生施設を利用できない人口の割合を半減させる
目標8:開発のためのグローバルなパートナーシップの推進	・民間部門と協力し、情報・通信分野の新技術による利益が得られるようにする

(注)ほとんどの目標は1990年を基準年とし、2015年を達成期限とする
表:外務省ホームページ(外務省による日本語訳)

ジェンダー平等推進と女性の地位向上など、8つで構成される国連ミレニアム目標（MDGs：Millennium Development Goals）を掲げた。MDGsは、貧困人口の削減を開発の中心に置く国際潮流を発展的に統合したものであり、その後の開発援助では初等教育や保健医療がより重視されるようになった。なお、2015年を達成期限としてきたMDGsは、その後2015年9月に開催された「国連持続可能な開発サミット」において、「持続可能な開発目標（SDGs：Sustainable Development Goals）」に引き継がれている。

このように、開発経済学やそれに基づく開発援助では、実施された施策の成果や途上国の発展状況を踏まえて考え方は変化してきたが、大きな潮流としては、MDGsやSDGsに代表されるように貧困削減が重視されてきた。開発援助分野でも、教育や保健・医療に関連する社会インフラストラクチャーの充実により重点が置かれている。

こうした潮流は、実際の開発援助の分野別傾向でも確認できる。表7-2に経済協力開発機構（OECD：Organization for Economic Co-operation and Development）の中で開発援助を担当している開発援助委員会（DAC：Development Assistance Committee）の主要メンバー各国の政府開発援助（ODA：Official Development Assistance）の分野別シェアを示す。米国や欧州各国は教育・医療などのいわゆる社会インフラのシェアが際立って高く、人道援助も重視する傾向を示している。豪州や韓国でも社会インフラのシェアが高い。

表7-2 各国ODAの分野別シェア（2014年） (単位:%)

	社会インフラ（教育・医療など）	経済インフラ（道路・灌漑など）	生産セクター	プログラム支援	債務減免	人道援助	その他
フランス	37.1	23.5	5.1	3.1	0.3	0.5	30.3
ドイツ	33.0	36.1	6.7	1.2	2.6	5.7	14.6
英国	51.8	8.4	4.4	0.1	0.1	13.7	21.6
米国	48.2	4.4	5.9	2.4	－	24.6	14.4
豪州	49.1	6.5	4.5	0.8	－	8.1	31.1
韓国	40.7	34.2	10.8	0.0	－	3.1	11.3
日本	17.1	48.9	9.9	4.1	－	6.9	13.1
DAC諸国平均	37.3	19.3	6.9	2.1	0.6	12.2	21.7

表：経済協力開発機構・開発援助委員会データを基に作成

2）インフラストラクチャーを重視する我が国の開発援助

　では、こうした開発援助を巡る世界の潮流の中で、我が国の開発援助はどんな特徴を持っているのであろうか。既往調査では、大きく以下の2点が指摘されている。

　第1は、道路、港湾、発電所などの経済インフラストラクチャーに対する開発援助の割合が高いことである。表7-2に示す通り、米国や欧州諸国は教育・医療などの社会インフラストラクチャーに重点を置いているのに対し、我が国の開発援助は経済インフラストラクチャーの割合が約5割と突出して高い。

　第2は、借款が多く、贈与が少ないことである。米国や欧州諸国のODAは無償援助がほとんどであるが、日本の無償比率は50％程度であり、援助国側で構成されるDACの加盟国の中でも際立って低い。これは、我が国の開発援助は経済インフラストラクチャー中心の支援であり、道路、港湾、発電所などの経済インフラストラクチャーは必要な資金規模が大きいために無償資金で援助することは難しく、返済を求める借款による資金供与が多くなる傾向にあるためと言われる。

　我が国が円借款を用いて経済インフラストラクチャーを中心に援助してきたのは、政府の開発援助方針にのっとって、ある意味確信を持って実施してきたものである。例えば2005年の政府開発援助（ODA）白書は、日本のインフラ援助について次のように記述している。「日本は、インフラ整備などによる経済成長が貧困削減において重要であるという点を従来より主張し、日本のODA政策に取り入れてきました。ODAが経済成長の基盤づくりに寄与した結果、貧困削減が進み、MDGs達成の軌道に乗った好例が東アジアです」。

　実際に韓国、中国やASEAN諸国など、かつて我が国が経済インフラストラクチャーを重視して援助してきた東アジア諸国の経済は順調に成長し、世界経済に占めるシェアも拡大を続けている。開発の初期段階から経済インフラストラクチャーに重点投資を行って投資環境が整備された結果、これらの国では海外からの直接投資（FDI：Foreign Direct Investment）が活発となり、FDIが工業を中心とした産業を振興し、経済成長と貧困削減を実現している。

　援助国からのODAが、特にその援助国からのFDIを促進する働きは「ODAの先兵効果」と呼ばれる。経済インフラストラクチャーに重点を置いた我が国のODAは、我が国からその途上国へのFDIを促進する働きがあることが確認されている。我が

国のFDIがアジア、特に東南アジア諸国の経済発展に大きく貢献したことを考えると、経済インフラストラクチャー整備を軸とした日本のODAは、FDIを通じてこれらの国の発展に貢献したものといえるだろう。

こうした実績を受けて、近年ではインフラストラクチャー整備が貧困削減に果たす役割が注目を集めており、我が国だけでなく世界銀行など国際機関でも開発援助とインフラストラクチャーの研究が活発に行われるようになった。例えば2006年5月には日本と世界銀行が「開発経済に関する世界銀行年次会合」を共同で開催し、「開発のための新たなインフラを考える」をテーマとして、インフラストラクチャー整備と経済成長や貧困問題に関する議論が行われた。日本からは、アジアにおける日本の経験に基づく研究成果が紹介され、各国の専門家も交わりインフラストラクチャーが開発に果たす役割が検証されている。

(2) 国際協力によるインフラストラクチャー整備支援

日本の開発援助政策(ODA政策)の基本戦略は、内閣府に設置された海外経済協力会議で決定され、外務省と関係府省が連携しつつ企画立案がなされ、その実施は主に国際協力機構(JICA：Japan International Cooperation Agency)が一元的に行っている。

政府がインフラストラクチャー海外展開を支援する際の有力なツールが国際協力スキームである。以下では、途上国へのインフラストラクチャーの海外展開という視点から、我が国の国際協力スキームを概観しておこう。

国際協力は、広い意味では「国際社会全体の平和と安定、発展のために、開発途上国・地域の人々を支援すること」と定義され、政府以外にも企業、NPO／NGO、自治体など様々なプレーヤーが関与している。資金の流れに注目すると、政府開発援助(ODA)、その他政府資金(OOF：Other Official Flows)および民間資金(PF：Private Finance)に分類され、実施主体に注目すると、政府が相手国と直接行うもの(二国間協力)と国際機関が行うもの(多国間協力)、民間が行うものに分類される。

1) 政府開発援助(ODA)

このうち国際協力で最も大きな役割を果たしているのが政府開発援助である。前

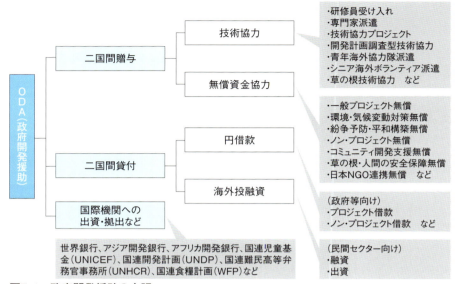

図7-1 政府開発援助の内訳
図:外務省「開発協力白書」を基に作成

述の通り英語ではOfficial Development Assistanceであり、通称はODAと呼ばれる。図7-1に政府開発援助の内訳を示すが、2014年には無償資金協力や技術協力などの二国間贈与で50億8400万ドル、円借款などの二国間貸付で8億8400万ドル[2]、世界銀行、アジア開発銀行など国際機関への出資・拠出金で32億5500万ドルなど、数十億ドル（数千億円）規模で資金協力、技術協力が行われている。

①二国間贈与

　二国間贈与は、途上国に対して無償で提供される協力のことで、無償資金協力と技術協力がある。無償資金協力は、文字通り渡しきりの「無償」資金であり、途上国の中でも所得水準の低い国が対象となる。援助対象は、保健・感染症、衛生、水、教育、農村・農業開発などの基礎生活分野が中心であるが、上水道や道路などで比較的規模の小さいインフラストラクチャー整備も含まれている。

　技術協力は、途上国の社会経済発展の担い手となる人材を育成するために、我が

2　円借款の貸付実行額は73億8100万ドルである。貸付実行額から回収額を差し引いた額が8億8400万ドルとなる。

国の技術や技能、知識を伝達するというものであり、インフラストラクチャーを含む開発計画の策定や専門的な技術や知識を持った専門家の派遣などが行われている。技術協力では、相手国に事前にミッションを派遣し、本体業務の業務範囲(S／W：Scope of Works)を設定するのが通例である。本体業務では、業務の開始に当たり、調査の目的や内容を相手国の実施機関と合意し、インセプション・レポート(Inception Report)として取りまとめる。その後の活動は、中間段階にはインテリム・レポート(Interim Report)、最終段階ではファイナル・レポート(Final Report)として記録される。

②二国間貸付（円借款）

　二国間貸付は、将来、途上国が返済することを前提としたもので、いわゆる円借款と呼ばれているものである。円借款は、プロジェクト型借款、ノンプロジェクト型借款、債務救済の3種類に分けられるが、このうちインフラストラクチャー整備と密接な関係があるのはプロジェクト型借款である。これは、電力・ガス、道路、鉄道、港湾、通信、工業団地など特定のプロジェクトに必要な資金を融資するもので、円借款の中心となっている。

　円借款の金利は低く抑えられており、返済期間も長く設定されているが、あくまで借款であるため、途上国は後で借りた資金を返済する義務を負っている。開発は与えられるものではなく、途上国自身が事業として取り組む意識、すなわちオーナーシップをもって行うことが重要であるが、円借款は資金返済義務を通じてこのオーナーシップを高めることを狙っている。途上国から見れば、借りた資金でその国の社会や経済の発展を目指したインフラストラクチャー整備などを行うわけで、それだけに真剣に開発に取り組むことになる。我が国は、アジア地域を中心に円借款を中心とした国際協力を実践してきたが、現在のアジア地域の発展に、この円借款を活用したインフラストラクチャー整備が果たしてきた役割は大きい。

2）その他政府資金（OOF）

　我が国の国際協力はODAが中心ではあるが、民間企業が相手国のインフラストラクチャー整備を支援したり、インフラストラクチャー事業そのものに事業参画したりする場合に、政府がファイナンスや信用を供与するスキームも整備されている。これが

「その他政府資金(OOF：Other Official Flow)」と呼ばれるものであり、具体的には国際協力銀行(JBIC：Japan Bank for International Cooperation)が実施する輸出金融などが挙げられる。JBICは、日本政府が100％出資する特殊銀行である。業務運営は政府から独立して行われるが、日本で唯一の国際金融に特化した政策金融機関として、日本の対外経済政策・エネルギー安全保障政策を担っている。

JBICによる輸出金融は、日系企業の機械・設備や技術などの輸出・販売を対象とした融資で、外国の輸入者(買い主)または外国の金融機関などに向けて供与している。対象は、船舶や発電設備などのプラントや、資源・エネルギーといった重要物資の安定的確保などであり、この中にはインフラストラクチャー関連の事業も多く含まれる。なお、対象国は、途上国から中所得国が中心であるが、鉄道(都市間高速、都市内)、水事業、バイオマス燃料製造、再生可能エネルギー源発電、原子力発電、変電・送配電、高効率石炭発電、石炭ガス化、二酸化炭素の回収・貯蔵(CCS：Carbon Dioxide Capture and Storage)、高効率ガス発電、スマートグリッドのインフラストラクチャー輸出案件については、高所得国向けも支援の対象となる。

3) ODAとOOFの特徴

ODAとOOFの支援対象を、所得水準と分野を軸に整理したものが図7-2である。

ODAは比較的所得水準の低い国が対象であり、どちらかといえば社会セクターの案件に重点が置かれる。1人当たり国民総所得(GNI：Gross National Income)で供与対象国を見ると、無償資金協力は約1500ドル以下の国、円借款は約5000ドル以下の国、技術協力は約1万ドル以下の国が目安とされる。

一方でOOFは、対象国の所得水準が比較的高く、融資規模も比較的大きな案件が多い。先に述べたように、インフラストラクチャー案件は高所得国向けでの適用も可能である。所得水準が比較的高い国が対象であり、援助条件の緩やかさを表すいわゆる「譲許性」は低いため、円借款に比べて相対的に金利は高く、償還期間は短くなる傾向にある。

4) 他国や多国間による国際協力

こうした国際協力は、我が国だけでなく、他の先進諸国でも行われている。二国

第7章　インフラストラクチャー事業の海外展開

図7-2　ODAとOOFの支援対象
図:首相官邸ホームページなどを基に作成

間協力では、例えば米国の米国国際開発庁、豪州の豪州国際開発庁、英国の英国国際開発省、フランスのフランス開発庁、ドイツのドイツ技術協力公社、韓国の韓国国際協力団など、援助する側の各国に我が国の国際協力機構(JICA)に相当する機関があり、資金協力や技術協力を行っている。

多国間協力では、国際連合開発計画(UNDP：United Nations Development Programme)、国際復興開発銀行(IBRD：International Bank for Reconstruction and Development、通称は「世界銀行」)、アジア開発銀行(ADB：The Asian Development Bank)などに加え、中国が主導して設立されたアジアインフラ投資銀行(AIIB：Asian Infrastructure Investment Bank)が注目されている。AIIBは、増大するアジアのインフラストラクチャー整備の資金ニーズに対応することを目的として2015年に設立された。57か国が創立メンバーであるが、2017年5月時点で日本や米国は参加していない。

途上国では、インフラストラクチャー向けの資金不足が成長の足かせとなっており、AIIBの創設は総じて歓迎されている。ADBの試算に基づけば2010年から2020年にかけてのアジア地域のインフラ投資需要は8兆ドルであり、既存の国際金融機関

だけでは到底賄えない。AIIBで課題とされるガバナンスや融資審査基準の問題については今後も注視が必要だが、AIIBの出現でアジア地域のインフラ投資が拡大することは望ましい方向と言ってよいだろう。

5）タイド援助とアンタイド援助

　先に示した二国間協力あるいは多国間協力ともに、有償資金協力や無償資金協力などの資金援助は、物資およびサービスの調達の仕方によって、タイド援助とアンタイド援助に区分される。タイド援助は、これらの調達先が援助供与国に限定されるなどの条件が付くものであり、日本では「ひも付き」援助と呼ばれることもある。一方、アンタイド援助は、これらの調達先が国際競争入札によって決まる。

　タイド援助、アンタイド援助に関しては、2001年に経済協力開発機構（OECD）の開発援助委員会（DAC）が、後発開発途上国（LDCs：Least Developed Countries）向け援助のアンタイド化勧告を採択し、DAC加盟国に適用されている。2008年にはこの勧告の対象国がLDCs以外の重債務貧困国にも拡大された。

　一般的に援助のアンタイド化は、取引コストを減少させ、被援助国のオーナーシップと当該国制度との整合性を改善し、援助効果を向上させることができる。一方で、多くの援助国で援助をタイド化していた要因としては、タイド援助を通じて被援助国向け輸出の拡大が期待できることや、援助国側の企業が裨益することで国民へのODAの説明責任が果たせることが指摘されている。

　日本は、円借款によるほとんどの案件を国際競争入札で調達するなど、他の援助国に比較してアンタイド援助の割合が高かったが、最近では「顔の見える援助」を目標として掲げ、本邦技術活用条件（STEP：Special Terms for Economic Partnership）円借款（タイド援助）の適用対象を拡大したり、本邦企業の海外子会社も主契約者として認めたりするなど、タイド化拡大に向けた動きを活発化させている。

（3）国の発展段階とインフラストラクチャーへのニーズ

　国の発展段階とその国で必要とされるインフラストラクチャーには密接な関係があると言ってよいだろう。これは、インフラストラクチャー整備による途上国への貢献を考える際に重要な情報の1つとなる。インフラストラクチャーの海外展開の相手国で

は、発展段階に応じたインフラストラクチャーへのニーズがあり、展開に当たってはこうしたニーズを踏まえて適切なインフラストラクチャーを選択し、その仕様を提案していくことが重要である。

国の発展段階については、世界銀行（国際復興開発銀行）による類型化が一般に用いられている。世界銀行は、第二次世界大戦後の先進国の復興と発展途上国の開発を目的として、インフラストラクチャーの建設など開発プロジェクトごとに長期資金を供給する機関として設立された。

世界銀行は、1人当たり国民総所得（GNI）に注目し、この指標を用いて146の国・地域を4つのグループに分類している。1人当たりGNI（あるいは1人当たりGDP）は、その国の1人当たりの平均的な所得水準を表す指標である。あくまで国民の平均値であり、所得格差などの分布は表現できていないが、例えば3000ドルを超えると家電などの耐久消費財が普及し、5000ドルを超えると自動車が普及することが確認されているなど、国の発展水準との相関は高いとされる。

世界銀行は、1人当たりGNIでみた所得水準が1045ドル以下の国・地域を「低所得国」、1046〜4125ドルを「下位中所得国」、4126〜1万2745ドルを「上位中所得国」、1万2746ドル以上は「高所得国」と定義している。このように所得水準に応じて産業高度化の状況や国民生活の水準も異なり、こうした活動を支えるインフラストラクチャーの重点整備分野や整備の仕様も変わってくる。

なお、中国やインドなど国土が広大な国では、地域によって発展段階が異なり、求められるインフラストラクチャーの種類や水準も異なる点には注意を要する。他の国でも、まずは首都などの大都市圏を中心に先行的にインフラストラクチャーの整備に取り組んだり、工業団地など特定の地区で拠点開発を行ったりする場合も多い。

以下では、途上国に属する「低所得国」、「下位中所得国」、「上位中所得国」の3つのグループについて、インフラストラクチャー整備の傾向を概観してみよう。もちろん、インフラストラクチャー整備は各国の固有の事情に左右されるものであり、以下の記述はあくまで大まかな傾向を示しているにすぎない。

1）低所得国

低所得国には、アジアでも比較的開発の遅れたバングラデシュ、カンボジアや、アフ

リカの多くの国々が含まれる。アフリカでは、エチオピア、タンザニア、ケニア、アンゴラ、モザンビークなど、サハラ砂漠以南のサブサハラアフリカ地域の多くの国々が低所得国に属する。これらの国では、食糧危機、保健・医療、基礎的な教育など基本的な生活を送るうえで様々な課題を解決していくことが求められており、インフラストラクチャーについてもこれらの課題解決に資するものが優先される。安全な飲料水を確保するための上水道や、出産や病気の時に医療施設にアクセスするための道路、小中学校など初等・中等教育機関に通うための交通など、基礎的生活分野のインフラストラクチャー整備が重視される。

2）下位中所得国

　下位中所得国には、アジアのラオスやモンゴル、北アフリカのエジプト、モロッコといった工業化が遅れている国々や、インド、インドネシア、アフリカのガーナ、スーダン、ナイジェリア、ザンビアなど大きな人口を抱える新興工業国や資源国が含まれる。これらの国々では、基本的な生活はある程度送れるようになっているが、さらなる生活水準の向上や国内での所得格差解消に向けて、工業を中心とした産業振興が重要な課題である。インフラストラクチャーについても、電力、道路、鉄道、港湾、空港、通信、工業団地などの産業基盤分野が重視される。一気呵成（かせい）に全国で基盤整備を進めるのはインフラストラクチャーの建設能力や財政的理由から困難であるため、大都市圏で経済特区を設定し重点投資を行うなど、拠点開発方式で進められる場合が多い。

3）上位中所得国

　上位中所得国には、アジアの中国、タイ、マレーシアや中南米のメキシコ、ブラジル、アルゼンチン、東欧のルーマニア、ブルガリアなど、工業化が相当程度進んだ国々が含まれる。これらの国々では、多くの家庭で車を所有するなど、一定程度豊かな生活を送るようになっている。インフラストラクチャーについても、電力、道路、鉄道、港湾、空港、通信などの産業基盤は拠点を中心に相当程度整備されてきており、これらの基盤を全国に拡大することが重視される。同じ産業基盤でも高度道路交通システム（ITS：Intelligent Transport Systems）、高速鉄道、物流電子データ交換

表7-3 所得水準による国の類型化とインフラストラクチャー整備

	新興国			高所得国
	低所得国	中所得国		
		下位中所得国	上位中所得	
所得水準 1人当たりGNI（2013年）	1,045ドル以下	1,046〜4,125ドル	4,126〜12,745ドル	12,746ドル以上
国・地域の総数	40	51	55	76
主な国・地域	バングラデシュ、カンボジア、ネパール、タジキスタン、コンゴ民主共和国、エチオピア、ケニア、タンザニア、マダガスカル、モザンビーク、ルワンダ、ウガンダ、ジンバブエなど	インド、インドネシア、ラオス、ミャンマー、モンゴル、パキスタン、フィリピン、ウクライナ、ウズベキスタン、ボリビア、ホンジュラス、パラグアイ、エジプト、モロッコ、カメルーン、コンゴ共和国、ガーナ、ナイジェリア、スーダン、ザンビアなど	中国、マレーシア、タイ、トルコ、ベラルーシ、ブルガリア、カザフスタン、ルーマニア、アルゼンチン、ブラジル、コロンビア、ジャマイカ、メキシコ、ペルー、ベネズエラ、アルジェリア、イラン、イラク、ヨルダン、リビア、チュニジア、アンゴラ、ボツワナ、モーリシャス、南アフリカなど	G7諸国、ユーロ圏諸国、韓国、台湾、香港、シンガポール、ブルネイ、オーストリア、ニュージーランド、ノルウェー、スイス、チェコ、ポーランド、ロシア、チリ、プエルトリコ、ウルグアイ、バーレーン、イスラエル、クウェート、オマーン、サウジアラビア、UAEなど
インフラストラクチャーの整備段階	上水道、初等教育、保健・医療などの基礎的生活分野が中心	電力、道路、鉄道、港湾、空港、通信、工業団地などの産業基盤分野が中心	同じ産業基盤分野でも、ITS、高速鉄道、EDI、航空管制、スマートコミュニティー、通信など、より質の高い高度な基盤が中心	高度な産業基盤に加え、省エネルギー・再生可能エネルギー・高度廃棄物処理、安全・安心を実現する防災、高度医療、準天頂衛星といった宇宙システムなど最先端の領域も含む。既存インフラの維持管理も重要な取り組み課題

表：世界銀行「World Development Indicators」を基に作成

（EDI：Electronic Data Interchange）、航空管制、スマートコミュニティー、通信など、より質の高い基盤が注目され、これらの整備が検討されている。また、一般に1人当たり所得水準が一定の水準を超えると人々の環境への関心が急速に高まると言われている[3]。先に述べた環境改善のためのインフラストラクチャーである下水道整備や自然環境の回復自体を目的としたインフラストラクチャー整備も注目されるようになる。

---

3 例えばGrossmanとKruegerによる研究では、大気質と河川水質に関する指標と平均所得との関係を分析し、多くの指標で環境汚染の程度が減少に転じる転換点が8000ドル未満であることを確認している。

(4) 具体的な取組事例

　以下では、各グループを構成する国の中から、タンザニア(低所得国)、インド(下位中所得国)、インドネシア(下位中所得国)、タイ(上位中所得国)を代表事例として、インフラストラクチャー整備に係る我が国の貢献を概観してみよう。

1) 低所得国の事例：タンザニアの水供給

　タンザニアは、中央アフリカ東部の共和制国家で、サハラ砂漠以南のいわゆるサブ・サハラ地域にある。東アフリカ大陸部のタンガニーカとインド洋島嶼部のザンジバルで構成され、面積94.7万km^2、人口5182万人(2014年)、GNI459億ドル(2014年)を擁する。1人当たりGNIは930ドルで、上記の発展段階では「低所得国」に位置する。

　1961年の英国からの独立以来、安定した政治・治安を実現し、近年はアフリカ平均を上回る年率7%近い経済成長率を達成している。しかし、1人当たりGNIは依然として低く、経済成長による貧困削減が引き続き重要課題となっている。インフラストラクチャーについては、経済成長と貧困削減を支えるものが期待されるが、実際にはまだ基礎的生活を支えるインフラストラクチャーを整備する段階である。

　我が国のODAは、所得水準の低い国を対象とした渡しきりの無償資金協力を活用し、水供給、保健・感染症対策、小学校施設、道路拡幅など、基礎的生活を支える比較的規模の小さいインフラストラクチャー整備を中心に供与されている。例えば水供給では、首都圏周辺地域、南部のリンディ州・ムトワラ州、北部のムワンザ州・マラ州などで給水施設を整備している。タンザニア政府は「タンザニア開発ビジョン2025」の中で、2025年までに各住民が居住する家屋から400m以内に安全で衛生的な水の供給を行う目標を掲げているが、上記の首都圏周辺の対象地域でさえも給水率は23%と極めて低い。整備する施設内容も、公共水栓式給水施設に加え、ハンドポンプ付き深井戸や地下水探査機材など基礎的なレベルにとどまっている。

2) 下位中所得国の事例：インドのデリーメトロ

　インドは、南アジアのインド半島上に位置する。面積328.7万km^2、人口12億9500万人(2014年)、GNI総額2兆359億ドル(2014年)を擁する南アジアの大国である。1人当たりGNIは1610ドルで、上記の発展段階では「下位中所得国」に位置する。1991

年に経済自由化路線に転換して以降、規制緩和や外資積極活用を柱とした経済改革を断行し、その後は高い経済成長を達成している。しかし、急速な経済成長の半面、道路や鉄道、電力、上下水道などのインフラストラクチャー整備が不十分であることが顕在化してきた。例えば電力分野では、首都圏を中心に大規模な停電が発生するなど、電力不足が深刻である。

こうしたことから、インド政府はインフラストラクチャー整備に力を入れており、第12次5カ年計画（対象期間は2012～2016年度）ではインフラストラクチャー分野に約51兆ルピー（約77兆円[4]）を投下する予定である。重要な分野は発電、鉄道、高速道路、都市開発、港湾・空港、工業団地の建設など多岐にわたる。

我が国はインドに対して数多くの案件で円借款を供与してきたが、以下では代表的な事例として、我が国の円借款供与の成功事例の1つと言われるデリー高速輸送システム（デリーメトロ）建設事業を紹介しておこう。先に述べたように、下位中所得国では、大都市圏など特定地域で重点的かつ先行的にインフラストラクチャー整備が行われる場合が多いが、デリーメトロはその典型的な事例である。

デリーメトロは、インドの首都デリーおよびその近郊に路線網を持つ地下鉄と地上・高架鉄道から成る。2016年の第3期の完工で総延長は330km、2021年に第4期が完工すると総延長は430kmとなり、ロンドンの地下鉄（総延長402km）を超えることになる。デリー都市圏は、他の途上国の大都市圏と同様に慢性的な交通渋滞に悩まされており、デリーメトロには交通混雑の緩和と排気ガスなどの交通公害減少を通じた都市環境の改善が期待されている。

我が国は早くからこの事業を支援してきた。第1期（総延長約59km）に対しては、1996年度から6回にわたって総額約1627億円の円借款を供与し、その後の第2期、第3期にも供与を継続している。

デリーメトロの建設には、我が国の建設コンサルタント会社、建設会社や商社なども参画し、工事の効率化や安全管理に関する日本の技術や経験も伝承している。従来、インドの工事現場には、安全帽・安全靴で作業をする習慣は定着していなかったが、建設コンサルタント会社の指導により、作業員の一人ひとりに至るまで工事現

---

[4] 1ルピー＝1.51円（2016年8月レート）として試算。

写真7-1　デリーメトロ（1号線：レッドライン）
写真：久野 真一/JICA

場内では必ず安全帽・安全靴の着用を義務付けた。また、工事区域とそうでない場所を看板で区切ること、蛍光ベストや安全帯を使用すること、工事現場内の資機材を常に整理整頓しておくことなど、日本の工事現場での安全管理や効率的な業務遂行ノウハウを現地の工事現場に定着させた。さらに、朝は決められた時間に集合して仕事を始めることや、工期順守の重要性を伝えるなど、我が国では当たり前と考えられている基礎的な心構えをインドの人々に伝えている。こうした取り組みにより、本事業は単なる先進技術を導入しインフラストラクチャーを建設しただけでなく、インドの工事実施方式に文化的革新を持ち込んだと言われている。

3) 下位中所得国の事例：インドネシアのジャボデタベック大都市圏の鉄道整備

　インドネシアは、東南アジア南部に位置する共和制国家である。面積189万km^2、人口2億5500万人（2015年）、GDP8885億ドル（2014年）を擁する。1人当たりGNIは3630ドルで、上記の発展段階では「下位中所得国」に位置する。

　インドネシアは基本的には農業国であり、米やカカオ、キャッサバ、ココナッツなどの商品作物を生産している。石油、石炭、天然ガスや金、錫などの鉱物資源にも恵まれている。工業は、軽工業、食品工業、織物、石油精製が盛んで、日系企業も多数進出している。1997年のアジア通貨危機では、国際通貨基金（IMF）との合意に基づき経済構造改革を余儀なくされたが、政治社会情勢や金融の安定化、個人

消費の拡大によって経済は回復基調にある。ただし、経常収支の赤字化や通貨安もあり、輸出促進による収支改善が課題である。

　道路、鉄道、エネルギー、通信などのインフラストラクチャーの整備は遅れており、特に人口や諸機能が集中するジャカルタ大都市圏の各種インフラストラクチャーが需要に追い付いていない点や、島嶼部でのエネルギーセクターや交通セクターのインフラストラクチャー整備の遅れが課題である。

　我が国は、インドネシアに対する最大の援助国であり、1954年の研修生受け入れに始まって以来、人材協力や経済インフラおよび社会インフラの整備を通じて、インドネシアの開発に大きく貢献している。以下では、代表的なインフラストラクチャー整備支援の事例として、ジャボデタベック大都市圏(Jabodetabek)の都市鉄道整備事業を紹介しておこう。

　ジャボデタベックは、ジャカルタ大都市圏の通称で、都市圏を構成するジャカルタ(Jakarta)、ボゴール(Bogor)、デポック(Depok)、タンゲラン(Tangerang)、ブカシ(Bekasi)の頭文字を取ったものである。1970年代以降、我が国は大都市圏の旅客輸送改善に向けて様々な開発援助を実施している。1972〜1981年には円借款を活用して設備の近代化やディーゼル車／電車の投入などを実施した。

　さらに1981年には国際協力機構(JICA)が「ジャカルタ大都市圏鉄道輸送計画」を策定した。この計画は、人口約2000万人の圏域(約50km圏)における約150kmの都市鉄道ネットワークの整備を含む旅客輸送改善のマスタープランで、既存の施設・用地、設備、運営組織などを最大限活用することを前提に輸送改善を進めている点に特徴がある。以後はこのプランに基づき、円借款などを活用して都市鉄道の近代化事業が実施された。

　都市圏で複数のインフラストラクチャーを整備する場合、広域での全体最適を達成する観点からは、まずはJICAの技術協力スキームや経済産業省や国土交通省による調査スキームなどG2G(「政府」対「政府」)の枠組みを活用してマスタープランを策定し、次いでプランに基づいて優先順位を付けながら順次、個々のインフラストラクチャーを整備していくことが有効である。ジャボデタベック大都市圏での都市鉄道整備は、この手順を踏んだ典型的な開発援助事例と言えるだろう。そのプロジェクトの進展により、1984年時点で5万人程度しかいなかったジャボデタベック大都市圏の

写真7-2 ジャボデタベック都市圏の都市鉄道（kota駅付近）
写真：久野 真一/JICA

鉄道利用者は、2010年には約36万人に達している。

4）上位中所得国の事例：タイの東部臨海開発

　タイは、東南アジアに位置する立憲君主国家である。面積51万km²、人口6773万人（2015年）、GNI3634億ドル（2014年）を擁する。1人当たりGNIは5370ドルで、上記の発展段階では「上位中所得国」に位置する。1960年代以降、日本や欧米諸国からの海外直接投資（FDI）による本格的な工業化とそれらを背景にした高度経済成長が始まり、インフラストラクチャーの整備も急速に進んできた。その後、アジア通貨危機、リーマンショック、大規模な洪水などが起こったが、これらを乗り越え、順調に経済成長を遂げている。

　タイに対する我が国のODAは、1954年の技術協力に始まり、1968年に円借款、1970年に無償資金協力が開始され、タイの経済発展に貢献してきた。我が国は、累計ベースではタイに対する最大の援助国である。1960年代は主に水力発電や送配電網などのエネルギー、1970年代はこれに加えて長距離電話網や道路整備が加わり、

1980年代はさらに都市鉄道、国際空港拡張、港湾を中心とした臨海開発や地方の電力インフラ、通信インフラや灌漑農業が加わった。

以下では代表的な事例として、東部臨海開発事業を紹介しておこう。これはレムチャバン港建設を中心に、工業団地や鉄道建設を組み合わせた総合的な臨海開発であり、地域振興の実現という成功側面と公害被害の発生という課題を併せ持つ大規模な事業である。

東部臨海開発は、1980年代初めから1990年代前半にかけて推進された。日本の工業団地をモデルとした開発であり、バンコク首都圏への人口・産業の過度の集中を避け、バンコクの東南方80〜200km圏の東部臨海地域に産業基盤を築こうとしたものである。タイ政府は、このプロジェクトを契機に輸出型の産業構造に転換する政策を進めてきた。東部臨海開発は、シャム湾における天然ガスの開発・利用とレムチャバン深海港を核とした複合開発であり、総投資額は115億ドルといわれる。

当時、我が国の円借款供与を担当していた海外経済協力基金（OECF）[5]は、マプタプット工業団地建設とレムチャバンの工業開発に重点を置き、国際港の建設や水の供給、鉄道の敷設など16の事業に27件の円借款（承認総額1788億円）を供与した。こうしたインフラストラクチャー事業は、整備された工業団地への民間資本の進出や深水港の整備による国際物流環境の改善に大きな貢献があった。当時のタイの主要港湾であった首都圏のバンコク港はチャオプラヤ川沿いに立地しており、水深が浅く水路幅が狭いため大型船の入港は不可能であった。バンコク港から輸送されるコンテナはフィーダー船によって、東南アジア地域のハブ港である香港やシンガポールに送られ、ここで滞留された後、大型船で欧米に搬出入されていた。レムチャバン深海港は、世界的なコンテナ輸送の普及や大型化するコンテナ船の直接入港に対応しており、タイの国際物流での地位向上を達成している。

一方、環境社会配慮では、タイの開発の経験の中で環境や人々の健康に影響を与えた最も明らかな事例との指摘もある。特に問題になったのが、工業団地の悪臭問題である。石油精製所などの工場で発生する悪臭が深刻化し、近隣の中学校で授

---

[5] Overseas Economic Cooperation Fund。開発途上国の経済開発に寄与するため、開発資金の円滑な供給を行い海外経済協力を促進することを目的に、1961年3月に設立された日本政府関係機関。1999年、国際協力銀行に業務を引き継ぎ、解散した。

業ができない状態となり、中学校はその後、移転を余儀なくされた。大規模な石油化学コンプレックスを整備・運営する経験はタイでは初めてのことであり、悪臭の規制に関わる法律や経験もなく、対策は後手に回った。その後、当該地区では、政府関係機関、住民、工場の間で地道なコミュニケーションを通じた取り組みが実施されており、状況は改善されている。これらは大規模開発における環境社会配慮という点で貴重な経験となっている。

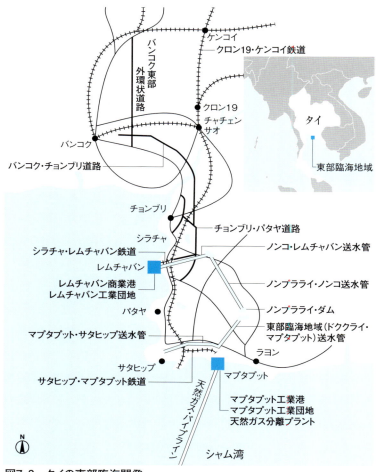

図7-3　タイの東部臨海開発
図:国際協力銀行

第7章　インフラストラクチャー事業の海外展開

第2節
海外インフラストラクチャービジネス

(1) 海外のインフラストラクチャー市場
1) 世界のインフラストラクチャー市場の見通し

　世界のインフラストラクチャー市場が拡大しつつあるのは確実であるが、その正確な数字を予測することは容易ではない。どのセクターを対象に含めるのか、どの時点の市場規模を予測するのかなど、対象範囲の設定で数字は大きく異なる。

　こうしたなかで、世界を対象としてインフラストラクチャー市場を包括的に予測した調査を経済協力開発機構(OECD)が行っている。OECDは、欧米や日本の先進国で国際経済全般を協議することを目的に設立された国際機関である。OECDは、2006年と2012年の2回にわたり、2030年までの世界のインフラストラクチャー市場規模を予測した。結果のみを以下に示すが、それによれば、2010年から2030年にかけての道路、鉄道、通信、電力、水を対象とした世界のインフラストラクチャー市場規模は41兆ドル。日本円に換算すると約4000兆円である。年間平均で約200兆

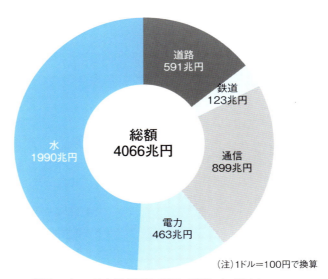

(注)1ドル＝100円で換算

図7-4　2030年までの世界のインフラ市場(通信、道路、鉄道、水、電力)
図:OECD「Infrastructure to 2030 telecom, land transport, water and electricity、2006年」を基に作成

表7-4　2009〜2030年の世界のインフラ市場（空港、港湾、鉄道、石油・ガス）

セクター	年平均投資額（十億ドル）		累積投資額（十億ドル）		
	2009〜15年	2015〜30年	2009〜15年	2015〜30年	2009〜30年
空港	67	120	400	1,800	2,200
港湾	33	42	200	630	830
鉄道	153	271	920	4,060	5,000
石油・ガス（輸送、配送）	155	155	930	2,325	3,255
合計	408	588	2,450	8,815	11,285

(注)1ドル＝100円で換算
表：OECD「Strategic Transport Infrastructure Needs to 2030、2012年」を基に作成

円の市場規模があると予測している。対象としたセクターの中では、水(49%)、通信(22%)、道路(15%)、電力(11%)、鉄道(3%)の順に市場規模が大きい。

　OECDでは2012年に、空港、港湾、鉄道、石油・ガスのインフラストラクチャー市場規模についても試算を公表している。2015〜2030年での市場規模は8.8兆ドル、年間平均で0.6兆ドルと試算している。日本円でそれぞれ約880兆円、約60兆円程度である。対象としたセクターの中では、鉄道、石油・ガス、空港、港湾の順に市場が大きい。

　2006年版と2012年版の予測値と併せて整理すると、OECDでは、道路、通信、電力、水、空港、港湾、鉄道[6]、石油・ガス（輸送、配送）の計8セクターで年間平均約280兆円の市場規模があると予測している。

2）アジアのインフラストラクチャー市場の見通し

　我が国との関係が深いアジアのインフラストラクチャー市場規模の見通しについて見てみよう。アジアの市場規模については、アジア開発銀行（ADB：Asian Development Bank）が試算を発表している。

　ADBは、アジア・太平洋における経済成長および経済協力を助長し、開発途上加盟国の経済発展に貢献することを目的に設立された国際開発金融機関である。従って、ADBが市場規模予測の対象とした範囲は、中央アジア、東・東南アジア、南ア

6　鉄道については、2006年版と2012年版で予測値が異なっているため、最新の2012年版の予測値を採用している。

第7章　インフラストラクチャー事業の海外展開

表7-5　アジアのセクター別インフラ市場規模（2010〜2020年）

セクター	新規 金額(百万ドル)	新規 構成比	交換 金額(百万ドル)	交換 構成比	合計 (百万ドル)
エネルギー（電力）	3,176,437	59%	912,202	35%	4,088,640
通信	325,353	6%	730,304	29%	1,055,657
携帯電話	181,763	3%	509,151	20%	690,914
固定電話	143,590	3%	221,153	9%	364,743
運輸	1,761,666	32%	704,457	27%	2,466,123
空港	6,533	0%	4,728	0%	11,261
港湾	50,275	1%	25,416	1%	75,691
鉄道	2,692	0%	35,947	1%	38,639
道路	1,702,166	31%	638,366	25%	2,340,532
上下水道	155,493	3%	225,797	9%	381,290
下水道	107,925	2%	119,573	5%	227,498
上水道	47,568	1%	106,224	4%	153,792
合計	5,418,949	100%	2,572,760	100%	7,991,710

（注）対象国は、中央アジア（アルメニア、アゼルバイジャン、グルジア、カザフスタン、キルギス、タジキスタン、ウズベキスタン）、東・東南アジア（ブルネイ、カンボジア、インドネシア、ラオス、マレーシア、フィリピン、タイ、ベトナム、モンゴル）、南アジア（バングラディシュ、ブータン、インド、ネパール、パキスタン、スリランカ）、太平洋（フィジー、キリバス、パプアニューギニア、サモア、東ティモール、トンガ、バヌアツ）
表：アジア開発銀行「Infrastructure for a Seamless Asia、2008年」

ジア、太平洋諸国の開発途上国である。日本、中国、韓国、台湾など、すでに経済成長を遂げておりADBの支援対象となっていない国・地域が含まれていないことには留意する必要がある。

　ADBの試算では、対象国のインフラストラクチャー市場規模は、2010年から2020年にかけて8兆ドル、日本円に換算すると約800兆円[7]、年間で7300億ドル（約73兆円）である。セクターとしては、エネルギー（電力）、道路が中心であり、通信や上下水道が続く。

　インフラストラクチャー市場規模全体のうち、新規開発が5.4兆ドル（約540兆円）、更新が2.6兆ドル（約260兆円）と予測されており、更新需要が3割を占めている点は興味深い。グリーンフィールド（Green Field）と呼ばれる新規開発だけでなく、ブラウ

---

[7]　1ドル＝100円として試算。

ンフィールド(Brown Field)である既存施設の更新市場も一定程度存在することが示されている。

3) 海外インフラストラクチャー市場の特徴

インフラストラクチャー事業の海外展開は、海外市場の特徴やニーズを把握することから始まる。市場の特徴やニーズが国ごとに異なるのは言うまでもないが、国の発展段階を踏まえると、先進国市場と新興国・途上国市場はそれぞれ共通の特徴を持っているものと思われる。

新興国・途上国では、概してインフラストラクチャーが不足しており、新設と更新では圧倒的に新設の割合が高い。ただ、これらの国の政府やインフラストラクチャーに関わる民間事業主体は技術や資金が不足しており、我が国を含む先進諸国や世界銀行やアジア開発銀行などの国際機関が技術面や資金面で協力する案件が多

表7-6　インフラストラクチャー市場の特徴

	新興国・途上国	先進国
対象	・所得水準が低い国では上水道、初等教育、保健・医療へのアクセス道路など基礎的生活分野を重視 ・所得水準の向上とともに電力、道路、鉄道、港湾、工業団地など産業振興関連に注力 ・需要超過によるバイパス路線の整備や更新投資の場面で、高規格道路や新幹線など、よりグレードの高いインフラ整備へのニーズが高まる	・新規の整備案件は減少 ・既設インフラの追加・更新案件は増加 ・追加・更新の場合、最先端の技術が活用される場合も多い。鉄道のバイパス路線整備における超高速鉄道の導入など ・エネルギー分野でスマートコミュニティーの実証実験を開始。地球環境問題への配慮と快適な生活の両立を目指す
事業形態	・基礎生活分野や産業分野を中心に新規にインフラを整備するグリーンフィールド案件が多数 ・すでに整備されたインフラの事業権を得て運営・管理だけを長期間にわたり実施するケースも出現	・グリーンフィールド案件よりも既設のインフラへの追加投資・更新投資や運営・管理を行うブラウンフィールド案件に注目 ・点検業務、維持補修計画の立案、実際の維持補修工事の実施などの維持管理業務が大きなビジネス機会
事業手法 (スキーム)	・先進国、国際金融機関が資金の出し手、技術協力の主体となり、当該国政府および関連機関が事業主体となる形態が基本 ・国際協力のスキームがインフラ整備において重要な役割を果たす	・PPP／PFIやコンセッション方式など様々な事業形態を取りながら民間企業が活躍している場合が多い ・運営・管理では、事業者が自ら実績を積んできた施設のみならず、他国を含む多数のインフラの運営・管理事業を展開するケースも見られる ・インフラの反復的な利用者に対して、多角的に様々な商品やサービスを提供するビジネスも拡大

い。また、新興国・途上国にはアジア・中東・中南米・アフリカなど全く国情の異なる国々が含まれるが、それぞれのインフラストラクチャーの整備動向や国情に応じたビジネスや協力の在り方を提案し、実行することが必要となる。

一方、先進国は経済が成熟し、インフラストラクチャー整備でも要求される質の水準が高くなる傾向がある。また、既に整備されてきたインフラストラクチャーの改良・更新や既存路線の延伸などの更新需要・追加的需要が中心となっている。インフラストラクチャーを運営・維持管理する市場では民営化が進展し、民間事業者の参入機会は拡大している。インフラオペレーター間でのM&A（買収・合併）なども活発に行われており、運営・維持管理がビジネスとして注目されている。

表7-6に新興国・途上国市場と先進国のそれぞれの市場の特徴を整理しておく。なお、ここでは高所得国を先進国として、上位中所得国、下位中所得国、低所得国をまとめて新興国・途上国として扱っている。

(2) 海外インフラストラクチャービジネスの事業内容とリスク

1) 海外インフラストラクチャービジネスの事業内容

一般に、民間企業が海外において、自らの裁量と責任を持ってインフラストラクチャー施設の発議、計画、設計、建設、運営、管理を行う営利ビジネスを海外インフラストラクチャービジネスと呼ぶ。その具体的な事業内容は、大きく以下の3つに分けることができる。

①案件形成／調査・計画

開発計画の策定や個々のインフラストラクチャー案件の発掘・形成において、相手国政府・政府機関と対話しながらニーズを掘り起こして案件形成につなげたり、開発計画や事業性評価(F／S：Feasibility Study)を受託したりするものである。この段階でのビジネス形態は、調査業務やコンサルティング業務となる。

日本では、建設コンサルタント会社や総合商社、あるいは電力、ガス、鉄道、道路などの事業会社、地方自治体の水道局などが、ODA業務の専門家として、あるいは独自ビジネスの開拓でこの種の事業に参画している。

ただし、欧米に比べて日本のコンサルタントは、この段階で相手国への入り込みが不十分との指摘がある。欧米諸国は、水や鉄道など特定のセクターに強いコンサ

ルタントや事業主体が相手国に深く入り込んでインフラストラクチャーの発議から参画し、優良な案件を発掘している。例えばサウジアラビアの上下水道事業では、フランスのヴェオリア社やスエズ社といった大手インフラオペレーターが相手国政府保有の上下水道事業株式会社とマネジメント契約を結び、経営技術の指導や現地作業員の訓練を行いつつ、その後、コンセッション方式でプロジェクトへの参画を果たしている。

　我が国でも、経済産業省、国土交通省や国際協力機構の枠組みを活用して案件形成／調査・計画段階から民間事業者が参画する動きが出てきた。開発計画の策定主体は、相手国の中央政府や地方政府であり、まずは政府対政府（G2Gベース）の枠組みを活用して計画策定の支援から着手することが有効である。政府間で基本合意書（LOI：Letter of Intent）を締結→ワーキンググループによる共同作業を実施→マスタープラン・アクションプランを策定→円借款案件を形成→日系企業によるインフラストラクチャー案件の受注、といった展開があるだろう。

　例えばインドネシアのジャカルタ首都圏投資促進特別地域マスタープランの策定には、日本の政府やJICAからの後押しも受けつつ、複数の日本の建設コンサルタントやインフラストラクチャー関連事業者がジャカルタ大都市圏の都市鉄道、道路、国際港湾、国際空港、下水道、火力発電所、スマートコミュニティーを含む20の案件を対象に計画の策定を行った。その結果いくつかの日系企業が、都市鉄道や港湾改修など具体的なインフラストラクチャー事業の事業可能性調査や事業の実施に参画することとなった。

②設計・調達・施工

　相手国政府・政府機関や民間事業者から注文を受け、インフラストラクチャープロジェクトの設計（Engineering）、資機材などの調達（Procurement）、施工（Construction）を請け負うものである。この設計、調達、施工は、それぞれの英語表記の頭文字を組み合わせて、一括して「EPC」と呼ばれる。国内外のエンジニアリング会社、建設会社、総合商社、メーカーなどが個別に、あるいは国際コンソーシアムを組んで担うのが一般的である。コンソーシアムとは、特定のプロジェクトの受注、実施を目的として複数の企業が契約に基づいて結成する有期限的な組織である。これらの企業は「EPCコントラクター」と呼ばれる。国際コンソーシアムは、①相互技術の補完、②リ

スクの分散、③各国政府資金の活用、④現地企業の参加が必要または強制される場合——に結成されることが多い。

　海外で建設工事などを行う場合、現地事情に関する情報不足を補うためには、その国や地域を熟知している現地企業と組むことが有効な方法である。現地企業の経営者はしばしばその地域の有力なキーマンであることも多く、プロジェクト遂行中の現地でのトラブル収拾にも役立つ。ただし、技術的・資金的に実力が伴わない場合もあり、事前に十分なチェックと指導が必要である。

　アジアでは、欧米や日本など先進国の企業が元請けとなり、現地企業が下請けとなることが多かったが、中国、台湾、韓国、インドなどでは、現地企業が近年急速に力を付け、先進諸国企業の参入が難しくなりつつある。また、中国や韓国の企業は、低価格を強みとして元請けとなる案件が急増しており、日系企業の競争条件は厳しくなりつつある。

　この段階で日系企業が注意すべきことは、相手国側のニーズと日本側が提案するインフラストラクチャーの仕様や性能との乖離である。インフラストラクチャーに限らず日本の提案は、技術偏重により相手国の利用者ニーズよりも過剰な性能になりがちである。加えて日系企業は、コスト積み上げによって価格を決定している場合が多く、特に価格面での乖離が大きい。インフラストラクチャーに関わる製品や部品を現地生産化することでコストダウンを図るなど、現地ニーズに応える工夫が求められる。

　国際標準化への対応も重要な課題である。国際標準化では、欧州主導の規格が新興国などの新たな市場でも採用されている場合が多い。例えば鉄道分野では、欧州主導でつくられたRAMS[8]（国際電気標準会議の国際規格）がインドなど新興国の市場でも採用されている。現状では、日系企業が参入する場合、先行する欧州主導の規格に対応しつつ、現地要求仕様にも応えなければならない。このような国外主導の国際標準が参入のハードルを高くしている点は、日本が海外でインフラストラクチャービジネスを展開するうえで大きな課題である。

③**運営・管理**

　相手国政府から入札などによって事業権あるいは運営権を意味するコンセッシ

8　Reliability（信頼性）、Availability（アベイラビリティ）、Maintainability（保守性）、Safety（安全性）

ョンを取得し、事業会社に出資して運営・管理を行い、その収益をもって投下資金を回収するというインフラストラクチャービジネスも行われている。これは運営(Operation)と維持管理(Maintenance)の、それぞれの英語表記の頭文字を組み合わせて、一括して「O&M」と呼ばれることもある。

　日系企業では、1990年代から総合商社、電力会社の一部が電力セクターを中心に本格的に運営・管理を事業展開している事例が見られるものの、全般的には欧州企業に比べて出遅れている。

　運営・管理は、インフラストラクチャーの運営事業者(オペレーター)がその役割を担う。欧州では、運営事業者が積極的に海外展開を行っている。鉄道では、欧州での1980年代の鉄道自由化を皮切りに、まずは欧州域内で国境を越えた事業運営が進展し、その経験を基に欧州の鉄道事業者は鉄道運営事業者として、アジアなどEU以外の鉄道事業に積極的に参入するようになった。水事業では、フランスのヴェオリア社やスエズ社など、いわゆる水メジャーが積極的に水事業の運営を展開している。これに対して日本からは、電力セクターを除いてインフラストラクチャーの運営・管理に進出する日系企業は少なく、近年になってようやく鉄道会社、道路会社、空港会社や自治体の水道局などがこの分野に関心を高めつつある。

　運営・管理での進出に当たっては、国内案件以上に様々なリスク回避への対策が欠かせない。需要リスク、運営費オーバーのリスク、災害などの不可抗力リスク、政治リスクなど様々なリスクがあり、相手国と受託者側でリスクシェアを巡って厳しいやり取りが行われる。

　最近では、運営や維持管理のパフォーマンスに応じて委託料が決まる「アベイラビリティー・ペイメント」などの新たな手法も活用しつつ、相手国と受託者との間で合理的にリスクをシェアする事例も出てきている。例えば、我が国のインフラストラクチャー海外展開の成功事例とされる「英国都市間高速鉄道プロジェクト」では、英国運輸省から日立製作所が高速鉄道車両866両の車両製造と27年半にわたる保守事業を受託した。事業実施者は車両製造、リース、保守サービスに責任を持つ一方、需要リスクは取る必要がない仕組みとなっている。さらに、保守サービスについては、事業実施者が保守の完了した車両を故障のない状態でユーザーに届けられているかが評価され、それによって委託料が決定するというアベイラビリティー・ペイメントの仕

組みが取り入れられた。インフラストラクチャーの運営・管理業務(O&M)は複数年契約になるのが一般的であり、このようなスキームも積極的に取り入れ、事業実施者のインセンティブが高まるよう、適切に官民のリスクシェアを進める努力が必要と思われる。

2) 海外ビジネスならではのリスク

インフラストラクチャー事業には、様々なリスクがあることは先に述べた通りだが、特に海外でインフラストラクチャービジネスを展開するに当たっては、為替リスクなど海外で行うビジネスであるが故に気を配るべき特有のリスクがある。以下ではこうした海外ビジネスで共通に気を配るべき代表的なリスクを取り上げて解説しよう。

①為替リスク

為替変動リスクや外為取引リスクなどの為替リスクは、相手国政府・政府機関の行為や制度上の問題により、インフラストラクチャー事業の遂行に支障が出る海外ビジネス特有のリスクの1つである。

外為取引リスクとは、相手国の為替当局が外国為替取引を規制し、事業会社の外貨調達、国内通貨の外貨への交換や海外への送金に支障が生じるリスクである。インフラストラクチャービジネスの収入は、鉄道の運賃や有料道路の通行料など、現地の市場から現地通貨建てで得られるものである。一方、事業のために投下する資金の調達は、円や米ドルなど外貨であることが多く、事業会社は事業収益の一部を外貨に換えて、配当や借入金の返済に充てることになる。こうした為替取引については、特に途上国では為替当局の許認可が必要である場合が多く、これが認められないと事業が滞ってしまう事態も生じる。

また、為替変動リスクは、外貨と円を交換する際に、交換レートである「為替相場」が変動し、円換算で損失が発生するリスクである。為替相場は相手国の経済情勢のみならず国際的な経済環境にも大きく影響を受けるし、相手国の為替当局が意図的に為替相場に介入する可能性もある。特に途上国の場合、将来の売買についてある価格での取引を保証する「先物取引」などのようなリスクをコントロールする手段が限られるため、特に支払い額の大きいインフラストラクチャーの建設や関連機器・設備の調達については、こうした為替リスクを踏まえて中身を検討する必要がある。

②制度リスク

　インフラストラクチャー事業は、相手国の国家あるいは国家機関による規制産業である。相手国政府の法制や規制によって守られることもあれば、法制や規制の変更により事業が継続できないリスクもある。

　途上国の場合、法律、会計、金融、為替、保険、資金決済、登記など、事業を行ううえでの各種制度が不備なところが多い。また、事業の途中で法制が変更されて事業に支障が出ることもある。インフラストラクチャー事業に関係する法律としては、会社法、労働法、出入国管理法、法人税や関税に関わる税法、PFI／PPPに関わる民活関連法、環境保護法などがあるが、整備途上であるが故に、これらの法律が改正されることもしばしばである。また、国家戦略の変更で法制が変更される場合もよくみられる。法制変更があっても、変更前の法律に基づいて事業を開始している場合、既得権益として新法が適用除外になればよいが、こうした措置は必ずしも保障されない。

　例えば、ロシアのサハリン州沿岸に存在する石油と天然ガスを生産・輸出するサハリン2プロジェクトでは、ロシア政府による外資導入政策を背景にロイヤル・ダッチ・シェルと三井物産、三菱商事の3者が合同でサハリン・エナジー社を設立し、事業を進めていた。しかし、世界的な石油価格の上昇を受けてロシア政府はエネルギー政策を転換し、サハリン2を含む複数の石油・天然ガス鉱区を戦略的鉱区に指定し、外資導入を制限する措置を取った。サハリン2については、その後の交渉の中で、ロシアの国営ガス会社ガスプロムがサハリン・エナジー社の株式を50％＋1株取得し、ロイヤル・ダッチ・シェル、三井物産、三菱商事を含めた新たな資本構成の下で事業を進めることが合意され、開発中止は免れることとなった。

③政治リスク

　基幹的なインフラストラクチャー事業では、相手国の政府や政府機関が契約相手であることも多いが、特に途上国では政府や政府機関が契約に違反し、事業に支障を来すリスクがある。このリスクは、契約先の政府や政府機関が契約を履行するのに十分な予算を確保できなかったり、議会や国民が何らかの理由で事業に反対したりする場合に発現する。また、インフラストラクチャー事業は長期にまたがるため、その期間中に政権が交代し、事業に関する方針が変わる場合もある。政府や政府

機関にとって有利な形で事業者が契約条件の変更に合意するまで、契約不履行の状態が続くこともある。

例えば、フィリピンの首都マニラの国際空港の第3ターミナルは、政権の交代に翻弄された典型的な事例と言えよう。第3ターミナルは、日本のコンサルタント会社が設計し、日本の建設会社が施工を担当し、日本のスポンサーが事業会社に出資した、まさに本邦企業による海外インフラストラクチャービジネスである。マニラ国際空港公団が運営する第1、第2ターミナルとは異なり、BOTによる民活事業で25年間にわたって民間の事業主体が運営する予定であった。開業予定の2002年には進捗率98％まで完成していたが、実際には当初の契約から6年遅れた2008年に部分開業、国際線を含めた全面開業は2014年となった。

この遅れの主な要因としては、政権の交代による方針の変更があった。建設前にエストラーダ大統領との間で締結された契約は、エストラーダ大統領を追い落としたアロヨ大統領によって見直しが主張され、最高裁判所に至る一連の裁判を経て契約無効となった。政権移譲が穏当に行われない場合、旧政権の約束が新政権に円滑に引き継がれるとは限らず、場合によっては否定されることもある。

民活事業として空港ターミナル事業を行ううえで、地域独占を確保できるかどうかは死活問題である。第3ターミナルの事業主体は、エストラーダ大統領時代に締結したコンセッション契約で国際線専用ターミナル事業としての独占的地位の保証を確保していたが、その後フィリピン政府は同じマニラ首都圏に位置するクラーク国際空港の拡張を新たなBOTで進めるなど、当初の約束が反故にされる結果となった。これはフィリピン政府による義務履行違反だと指摘されている。

(3) 海外インフラストラクチャービジネスの新たな潮流

1) 主体：民間活力の導入

日本では、インフラストラクチャーは公益性や自然独占などの特性から、多くの場合は公的主体や公的な企業体によって整備され、運営・管理が行われてきたが、世界では、PPPなど民間の経営力・技術力・資源を活用したインフラストラクチャーサービス供給モデルが構築されつつある。こうした民間活力の導入は、1980年代に欧州で始まり、次第に世界に広まっていった。

特に我が国の海外インフラストラクチャービジネス展開の主要な市場であるアジアでは、1990年前後から技術面や資金面で民間活力を導入したインフラストラクチャービジネスが数多く実施されてきた。インフラストラクチャーの建設や運営・管理に積極的に民間活力を導入している国・地域は、中国、韓国、台湾、フィリピン、ベトナム、タイ、マレーシア、インドネシア、インドなどである。

　これらが民間活力導入に積極的な理由としては、①インフラストラクチャーの需要に財政資金だけでは対応できず、民間資金を導入する必要があったこと、②インフラストラクチャーの建設や運営・管理面で経験豊富な民間の技術や経営ノウハウを取り入れ、効率的な事業運営を図ろうとしたこと、③1997年に発生したアジア通貨危機の際に、国際通貨基金（IMF）、世界銀行（IBRD）、アジア開発銀行（ADB）など国際援助機関が、支援対象国に対して融資の見返りにインフラストラクチャー市場の民間開放を要請したこと、④欧州諸国や豪州を中心にPPPやPFIの実績やノウハウが蓄積され、これら諸国のインフラ関連企業がアジア展開に積極的であったこと――などが挙げられる。

　例えば豪州は、自国の市場でPPPを導入して海外の技術やノウハウを取り入れながらインフラストラクチャーを整備、運営・管理しつつ、その市場で鍛えられた自国企業を、アジアなど世界のインフラストラクチャービジネス市場に送り込んでいる。

　豪州では、シドニー・ハーバー・トンネルなど、1980年代からインフラストラクチャーの建設や運営・管理に民間活力を取り入れてきた。1990年代には空港法、道路交通法、国家鉄道会社法、電気通信法など多くの関連法制度が整備され、インフラストラクチャー市場への民間部門の参入機会が拡大した。これは自国の企業だけでなく、外国の企業に対しても門戸は開かれていて、豪州市場への諸外国からの参加は活発である。例えばヴィクトリア州政府がPPPで進める海水淡水化事業は、フランスのスエズ・エンヴァイロメント社、豪州の大手ゼネコンであるティース社、豪州大手投資銀行であるマッコーリ社で構成するコンソーシアムが受託し、日本の伊藤忠商事もコンソーシアムへの出資パートナーとして事業経営に参画している。

　一方で、国内PPP案件で経験を積んだ豪州企業は、アジアをはじめとする海外のインフラビジネスに積極的に乗り出している。上記のマッコーリ社は、自国のインフラ投資事業で蓄積したノウハウを生かして、英国のテムズウオーターや米国のプエル

トリコ空港民営化案件など、世界各地でインフラストラクチャーPPPビジネスに参入している。

2）事業者：総合インフラストラクチャー企業の出現

　海外の主要なインフラストラクチャー企業は、事業の計画、設計、建設、運営・管理、資金調達などのインフラストラクチャー事業の全てを総合的に請け負う能力を持っている。いわゆるバリューチェーンの垂直統合であり、上流から下流までの総合的な管理や計画的な投資などを狙っている。

　また、フランスのヴェオリア社、ドイツのRWE社やE.ON社のように、最近では電力、水道、廃棄物処理、運輸といった複数のインフラストラクチャー分野を1社で手掛けるいわゆる水平統合型の総合インフラストラクチャー企業も現れてきた。特に、電力、ガス、水道、廃棄物などのユーティリティーサービスについて同一の事業者が複数のサービスを提供することは、マルチユーティリティーと呼ばれる。

　こうした企業は、それぞれのインフラストラクチャー分野に共通するノウハウを生かした相乗効果の大きいビジネスを展開しており、特定の国のインフラストラクチャーを丸抱えすることによって、その国で大きな影響力を持っている。

　こうした総合インフラストラクチャー企業の一例として、ドイツのRWE社を紹介しておこう。RWE社は、電力、ガス、水道、エネルギー取引など複数のユーティリティー分野を手がけるマルチユーティリティー企業である。中核となる電気事業については、発電、送電、配電、小売りの全てを手掛け、垂直統合を保っている。

　同社は、もともとは化学、廃棄物管理、機械・プラント、建設、通信など幅広い領域を持つ巨大コングロマリットであったが、通信市場の自由化を契機に通信事業から撤退し、次いで化学や建設などの事業も売却し、逆にM&Aを通じてユーティリティー分野を拡大した。その戦略は、ユーティリティー分野の中でも電力、ガス、水道に集中することでコア・ビジネスの充実を図るものである。

　主な供給先は、ドイツの産業の中心地域であるノルトライン・ヴェストファーレン州やラインラント・プファルツ州だったが、M&Aを通じて英国、北米、中央ヨーロッパなどの市場にも進出を図っている。その国際展開の特徴は、例えばガスの貯蔵、輸送、配給、小売りを行うチェコのトランスガス社など相手国の垂直統合型事業者の

買収を行うことで、その市場に対して影響力を確保しようとするものである。

3) 事業形態：注目されるブラウンフィールド

　インフラストラクチャーを全く新規に整備する場合をグリーンフィールド案件、既設のインフラストラクチャーへの追加投資・更新投資や運営・管理を行う場合をブラウンフィールド案件と呼ぶことは先に述べた。いずれもゴルフ場の開発に例えられた呼び方で、前者は整備されたばかりのゴルフ場の未使用グリーンが青々としていることに由来し、後者はグリーンが傷んで枯れているように見えることに由来する。

　最近の海外でのインフラストラクチャービジネス、特に官民連携で行うPPPビジネスでは、ブラウンフィールドの案件が主流となりつつある。ブラウンフィールド案件は、既設の施設の運営・管理を手掛けるために完工リスクはなく、インフラストラクチャーで幅広く需要があることから安定した収入が期待できる。このビジネスはインフラストラクチャーの整備が一段落した先進国で発達を遂げてきたが、近年では新興国や途上国のPPPビジネスでも注目されている。

　インフラストラクチャーのPPPビジネスで先行するのは欧州企業である。ここではその代表的な事例としてスペインの道路運営会社（道路オペレーター）をみてみよう。

　スペインは、同じ欧州のフランスやイタリアとは異なり、早くから民間活力の導入で道路の整備や運営・管理を行っている。現在、全国の道路網の約2割が有料区間で、民間の道路オペレーターが国や自治州、市町村から運営権を得て事業を行っている。スペインはフランコ独裁政権下で、戦後のマーシャルプランによる復興支援が受けられなかったために、道路整備に充当する公共財源が不足していた。そこでスペイン政府は、民間企業が自らの資金で有料道路を建設・運営する場合に一定期間の料金収入を得る権利を付与するコンセッション方式を採用し、民間の事業者に道路の整備を委ねた。スペインでは、その後急速に国内の道路整備が進展している。

　主に道路整備を受け持ったのは建設会社であるが、日本との違いは、工事を請け負った建設会社が別途道路オペレーターを設立し、この民間企業が有料道路の運営・管理を行っている点である。道路の運営・管理市場は大きく拡大し、このビジネスは道路サービス産業と呼ばれるほどであった。近年では、老朽化した道路の改築や維持管理を道路オペレーターに委託するブラウンフィールドのコンセッションも盛ん

に行われるようになっている。

　スペインの道路オペレーターは、国内市場で経験と運営ノウハウを蓄積し、EUにおける市場開放の中で国際競争力を高め、現在はEUの域外市場にも進出するグローバルオペレーターとなっている。代表的な企業としては、Abertis社がある。Abertis社はスペインの有料道路ネットワークの約6割を占めるスペイン最大の道路オペレーターであり、スペインに加えてフランス、ブラジル、チリ、プエルトリコなど8カ国で事業を展開しており、将来的には北米市場への進出も視野に入れている。

(4) 我が国インフラストラクチャー事業の海外展開戦略

　これまで、我が国のインフラストラクチャー産業の海外展開は一進一退を繰り返してきたが、国内インフラストラクチャー市場の縮小、グローバル化の進展、アジアをはじめとする新興国の台頭とインフラストラクチャー需要の拡大など取り巻く環境が変化するなかで、改めて我が国インフラストラクチャー事業の海外展開戦略が求められている。

　政府も「インフラシステム輸出戦略」を打ち出し、新興国を中心とした世界のインフラストラクチャー需要を積極的に取り込み、日本の経済成長につなげていくことをうたっている。インフラストラクチャー事業の海外展開は、我が国の優れた経験や技術・ノウハウを活用しつつ海外でのインフラストラクチャーの建設や運営・管理に貢献し、かつ我が国関連産業の持続的発展にも寄与できる一石二鳥の施策となり得る。

　以下では、日本の経験を生かすという観点から、我が国のインフラストラクチャー事業を海外に展開する際の着眼点を2つ紹介しておこう。

1) 制度設計やインフラストラクチャー活用方策との連携

　海外インフラストラクチャービジネスを持続可能なものとするためには、営利ビジネスとして確実に利益を上げることが必要である。一般にインフラストラクチャービジネスは、ハードなインフラ施設の設計・調達・施工や運営・維持管理が中核をなすが、インフラストラクチャーに関わる制度設計や関連ビジネスなど、ハードな施設周辺でのいわゆるソフト面での取り組みも忘れてはならない。ソフト面での取り組みをハードな施設と組み合わせることで、インフラストラクチャービジネス全体の効率性や収益

性が向上し、ビジネスはより持続可能なものとなる。
　こうした観点から我が国のインフラストラクチャービジネスを俯瞰すると、関連事業展開やインフラストラクチャーの活用などで古くから様々な工夫が行われており、海外に伝えたい制度設計やビジネススキームが数多くあることに気付かされる。
　鉄道事業を例に取ると、鉄道利用者から得られる旅客収入だけでは事業として成

表7-7　鉄道に関連した制度設計やインフラ活用方策例

着眼点	制度設計・インフラ活用方策	事例
鉄道の敷設と一体となった沿線開発、開発利益の還元	・鉄道事業権 ・地権者組合形成方式	東急田園都市線
	・宅鉄法 ・土地区画整理事業による集約換地	つくばエクスプレス
	・鉄道と都市開発の一体的な計画・整備 ・開発者負担方式 ・P線(私鉄整備)補助	みなとみらい線 りんかい線
駅周辺の高度利用	・特例容積率適用区域制度 ・自由通路	東京駅丸の内駅舎保存・復元
	・長距離バスターミナル ・駅ビル併設 ・路外駐車場	新宿駅南口基盤整備事業
未利用鉄道用地の活用	・国鉄清算事業団による事業 (貨物ヤード跡地活用) ・土地区画整理事業	汐留地区再開発 高松港頭地区再開発
新幹線駅周辺開発	・副都心形成 ・国際的な集客施設整備	東海道新幹線新横浜駅
	・請願駅(地元負担、民間寄付) ・駅隣接都市施設	東海道新幹線掛川駅
	・土地区画整理事業、駅前広場整備 ・新幹線駅接続道路整備	北陸新幹線佐久平駅
	・土地区画整理事業、駅前広場整備 ・新幹線駅接続道路整備 ・請願駅(地元負担、民間寄付)	上越新幹線本庄早稲田駅
新幹線を活用した産業振興・観光振興	・本社移転 ・製造業移転	北陸新幹線沿線 (富山県、石川県)
	・国際空港と新幹線の連携 ・観光プロモーション	東海道新幹線を活用した観光のゴールデンルート
	・ブランド構築 ・九州新幹線広域観光開発	南九州観光調査開発委員会
	・広域高度医療拠点 ・新幹線を活用した広域からの患者誘致	サガハイマット(九州国際重粒子線がん治療センター)

表:三菱総合研究所

立しないケースもあるが、鉄道事業に不動産事業や流通・小売業を組み合わせることで、固定客ともいえる鉄道利用者の満足度向上と事業全体の発展を図ることができる。第6章で紹介した東急グループによる田園都市線沿線での取り組みや、JR東日本によるSuicaビジネスや駅ナカビジネスが典型的な事例である。

　また、こうした事業展開を可能とする制度設計も忘れてはならない。例えば鉄道事業と不動産事業の組み合わせの促進に関しては、我が国は「大都市地域における宅地開発および鉄道整備の一体的推進に関する特別措置法(通称、「宅鉄法」)」を整備し、鉄道の敷設と一体となった沿線開発の促進を促している。この法制度が整備されたことで、鉄道新線の沿線地域で土地区画整理事業での集約換地が可能となり、鉄道事業と宅地開発事業を一体的に推進することが可能となった。この宅鉄法は、つくばエクスプレスとその沿線地域で適用されている。

　土地区画整理事業は、高速鉄道の駅周辺地域開発でも効果的に活用されている。新幹線駅周辺開発の成功事例とされる北陸新幹線・佐久平駅の周辺開発でも土地区画整理事業が活用され、駅周辺では駅前広場、文化施設、交流広場、商業・業務施設、ホテル、住宅などが集積する新たな街が形成されている。土地区画整理事業による駅前広場整備は上越新幹線の本庄早稲田駅でも実施されるなど、鉄道駅周辺開発で威力を発揮している。

　その他、鉄道を例に取って、制度設計やインフラストラクチャーの活用で工夫を行っている事例を表7-7にまとめた。相手国で制度設計を支援する際にはJICAによる技術協力スキームの活用などが効果的であり、インフラストラクチャー活用方策は相手国インフラ事業者へのコンサルティング業務などを通じて伝えることができるだろう。こうしたソフト面での取り組みの経験や教訓の伝承をハードな施設の輸出と組み合わせることで、ハードなインフラシステムの輸出に弾みがつくことも期待できよう。

2）経験と実績を生かした都市システムの輸出

　日本の経験を生かし、かつ海外のインフラストラクチャー需要に応える観点から注目される領域として、都市システムの包括的展開がある。都市を支えるインフラストラクチャーは、交通、エネルギー、上下水道、環境、情報・通信、防災など複数のセクターにまたがり、これらは相互に密接に関係している。こうした複数のインフラス

トラクチャーを都市システムとして包括的に取り扱い、かつ案件形成／調査・計画、設計・調達・施工、運営・管理に至るバリューチェーン全体を見据えた提案を行っていくことは、インフラストラクチャー受注で欧米や中国、韓国に対抗するための国際競争力の向上にも効果的であると思われる。

都市システムの包括的展開に注目する理由は、以下の3点である。第1に、近年、特に新興国や途上国では急激な経済成長を背景に、都市機能の抜本的な強化や都市の再開発・拡張に対するニーズが高まっていることが挙げられる。特に、都市化が急速に進む中国、ASEAN、インドなどのアジア地域では都市インフラ需要の拡大が著しい。

例えばインドでは、2010年時点で人口100万人以上の大都市が43あったが、2030年には68都市が100万人以上の都市になると予想されており、そのうち6都市は人口1000万人以上の「メガシティー」である。都市システム分野は、道路、鉄道、空港、港湾などの交通、発電と送配電、スマートコミュニティーのためのエネルギー、上下水道、リサイクルや廃棄物、情報・通信、防災など、複数の要素を含んでいる。この分野は、新興国を中心に急速な需要増大が見込まれる有望な市場である。

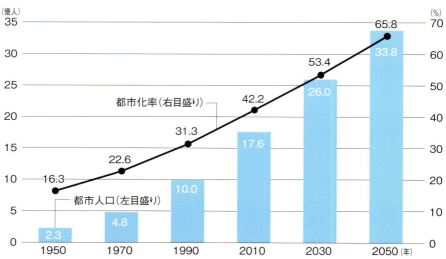

図7-5　アジアの都市人口および都市化率の見通し
(注) 都市化率は総人口に占める都市人口の比率
図:国際連合「World urbanization prospects, The 2009 Revision」を基に作成

第2に、複数の要素を持つ都市システムは、いわばインフラストラクチャーのデパートであり、産業連関的にも広がりが大きいことである。関係する主体も、建設コンサルタント、メーカー、エンジニアリング会社、総合建設会社(ゼネコン)、商社、運営・管理事業者(オペレーター)まで幅が広い。こうした都市システム展開で、我が国の

表7-8　都市システムに関する日本の経験例

分野	項目	日本が有する技術・システム・制度
交通問題	都市鉄道	相互直通運転、ATC(自動列車制御装置)・CTC(列車集中制御装置)、ICカード、駅ナカビジネス
	道路	ITS(高度道路交通システム)・ETC、車両安全対策、自動ブレーキシステム
	駐車・駐輪	地下駐車場、立体駐車場、タワー駐輪場
エネルギー	電力	エコキュート、コンバインドサイクル発電、EMS(エネルギーマネジメントシステム)
	ガス	エネファーム、コージェネレーション、緊急時ガス放散システム
	省エネルギー	ゼロ・エミッション・ビル／ハウス、省エネ型情報機器・システム、トップランナー制度
水	上下水道	漏水検知システム、水処理システム、中水道システム、直結給水
情報・通信	情報	クラウド・ネットワーク、光ファイバー、ビッグデータ活用
	通信	地上波デジタル
	大気汚染	排煙脱硫装置、排煙脱硝装置、VOC(揮発性有機化合物)処理装置
	騒音・振動	防音壁、無振動工法
	ヒートアイランド	保水性舗装、屋上緑化、都市計画対応
	ごみ処理	廃棄物処理、ガス化溶融炉、リサイクルシステム
住宅	スプロール化	立体ゾーニング(複合建設)、都心居住(超高層住宅)
	高齢化社会	サービス付き高齢者住宅、既存住宅街のリノベーション
防災	震災	免震・制震工法、地震早期警戒システム、非常時の通信確保システム、救急体制、防災拠点、BCP(事業継続計画)
	都市水害	地下ダム、予測解析システム
	火災	耐火素材、消火システム、都市計画的対応
	落雷	UPS(無停電電源装置)、CVCF(定量圧定周波数装置)
防犯	都市型犯罪	TV監視システム、バイオメトリック(指紋・虹彩・静脈認証)
	テロ	テロ対策東京パートナーシップ(合同訓練、テロ情報ネットワーク、非常時映像伝送システムなど)
都市開発	インナーシティー問題	コンパクトシティー、都心居住型総合設計制度
	都市計画手法	土地区整理事業、特例容積率適用地区制度、民間都市再生事業、連鎖型再開発
	地下街	耐震基準・耐震診断、G(Geospatial)空間シティ構築事業、地下街安心非難対策ガイドライン

表：日立uVALUEコンベンション2010特別講演「社会インフラの高度化とグローバル展開」(高島正之氏)を基に作成

事業者が上流から参画し、相手国中央政府・地方政府や、関連する現地関係者とネットワークを構築しつつ、計画段階から我が国の技術や制度設計を相手国に正当に評価してもらってプロジェクトの設計に盛り込むことが、国際競争に打ち勝つうえで重要である。

第3は、我が国の経験や強みが生かせることである。先に述べたように、日本は高度経済成長期以降、人口や産業が急速に都市部に集中する過程で、公害問題、エネルギー・環境問題、交通渋滞問題、高齢化問題など、世界の国々にも共通する様々な課題を既に経験しており、課題解決に向けてシステムに関する技術や制度設計を高度化させてきた歴史を持つ。郊外のニュータウン開発、旧市街地の再開発から、近年の東京の丸の内地区や東京ミッドタウンの開発まで、海外の都市デベロッパーが注目する事例が数多く存在する。こうした経験や実績は我が国の「売り」であり、海外に「伝える」価値のあるものである。

(5) 具体的な取り組み事例

以下では、相手国のインフラストラクチャーにかかる需要に対応したり、日本の経験や実績を活用して海外でインフラストラクチャービジネスを展開したりしている本邦企業の取り組み事例を紹介しておこう。

1) 豪州のシドニー・ハーバー・トンネル

豪州は、インフラストラクチャーの建設や運営管理でPPP方式をいち早く導入しているPPP大国である。その門戸は自国の企業だけでなく外国の企業にも開かれており、日系企業にとっても有力なビジネスチャンスとなっている。

PPP方式は主に有料道路の開発と運営に用いられているが、日系企業が参画した代表的な事例としてしばしば取り上げられるのが、シドニー・ハーバー・トンネルである。このトンネルは、シドニー北部とシドニーの商業地区を結ぶシドニー・ハーバー・ブリッジの交通渋滞解消を目的として、シドニー湾を横断する第2の交通手段として整備された。総延長は2280mの4車線道路専用海底トンネルで、鉄筋コンクリート造の函体8函をつなぎ合わせる沈埋工法で建設され、1992年に開通した。資金調達と建設・運営には、施工・所有・運営・所有権移転契約方式(BOOT：Build-Own-

Operate-Transfer)が採用され、日本の熊谷組がコンソーシアムの主たる出資者かつ設計・施工者として参加している。

当該プロジェクトのPPP体制にはニュー・サウス・ウェールズ州政府がスポンサーとして参画し、州政府は熊谷組を含むコンソーシアムを選定した。熊谷組は、地元の建設会社と50：50の比率でジョイント・ベンチャー（JV：Joint Venture）であるシドニー・ハーバー・トンネル会社をつくり、この会社は州政府と35年契約(工期5年、運営30年)を締結した。契約に従えば、2022年まではこのJVがトンネルの運営に当たり、その後は州政府の資産として所有権を移転することになる。

熊谷組のJVが選定された理由の1つは、函体長距離外洋曳航など熊谷組が持つ高い技術力である。この技術力を背景にBOOT事業化を提案し、貴重な経験を修めることとなった。本件は、豪州でも最初の本格的なPPP案件であり、政府が最終的には通行料金収入保証を行って需要リスクをカバーするなど、公共部門が大きなリスクを引き受けた。JV側が引き受けたのは施設の完工リスクと維持管理・運営および資金調達リスクが中心であり、熊谷組から見て比較的恵まれた案件の下、海外PPPビジネスの経験を積めた意味は大きい。

熊谷組は、豪州のシドニー・ハーバー・トンネル事業への参画以前に、香港の海

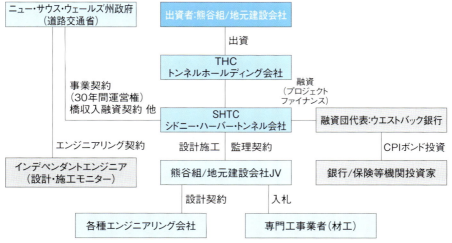

図7-6　シドニー・ハーバー・トンネルの事業スキーム
図：熊谷組

底トンネルのBOT事業に参画するなど、海底トンネル分野での実績を積んできた。さらに、香港で参画した東部海底トンネルについては、自社で建設した施設のBOT事業期間が満了を迎えるに当たり、政府に返還された施設の管理・運営・保守事業に参画するなど、ブラウンフィールドでの新たなビジネスモデルにも取り組んでいる。

2）台湾への新幹線輸出

　特に先進国を対象としたインフラストラクチャーの新設・更新では、従前の施設よりも先進的な技術を用いた施設整備が志向される場合が多い。日本は「質の高いインフラ」として、国内で培った先進的な技術を用いたインフラストラクチャーの海外展開を進めているが、典型的な事例は新幹線輸出であろう。以下では、日本の新幹線の海外展開第1号案件である台湾高速鐵路（以下、「台湾高鐵」）を紹介しておこう。

　台湾高鐵は、台湾の北部の台北と南部の高雄の間345kmを90分で結んでいる。台湾の人口は2351万人（2016年）、人口密度は653人／km^2と高密であり、かつ人口の約9割は台湾高鐵沿いの西海岸側に集中しているので、高速鉄道を導入するには好ましい条件となっている。台湾高鐵では、民間事業者として自己資金で建設し、完成後に一定の期間の経営権を得て運営し、その後施設を台湾政府に譲渡するBOT方式が採用された。BOT方式で建設・運営されたプロジェクトとしては世界最大である。

　車両には新幹線技術が投入されるなど最終的には日本の技術が採用されたが、入札から受注に至る過程では国際入札ならではの厳しさがあった。高速鉄道の入札は1996年に行われ、フランス、ドイツの欧州連合と連携した台湾高速鐵路聯盟と三井物産、三菱重工業、東芝、川崎重工業、三菱商事、丸紅、住友商事の7社で構成される日本の企業連合と連携した中華高速鐵路聯盟が応札した。当初、入札はコストが安価であったことなどを理由に、欧州連合チームと連携した台湾高速鐵路聯盟が契約を獲得した。しかし、その後ドイツの高速鉄道ICEでの死者101人を出した大事故や1999年に発生した台湾大地震を受けて状況が変化し、台湾政府は台湾高速鐵路聯盟の技術パートナーを、欧州連合から日本連合に切り替えた。早期地震検知警報装置の導入を提案していた点が理由とされる。

　このように入札段階から複雑なプロセスをたどっており、突然のシステム変更が発

第7章　インフラストラクチャー事業の海外展開

生したために様々な混乱も生じている。鉄道システムの全てで日本のシステムを導入したわけではなく、運行スタイルなどは欧州方式を踏襲していたため、最終的には日本製の車両がフランス式の運行システムに従い、ドイツ製の分岐器を通過するという日欧混在システムとなり、異なる理念のサブシステムを無理やり統合するという難しい業務を経験することとなった。

　標準化への対応でも苦労している。技術パートナーが欧州連合から日本連合に変わった後も、台湾高鐵からの仕様自体は欧州の鉄道コンサルタントが欧州鉄道規格をベースとして作成したものがそのまま使われており、日本の企業連合は、欧州規格に合わせて設計を変更したり、認証を受けるために欧州のコンサルタントからの指導を受けたりする必要があった。本来、十分に安全な新幹線が「なぜ安全といえるのか」を欧州規格にのっとって立証するために膨大な文書作成を強いられるなど、多大なコストを要した。

　我が国のインフラストラクチャー海外展開の成功事例といわれる台湾高鐵だが、入札段階での受注獲得やその後のシステム混在問題、欧州規格への対応など、海外インフラビジネスならではの難しさを経験することとなった。こうした経験は次の展開に生かすことが重要である。今ではこうした経験を踏まえ、米国のダラス—ヒュ

写真7-3　台湾高鐵
写真:R-CREATION / JTB Photo

ーストン間をはじめとする複数路線、インドのアーメダバード―ムンバイ間やシンガポールとマレーシアの首都クアラルンプールを結ぶ路線など、複数の国々で日本の新幹線輸出が検討されている。

3) 米国での維持管理ビジネスの展開

　我が国技術の海外展開の観点からは、インフラストラクチャーの老朽化が社会問題化している先進国の維持管理市場も注目に値する。特に米国ではインフラストラクチャーの老朽化が日本よりも先行しており、道路の場合もガソリン税の増税などで財源を確保しつつ、維持管理・更新に取り組んできた。全米土木学会によれば、その市場規模は2013年から2020年にかけて1.6兆ドルと試算されている。

　その中でも、特に道路橋梁の維持管理は重視されている分野の1つである。2007年にはミネソタ州ミネアポリス市で高速道路の鉄筋コンクリート床版鋼製トラス橋崩落事故が発生していることなどもあり、道路橋梁の維持管理は社会的な注目度も高い。以下では、我が国で培ってきた道路点検技術を活用して、この巨大市場での事業展開に取り組んでいる西日本高速道路(NEXCO西日本)グループの事例を紹介しておこう。

　NEXCO西日本は、国内の高速道路のコンクリート構造物の点検において、高解像度デジタル画像を用いたひび割れ点検技術と赤外線カメラを用いた浮きおよび剥離の検出技術を利用し、点検の効率化に努めてきた。NEXCO西日本では、これらの技術は老朽化した道路を多数抱える米国でもニーズがあると考え、点検事業の米国での展開に取り組んでいる。NEXCO西日本では、まずフロリダ州の実際の橋で試験施工を実施し、高い評価を得た。その後、100%出資の現地法人を立ち上げ、米国の複数の道路管理者、エンジニアリング会社などに営業し、フロリダ州とインディアナ州で点検業務を受注するに至った。

　NEXCO西日本が着手した米国での道路橋梁点検技術の展開は、まさに政策の動向を踏まえたインフラストラクチャービジネスである。米国では日本よりも早くから道路橋梁の老朽化が問題となり、1970年代には全国道路橋梁点検基準(NBIS: National Bridge Inspection Standards)を制定し、2年に1度の頻度で道路橋の点検が実施されるようになった。しかしながら、データは主に目視点検で収集された主

観的な情報であり、橋梁の各部材の状態・性能についての詳細な定量情報に基づく将来の劣化予測を踏まえた維持管理を行うことはできなかった。

こうした状況を受けて、米国連邦道路庁は「長期橋梁性能プログラム」という研究開発プロジェクトを立ち上げ、実態データに基づいた定量的な性能評価と劣化を予測するモデルの構築を目指すこととした。NEXCO西日本は、このプログラムの活動に参加して日本における道路点検の効率化に向けた取り組み状況について紹介するなど、現地の政策動向を把握しつつ、自社の点検技術の米国市場での展開可能性を探った。

インフラストラクチャービジネスで日本の企業が米国に進出している事例は少ない。優れた道路橋梁点検技術を持っているとはいえ、NEXCO西日本の新規参入でも未知の領域の開拓に伴う様々な困難があった。日本とは異なる米国の商習慣を理解することや関係者とのネットワークを形成して営業チャネルを開拓することが必要であったし、当たり前のことではあるが技術者は現地の言葉で自社の技術の優位性を語り、相手を納得させなければならなかった。また、実績重視の米国では、実績づくりのために無償のパイロット事業で成功を積み重ね、発注者となる道路管理者の信頼を獲得しなければならなかった。

写真7-4　海上の連続橋の点検風景
写真：NEXCO西日本

こうした地道な取り組みを積み重ね、今では米国内で16件の点検業務を受注し、実績を上げた州もフロリダ、オハイオ、ペンシルバニア、インディアナ、メリーランド、バージニア、ニューヨークと、東海岸を中心に広がってきている。

　さらに、道路橋点検用に開発した技術を他のコンクリート構造物点検にも応用し、ワシントン・メトロ（地下鉄公社）の橋梁の点検、南米ブラジルのイタイプダム（水力発電用ダム）の点検など、その適用範囲を拡大しつつある。日本の高速道路の管理で培った維持管理技術が世界で活躍を始めている。

参考文献

第1節
- 世界銀行「東アジアの奇跡――経済成長と政府の役割（EAST ASIA MIRACLE：Economic Growth and Public Policy, A World Bank Research Report）」、1993
- マイケル・P・トダロ、ステファン・C・スミス「トダロとスミスの開発経済学」（国際協力出版会）、2004.4
- 絵所秀紀「開発経済学と貧困問題、『国際協力研究 Vol.13 No.2』」、1997.10
- 外務省「2015年版開発協力白書」、2016.3
- 外務省「2005年版政府開発援助（ODA）白書」、2005.10
- 戸堂康之「開発経済学入門」（新世社）、2015.9
- 渡辺利夫「開発経済学入門」（東洋経済新報社）、2010.2
- 山田順一「新興国のインフラを切り拓く　戦略的なODAの活用」（日刊建設工業新聞社）、2015.11
- 武井泉「日本の国際協力〜ODAにおける日本型援助の強み〜、『季刊 政策・経営研究 2009年 vol.4』」
- 外務省「外交政策ホームページ」
- 外務省「対インド国別援助計画」、2006.5
- JICA「各国における取り組みホームページ」
- 有賀賢一・江島真也「タイ王国東部臨海開発総合インパクト評価 ―円借款事業事後評価―、『開発金融研究所報（OECF）』」、2000.4
- 国際協力銀行「東部臨海開発計画総合インパクト評価」、1999.9

第2節
- 経済協力開発機構（OECD）「Infrastructure to 2030 telecom, land transport, water and electricity」、2006
- 経済協力開発機構（OECD）「Strategic Transport Infrastructure Needs to 2030」、2012
- アジア開発銀行「Infrastructure for a Seamless Asia」、2008
- 加賀隆一「国際インフラ事業の仕組みと資金調達」（中央経済社）、2010.6
- 加賀隆一「実践 アジアのインフラ・ビジネス」（日本評論社）、2013.7
- 齋藤祥男・絹巻康史「国際プロジェクト・ビジネス」（文眞堂）、2001.1
- 日本PPP・PFI協会ホームページ
- 日本貿易振興機構（ジェトロ）海外調査部アジア大洋州課「豪州及び日本のインフラ分野におけるPPPプロジェクト〜民間部門参入の促進に向けて〜」、2010.8
- 電気事業連合会ホームページ
- 電力中央研究所「欧州エネルギー事業者の経営戦略、『電力中央研究所調査報告Y04012』」、2005.5
- 藤森祥弘「海外PPPインフラビジネス、『土木技術67巻5号』」、2012.5
- 平石和昭「今、注目されるインフラ輸出と展開のポイント、『土木技術67巻5号』」、2012.5
- 栗原誉志夫（三井物産戦略研究所）「道路サービス産業の世界動向、『戦略研レポート』」（三井物産戦略研究所）、2016.7
- U.S. Department of Transportation Federal Highway Administration「Case Study of Transportation Public‐Private Partnerships around the World」、2007.7
- 内閣府「インフラシステム輸出戦略平成28年度改訂版」、2016.5

- 熊谷組ホームページ
- 交通新聞社「特集 台湾新幹線開業間近!、『鉄道ダイヤ情報 第35巻12号』」、2006.11
- 三谷浩二・松本正人「NEXCO西日本の米国における橋梁点検事業への参入、『土木技術67巻5号』」、2012.5

索引

■英数字

14条地図　286
3割自治　156
ADB（アジア開発銀行）　170、297、378、381、394、396、404
AHP（階層分析法）　261
Before-After比較　233
BIG DIG　361
BOO　176
BOT　54、176、213、343、403、413
BRT（バス高速輸送システム）　354、360、361
BTO　176、212
CAD　280、320
CBR（費用便益比）　252
CIM　280
CM方式（コンストラクション・マネジメント）　279、301、303
CVM（仮想評価法）　251
DB（デザイン・ビルド）　279
DBFO　177、183
DBO　177
DMO　333
DSCR（借入金返済余裕度）　273
EIRR（経済的内部収益率）　252
ETC（自動料金収受システム）　330
FIDIC（国際コンサルティング・エンジニア連盟）　297
FIDIC契約約款　297
FIRR（財務的内部収益率）　242、246、273
G2G　389、398
ITS（高度道路交通システム）　330、384
JICA（国際協力機構）　297、377、381、389、398、409
JR東日本　329、345、351、354、357、360、409
KPI　226、270
LCC（ライフサイクルコスト）　238、312、313、315
LRT（軽量軌道交通）　212、362
NIMBY（Not In My BackYard）　266
NPV（純現在価値）　241、243、246、252、273
ODA（政府開発援助）　375、377、378、380、381、386、390
O&M　400
PDCA（マネジメント）サイクル　226、312
PFI（Private Finance Initiative）　54、125、154、175、182、183、212、229、254、292、298、301、341、343、402、404
PPP（Public Private Partnership）　125、154、175、182、183、301、334、341、343、402、403、406、412
RWE社　198、199、405
Suica　345、409
TCM（トラベルコスト法）　250
TVA　55、136
UCM（原単位法）　251
VFM　213
WACC　235、241、243、246
With-Without比較　233
WTP（支払い意願額）　251

■あ行

アーチ橋　53
アイアンブリッジ　51
アウトバーン　136、182
青山士　94
明石海峡大橋　52、54
秋田湾の工業開発構想　138
安積疏水　14、46、69、91
アジアインフラ投資銀行（AIIB）　381
アジア開発銀行（ADB）　170、297、378、381、394、396、404
アジアNIES（新興工業経済地域）　372
アスワン　56
アセットマネジメント　309、311、314、319、320
アッピア街道　23
荒川放水路　94
安全率　280
アンタイド援助　382
飯田線　88
域内経済波及効果　256
イコールフッティング　149、179、189、200、201
維持管理計画　228、316
イタイプダム　56、418
一部前払い方式　295
一括払い　295

一級河川　156
一対比較法　261、262
移転補償　288
イニシャルコスト　206、213、228
伊能忠敬　36
岩上二郎　85
仁川国際空港　62
インフラ・オペレーター　341
インフラシステム輸出戦略　407
ヴェオリア・ウォーター社　197、199、342
ウォーターフロント　74
運営組織計画　228
エコノミー・オブ・スコープ（範囲の経済）　202
エプロン　60
円借款　376、378、379、380、382、387、389、390、398
大河津分水路　82、84
オースマン　43、48
大通（札幌）　43、44、109
オープンアクセス　179
小樽運河　115、116
小樽港　69、115

■か行

海外経済協力基金（OECF）　391
海外直接投資（FDI）　376、390
外郭施設　60
階層分析法（AHP）　261
下位中所得国　383、384、386、388
外的条件　226、228、243、280
開発金融　170
開発経済学　372
開発途上国　63、93、170、372、377、382、395
開発利益　187、211、232、408
外部効果　10、80、98、173、186、190、224、232、236、263
街路網　25、43
確立された技術　274
加算料金　324
貸し倒れリスク　272、273
瑕疵担保　281、295
瑕疵担保責任　281

鹿島港　58、84、85、97
加重平均資本コスト　235
ガス管路網　64
仮想評価法（CVM）　251
カッシニ　35、36
活性汚泥法　49
株主資本　208、338
株主要求利回り　235
貨幣価値　229、234、250
貨幣換算　220
借入金返済余裕度（DSCR）　273
為替リスク　334、401
河村瑞賢　31
灌漑　11、18、46、55、69
環境アセスメント　129、282
環境影響評価法　282、290
環境基本法　282
頑健性　243、253、273
完工リスク　214、298、335、406、413
関西国際空港　61、126、204
管制施設　60
間接波及効果　247
完全競争市場　194
干拓　31、34、289
関東大震災　44、74
感度分析　243、244、253、273
官民混合型　147、157、161、178、206、224、233、263、297、322、326、332、337、341、351
管路網　48、64
企業会計　153、162、163、322
企業価値　105、222、224、267
企業の評判（レピュテーション）　267
起債　152、155、165、169、187
技術協力　378、380、389、390、409
技術提案・交渉方式　301
技術的外部効果　232、236
技術的難易度　229
技術的要求事項　297、302
基準点［総合評価］　260
基準点［測量］　12、35、36
木曽三川分流　29

423

北垣国造　46
北上川総合開発計画　56
帰着ベース　236、251
機能的寿命　356、359、364
基本合意書（LOI）　398
キャナルマニア　365
キャピタリゼーション仮説　237、251
キャピタルゲイン　82、214
九州国際空港　134
急速ろ過処理　48
供給管理型　147、149、192
供給者効果　232
競合調整型　147、149、200
強制収用　44、87
競争的市場環境　185
協調融資　273
共同企業体（JV）　299、413
共同溝　64
業務上過失責任　281
巨大事業型　147、148、178
巨大投資型　168
巨大ユーティリティー企業　200
許認可　113、145、267、282、290、401
金銭的外部効果　232、236
金銭的保証　295
金利　124、179、207、209、229、234、272、322、323、335、338、339、379
（土地）区画整理（事業）　44、106、155、237、251、289、409
クリームスキミング　174
グリーンフィールド　395、406
グレート・ウェスタン鉄道　40、41
グレートベルト東橋　54
クロード・モネ　40、41
黒部ダム（黒部川第四発電所）　57、121、122
経済インフラストラクチャー　372、376
経済協力開発機構（OECD）　375、382、393
経済効率性　220、222、234、244、250、252、253、257、258
経済的寿命　356、360
経済的内部収益率（EIRR）　252
経済波及効果　231、250

経済評価　223、229、230、231、238、246、256、263
経済リスク　334
計量的効果　229、230、231
ケインズ（的）政策　55、231
下水道管網　48
下水道整備五箇年計画　51
限界費用　194
減価償却　153、162、163、175、187、208、322、323、325、338、366
現在価値（化）　234、241、246、251、253、366
建設工事標準下請契約約款　297
建設工事保険　296
建設国債　155、170
建設コンサルタント賠償責任保険　281
建設リスク　335
原単位法（UCM）　251
減歩　44、210、289
権利関係者　218
広域地方計画　270
合意形成　109、145、206、218、221、224、230、245、251、254、258、266、267
公営企業　123、146、148、166、186、202
公会計　152、153、163、322、351
鋼橋　51
工業港　57、97、139
公共工事の品質確保の促進に関する法律　300
公共工事標準請負契約約款　297
公共施設運営権　302
工業整備特別地域　85
公共用地の取得に関する特別措置法　288
公衆便所　50
更新改良　106
交通安全施設　11、70、157
公的支援　218、222
公的資金　174、207、208、224、226
公的補助　155、175、184、351
荒廃するアメリカ　309
公物　152、154、156、157、158、175、322
公物管理法　152、154、156、157
公募型企画提案方式　299
コーポレートファイナンス　209、229、273

424

開門　42、91
公有水面埋立法　267、290
合流式　51
交流人口　74、98、333
ゴールデンゲート橋　53
航路　11、60、95、365
航路標識　60
港湾運営会社　158
港湾管理者　157
国際協力機構（JICA）　297、377、381、389、398、409
国際コンサルティング・エンジニア連盟（FIDIC）　297
国連ミレニアム宣言　374
国連ミレニアム目標（MDGs）　375
コスプーデン湖　104
固定資産除却損　366
固定資産廃棄損　367
五島慶太　106
小林一三　81
雇用創出効果　249、256
コルベール　35
コンストラクション・マネジャー（CMR）　301
コンセッション　175、182、184、187、192、199、205、213、302、341、342、398、403、406
コンテナ輸送　59、95、391

■さ行

災害対策基本法　347
財政投融資　155、165、170
最低価格落札方式　300
財投債　155、170
債務救済　379
財務効率性　222、224、225、243
財務的内部収益率（FIRR）　242、246、273
財務評価　223、229、230、231、238、241、263
笹子トンネル　309
砂防ダム　66
砂防事業　66
三峡ダム　56
産業連関表　246
産業連関分析　246

参入・退出規制　193、196、200、341
サン・ラザール駅　41
シーニックバイウェイ　333
時間価値　250
時間選好　234
事業効果　231、246
事業実施環境　223、229、233、255、258
事業性評価（F／S）　397
事業促進PPP方式　301
事業の実行性　229
事業の成立性　229
事業評価　221、223、258、271
事業評価監視委員会　224
資金調達コスト　234、243、246
始皇帝　20、365
自己資本　207、208
支出負担行為担当官　296
市場の失敗　144、192
施設効果　231、250
自然公物　156
自然災害リスク　334
自然独占　149、189、192、196、200、403
四川盆地　18、20
持続可能な開発目標（SDGs）　375
実費精算契約　294
指定管理者制度　154、158、197、212
自動車専用道路　72、263
シドニー・ハーバー・トンネル　404、412、413
支払い意思額（WTP）　251
シビルミニマム　70
指名競争　299
社会資本整備重点計画　269
社会的厚生　80、87、92、120、148、162、193、200、219、220、221、222、223、224、225、233、266、282
社会的割引率　235、251、253
斜張橋　54、213
ジャボデタベック大都市圏　388、390
斜面崩壊対策　66
ジャン・ピカール　35
終末処理場　51
収用委員会　132、288

終了リスク　335
シュツットガルト　111、112、136
首都機能移転構想　136
需要追随　92、117
需要の価格弾力性　239
需要予測　223、238、241
純現在価値（NPV）　241、243、246、252、273
純粋公共型　146、151、178、206、220、223、224、229、233、264、297、303、322、337、351
純粋民間型　147、149、297
純便益　252
準用河川　156
上位中所得国　383、384、390
仕様規定　298
上下分離　171、175、177、179、180、181、182、185、201、339、341、343
浄水場　11、48、362
将来シナリオ　239
初期助成型　147、148、185、265
除却　14、146、238、356、366
秦　19、20、365
人工公物　157
新古典派経済成長論　374
シンジケートローン　169、273
新宿副都心　362
水域施設　60
随意契約　299
水準点　37
水平分離　174、177、178、183
水門　21、65、91、94、130、331
水力発電　46、55、62、71、390、418
スエズ運河　40、42
スクリーニング　282
ステークホルダー（利害関係者）　162、190、218、221、222、226、230、245、254、258、261、266、272、282、297、303
ストック効果　250、270
ストロームズンド橋　54
スマートコミュニティー　385、398、410
青函トンネル　119
生産誘発効果　249

税収効果　256
政治リスク　334、400、402
成長の諸段階モデル　373
制度リスク　402
性能規定　298、301
政府開発援助（ODA）　375、377、378、380、381、386、390
政府資金　207、208、399
政府保証債務　169
政府持ち株企業　167
世界銀行　92、122、170、297、372、377、381、383、396
関一　86
石油備蓄基地　100、101
設計・施工一括発注方式　292、298
設計・施工分離発注方式　292
設計・調達・施工（EPC）　398、407、410
設計パラメータ　279
全国総合開発計画　85、90、102、115、136
全国プール制　174
戦災復興事業　44
全地球測位システム（GPS）　37
専門工事業者（サブコン）　296
占用　154、289
ゾイデル海開発　33
操業リスク　335
総価契約　294
総価契約単価合意方式　294
総括原価主義　187、195
総合インフラストラクチャー企業　405
総合建設社（ゼネコン）　296、411
総合評価　229、230、233、254、258
総合評価落札方式　301
相互直通運転　201、359
外濠再生構想　108、109
その他政府資金（OOF）　377、379、380、381
損益分岐点分析　244
損害賠償　295

■た行
ターナー　40、41

第三セクター　99、146、162、166、173、174、178、185、188
大深度地下の公共的使用に関する特別措置法　287
大水深港湾　72
タイド援助　382
耐用年数　163、228、238、308、356
大陸横断鉄道　39、192、200
台湾高鐵　414、415
多国間協力　377、381、382
タコマ橋　53
多次元評価　258
多々羅大橋　54
田辺朔郎　46
他人資本　207、209
玉川上水　47、362
多摩田園都市　105、192、344
多目的ダム　55
段階的な選抜方式　301
単線段階理論　373
地域維持型契約方式　301
地域支援型　147、148、173
地域戦略型　147、149、202
地域独占　10、185、189、197、238
チェクラップコク国際空港　61、62
遅延補償　295
地下鉄　39、82、86、187、210、287、324、360、387、418
（区分）地上権　131、287
地籍図　286
地籍調査　286
千歳川放水路　130、131
地方交付金　103
地方単独事業　152
地方の活性化　75
チャンギ空港　61
中央建設業審議会　297
中央防災会議　349
直接効果　236、247
貯水池　11、48、55
直轄事業　152、254
チョンジ川　360

低所得国　383、386
デザイン・ビルド（DB）　279
デッドウェイト・ロス（死荷重損失）　151、193
テネシー川　55、136
デリーメトロ　386、388
デレーケ　46
電気通信網　63
電線類の地中化　63、75
統一河川情報システム　331
東海道新幹線　120、148、317、323、329
東海道（本）線　14、39、120、308
登記　286、402
東急電鉄　82、105、192、344
東京メガループ　357、358
東京湾臨海副都心　126
投資計画　162、218、221、233、238、241、243、245、257、269、271、273
投資効果　218、219、231、332
投資収益性　219、221、241、243
灯台　11、60
東部臨海開発事業　390、392
トーマス・テルフォード　53
道路整備五箇年計画　89、269
特殊法人　146、155、165、167、168、169、171、177、204
特定財源　155、182、208
特別目的会社（SPC）　205、213
独立行政法人　165
都江堰　18、20
都市公園　103、158、212
都市再開発事業　71、73
都市内高架鉄道　39
土地改良事業　289
土地改良法　289
土地基本法　287
土地収用法　118、287、288
土地台帳付属地図（公図）　286
土地登記簿　286
利根川東遷　29
トラス形式　53
トラベルコスト法（TCM）　250
トリクルダウン　373

■な行

内部効果　232
内部資金　207、208
内部補助　173、174、178、187、208
長野新幹線　117、118
ナポレオン3世　43、48、342
成田新幹線　132、133
二級河川　156
二国間貸付　378、379
二国間協力　377、382
二国間贈与　378
日米構造協議　125
二部料金　196
日本橋　106、107、172
入札・契約方式　292、293、297、300
ニューリバーヘッド　47
任意買収　287、288
能登空港（のと里山空港）　97、98
野蒜港　91
ノンプロジェクト型借款　379

■は行

廃棄　357、366
廃棄物処理　11、103、199、266、405
泊地　60
箱桁形式　53
派生需要　344
バックアップオペレーター　274
発生主義会計　153、162
発生ベース　236、251
発送電分離　197
発注者責任　301、303
パナマ運河　40、42
パブリックコメント　271、272
破滅的競争　193、196、200
早川徳次　82、83
原田貞介　94
パレート最適　194
阪急電鉄　80、81、333
阪神淡路大震災　96、348、351
万里の長城　20、21

東日本大震災　67、155、227、301、348、351、353、360
非計量的効果　229、230、233、250、258
費用逓減産業　195
費用便益比（CBR、B／C）　252、255、264
費用便益分析　238、250、255、256
琵琶湖疏水　44、45
フォース橋　53、308
複式簿記　153、162
複数年度主義　153、162
普通河川　156
物理的寿命　356、359
物流電子データ交換（EDI）　384
埠頭　15、59、95、363
部分払い方式　295
プライスキャップ規制　196
ブラウンフィールド　395、406、414
フランチャイズ制　180、185
フリーキャッシュフロー　243
フリーライダー（無賃利用者）　9、151
ブリタニヤ橋　53
ブルックリン橋　53
ブルネル　40
フロー効果　127、231、246
プロジェクト型借款　379
プロジェクトファイナンス　208、209、213、229、273
プロジェクト・マネジメント　303
分任支出負担行為担当官　296
平均費用価格形成原理　195
平均費用逓減型事業　148
ヘットランド（突堤）　65
ヘドニックアプローチ　238、251
ベルグラン　48
便益　190、202、218、220、223、234、250、251、252、253、255、256、264
防災事業　70、93
報酬加算型実費精算契約（コスト＋フィー）　294
防潮堤　65、67、70、347
法定外河川　156
ポートアイランド　59、95、96、363
ポート・オーソリティー　158

ポートセールス　334
ポートフォリオ　210、342
防波堤　60
補助事業　152、350、351
ボルダー　32
本邦技術活用条件（STEP）　382
本間屋数右衛門　14、83

■ま行

埋没費用　193
満濃池　55
道の駅　98、99、212
御堂筋　86、87、187
ミュンヘン空港　110、111、364
ミヨー高架橋　52、54、213、341
民間建設工事標準請負契約約款　297
民間事業型　147、148、189、206、220、224、225、229、233、264、266、298、322、324、326、332、337、341、351
民間資金　176、184、213、254、374、377、404
無償資金協力　378、380、382、386、390
メソポタミア　18
メナイ海峡橋　53
免許入札制　196
目的税　46、155、208

■や行

役務的保証　295
大和川付け替え　29
遊休資産活用　357
優先劣後構造　274
誘導路　60
要求性能　222、225、226、228、243、245、254、278、291、293、298
用地リスク　335
用途転換　357
養浜　65
欲求5段階説　68
予防保全　312、313、315、317
四段階推定法　239、241

■ら行

ライフサイクルコスト（LCC）　238、312、313、315
ランニングコスト　206、228
リー・クワンユー　60
利害関係者（ステークホルダー）　162、190、218、221、222、226、230、245、254、258、261、266、272、282、297、303
離岸堤　65
履行ボンド　295
リスクコントロール　336
リスクファイナンス　336
リスク分散　168、169、274
リスク分担　274
リスクマネジメント　177、336、337
離島振興法　103
リダンダンシー　189、348
リバプール＆マンチェスター鉄道　38
流域下水道事業　51
利用者効果　232
臨海工業地帯　58、84、85
レジリエンス　347
レセップス　41
劣化予測　315、319
レベニュー債　208、212
レベル1（L1）　67
レベル2（L2）　67
連続立体交差事業　70、113、324
労働誘発係数　249
ローマ帝国　23、26、32、50
路線価式評価法　287

■わ行

割引因子　235
割引率　235、241、243、246、251

編著者、著者のプロフィールと執筆担当

中村 英夫（なかむら・ひでお）
[主たる執筆：序・1・2章、一部執筆または構想：3・4・5章、査読・修正：6・7章]
東京都市大学名誉総長、東京大学名誉教授、建設コンサルタンツ協会顧問
1935年京都市生まれ。58年東京大学工学部土木工学科卒業後、帝都高速度交通営団（現・東京地下鉄）勤務。66年より東京大学生産技術研究所、東京工業大学社会工学科助教授を経て、77年東京大学工学部教授、96年運輸政策研究所所長、2004年東京都市大学学長、同大学総長、その間土木学会会長、世界交通学会会長などを歴任。工学博士（東京大学）、名誉博士（フランス、リヨン リュミエール大）、名誉工学博士（ドイツ、シュツットガルト大）

長澤 光太郎（ながさわ・こうたろう）
[主たる執筆：3・6章、一部執筆または構想：1・2・4・5・7章、査読・修正：序章]
株式会社三菱総合研究所 常務執行役員政策・公共部門長
1958年東京都生まれ。83年東京大学工学部土木工学科卒業後、株式会社三菱総合研究所入社。90年ケンブリッジ大学修士課程修了（土地経済学）。2016年より現職。博士（工学）

平石 和昭（ひらいし・かずあき）
[主たる執筆：6・7章、一部執筆または構想：2章、査読・修正：序・1・3・4・5章]
エム・アール・アイ リサーチアソシエイツ株式会社 取締役副社長
1960年広島県生まれ。84年東京大学工学部土木工学科卒業後、株式会社三菱総合研究所入社。運輸政策研究所出向、海外事業センター長、政策・経済研究センター長、政策・公共部門副部門長などを経て、2016年より現職。博士（工学）、技術士（建設部門）

長谷川 専（はせがわ・あつし）
[主たる執筆：4・5章、一部執筆または構想：2・6章、査読・修正：序・1・3・7章]
株式会社三菱総合研究所 地域創生事業本部主席研究員
1968年石川県生まれ。93年東京大学大学院工学系研究科土木工学専攻修士課程修了後、株式会社三菱総合研究所入社。2016年より現職。2005年東京大学大学院工学系研究科社会基盤学専攻博士課程修了（博士（工学））。技術士（建設部門）。東京工業大学大学院理工学研究科特任教授、早稲田大学大学院ファイナンス研究科非常勤講師を歴任

インフラストラクチャー概論
歴史と最新事例に学ぶこれからの事業の進め方

2017年7月25日　　初版第1刷発行
2022年4月27日　　初版第4刷発行

編著者	中村 英夫
著　者	長澤 光太郎、平石 和昭、長谷川 専
編集スタッフ	野中 賢
発行者	戸川 尚樹
発　行	日経BP社
発　売	日経BPマーケティング
	〒105-8308　東京都港区虎ノ門4-3-12
デザイン・制作	ティー・ハウス
印刷・製本	大應

©Hideo Nakamura, Kotaro Nagasawa, Kazuaki Hiraishi, Atsushi Hasegawa 2017　　Printed in Japan
ISBN　978-4-8222-0063-3

落丁本、乱丁本はお取り替えいたします。
本書の無断複写・複製（コピー等）は著作権法上の例外を除き、禁じられています。購入者以外の第三者による電子データ化及び電子書籍化は、私的使用を含め一切認められておりません。
本書籍に関するお問い合わせ、ご連絡は下記にて承ります。
https://nkbp.jp/booksQA